INTERNATIONAL ENVIRONMENTAL DIPLOMACY

国际环境外交

夏堃堡　著

中国环境出版社 · 北京

图书在版编目（CIP）数据

国际环境外交/夏堃堡著. —北京：中国环境出版社，2016.8
ISBN 978-7-5111-2842-3

Ⅰ. ①国… Ⅱ. ①夏… Ⅲ. ①环境保护—国际合作—研究 Ⅳ. ①X-11

中国版本图书馆 CIP 数据核字（2016）第 131553 号

出 版 人 王新程
责任编辑 付江平　周艳萍
责任校对 尹　芳
封面设计 彭　杉

出版发行 中国环境出版社
（100062　北京市东城区广渠门内大街 16 号）
网　　址：http://www.cesp.com.cn
电子邮箱：bjgl@cesp.com.cn
联系电话：010-67112765（编辑管理部）
010-67112738（管理图书出版中心）
发行热线：010-67125803，010-67113405（传真）
印　　刷 北京盛通印刷股份有限公司
经　　销 各地新华书店
版　　次 2016 年 8 月第 1 版
印　　次 2016 年 8 月第 1 次印刷
开　　本 787×1092　1/16
印　　张 19.25
字　　数 404 千字
定　　价 52.00 元

序　言

环境外交是整个外交工作一个重要组成部分，是政府间通过谈判和协商处理国际环境关系的艺术和实践，目的是达成具有法律约束力的条约、协议或无法律约束力的宣言、行动计划或指南，以采取共同行动，解决全球、区域和各国的环境问题，实现可持续发展。

本书对国际环境外交的发展历程进行了系统梳理；对现存国际环境管理体制，包括多边机构、多边谈判、资金需求和来源、能力建设和技术转让、民间组织和工商界的参与，以及现存国际环境管理体制的问题和争论等做了剖析；对国际环境法的现状、立法原则和立法过程进行了深入的讨论；对主要多边环境法律协议的内容、发展过程和履约状况，以及当前环境外交的特点和新常态做了详细的介绍。

本书还对中国环境外交历程进行了回顾。中国积极参加了从斯德哥尔摩联合国人类环境会议到联合国可持续发展大会的历次重大环境外交活动，做出了重要贡献；中国积极参加了《联合国气候变化框架公约》《生物多样性公约》和《联合国防治荒漠化公约》等多边环境法律协议的谈判和履约；中国和联合国环境规划署等联合国机构和国际组织开展了广泛的合作；中国还与许多国家签订了双边环保合作协议，开展了富有成效的合作。本书对中国环境外交和环保领域的国际合作取得的成果进行了全面的总结。

本书作者曾在国家环境保护局与我共事多年，后来在联合国环境规划署任高级官员，长期从事环境外交工作，并对环境外交进行了深入的研究，有丰富的理论知识和实践经验，是一名出色的环境外交官。他的这本著作是理论和实践结合的产物。

本书内容翔实，立论有据，文字流畅，可供环保和外交领域的工作者参考，也可供有志于从事这两方面工作的年轻学生学习。本书对所有关心中国、全球环境保护和可持续发展事业的人们都是有益的。

解振华

中国气候变化事务特别代表

全国政协人口资源环境委员会副主任

前国家环保总局局长、国家发展和改革委员会副主任

2015 年 5 月

感 谢

本书得以问世，得益于许多人的支持、鼓励和帮助。

首先我要感谢我的老领导、中国环保事业创始人之一、国家环境保护局首任局长、全国人大环境与资源委员会首任主任委员曲格平。他是我环境外交事业的引路人。在他的领导下，我参加了许多国际环境外交活动，积累了环境外交的经验和知识，才使我有可能写出这本书。

我要感谢中国气候变化事务特别代表、全国政协人口资源环境委员会副主任，前国家环境保护总局局长、国家发展和改革委员会副主任解振华。他多年中曾是我的直接领导。我得到了他有力的指导和鼓励。在编著本书过程中得到了他热情的支持。他不但为本书撰写了序言，而且审阅和修改了关于气候变化谈判的有关部分。

我退休以后，参加了国际可持续发展研究院（International Institute for Sustainable Development，IISD）报告部，为联合国和其他国际机构召开的环境与发展领域的会议撰写《地球谈判报告》(Earth Negotiation Bulletin, ENB)，使我有机会以一个不同的身份继续参加国际环境外交谈判。这使我积累了更多的环境外交的经验和知识。本书主要参考资料是ENB和ENB主编、纽约曼哈顿学院政府与政治系主任帕梅拉．查斯克（Pamela Chasek）教授的几本著作，大部分照片采自IISD/ENB网站。我对IISD副主任、ENB报告部主任兰斯顿·吉姆·高利VI（Langston James “Kimo” Goree VI）先生、查斯克教授以及ENB其他同事们深表感激。

环境保护部国际合作司副司长宋小智和处长贾海平、宣传教育司处长赵莹，中国环境出版社环境科学分社社长周煜等对本书的编辑出版表示了关心并提供了支持；本书责任编辑付江平认真负责，出色地完成了编辑工作；我国主要环境报刊的几位年轻编辑，包括曹俊、郭婧、李欢欢、张藜藜、丁瑶瑶等对本书编著的前期工作提供了各种形式的支持和帮助；香港企业家李运强先生对本书的出版提供了财政支持；青年朋友胡蓉和顾加敏子协助输入了部分书稿。我对他们一并致以衷心的谢忱。

夏堃堡

2016 年 3 月

目　录

第一篇　国际环境外交

第二篇　中国环境外交

第三篇　媒体访谈

附篇　中国环境保护

第一篇　国际环境外交

国际环境外交概论*

导论

外交是处理国际关系，如通过谈判建立联盟和缔结条约、协议的艺术和实践。环境外交是整个外交工作一个重要组成部分，是政府间通过谈判和协商处理国际环境关系的艺术和实践，目的是达成具有法律约束力的条约、协议或无法律约束力的宣言、行动计划或指南，以采取共同行动，解决全球、区域和各国的环境问题，实现可持续发展。

在过去的两个世纪中，工业化被认为是人类进步的不可缺少的先决条件。工业革命的确带来了社会的进步和许多人生活的改善。然而，工业化也造成了动植物的破坏、废弃物的产生和威胁到人类健康的污染。

我们正在经历着一个全球化的过程。全球化的积极方面是促进了世界各国经济和科学技术的交流，以及资源和资本的流动，促进了一部分国家的经济发展和人民生活的改善。同时，全球化也有负面的影响，它增加了人类活动对环境的压力。1972 年斯德哥尔摩人类环境会议以来，全世界在将环境列入议程上已经取得了重大的进展，但是，可持续发展对世界上 60 多亿人中的绝大多数人来说，仍然主要是一种理论。世界环境仍在继续恶化。

传统外交重点是处理战争与和平的问题，而环境外交的重点是环境问题。环境外交的主体是政府，但同时也要吸收社会团体、企业和媒体等利益相关者参与。环境外交的目的是通过谈判达成协议，以采取共同行动来解决全球环境问题。

20 世纪六七十年代，一些有识之士开始认识到工业革命对人类环境带来了深重的灾难。1962 年美国女作家蕾切尔·卡逊出版了《寂静的春天》一书。这本书主要揭露了农药的使用对环境的破坏和对人体健康的危害，第一次向世人敲响了生态破坏带来严重后果的警钟。1972 年在罗马俱乐部的组织下，来自世界各国的几十位科学家、教育家、经济学家聚集罗马，编写了《增长的极限》这一理论著作，指出人口、粮食生产、工业发展、资源消耗、环境污染等的急速增长将使地球的承载能力达到极限。同年，芭芭拉·沃德、勒内·杜博斯出版了《只有一个地球》的著作，对环境污染、人口、资源、工业技术等问题作为一个整体进行了深刻的分析。这些著作的出版唤起了民众对环境问题的认识。

* 本文是作者在联合国环境规划署和同济大学环境与可持续发展学院研究生班的讲稿，原稿是英文。收入本书时对原稿有所修改和补充，原有的对主要多边环境法律协议的介绍作为独立的文章列入本书。

20 世纪中期以来，越来越多的个人、团体、政府以及企业开始通过采用清洁生产或其他能源和资源效率更高的生产工艺来生产出数量更大的产品，而同时大规模地减少废品和污染的产生，从而减少工业文明所带来的负面影响。现在，人们越来越认识到解决环境问题，特别是越境的环境问题，不但要各国采取行动，而且各国应当采取联合行动，才能得以解决。

20 世纪六七十年代，许多国家的经济迅速从第二次世界大战的破坏中得到恢复。同时，各国也采取行动以及开展区域和国际合作，解决局部的、区域的和全球的环境问题。美国和西欧国家开展了环境保护运动，颁布了防止污染、避免污染对环境造成危害的法律和法规。这些国家的成功也促进了全球环境合作的开展和国际环境协议的缔结。

在这样的背景下，环境外交开始兴起并迅速发展。

环境外交里程碑

和传统外交一样，环境外交包括多边外交和双边外交。联合国是多边环境合作的主要组织者。它组织了许多重要多边外交活动。

联合国人类环境会议

1972 年 6 月，在瑞典首都斯德哥尔摩召开了联合国人类环境会议，也称为斯德哥尔摩大会。113 个国家的政府和几十个政府间和非政府组织的代表参加了大会。这次大会强调了国际社会的共识，即保护和改善人类环境是一个全球目标。这个目标，必须各个国家通过在自己国家采取行动，也要通过区域和国际的合作，才能得以实现。在这次会议上，政府和非政府组织的代表对于人类活动和人口增长所造成的对生态系统的负面影响和国际社会如何采取共同行动来避免和减少这些负面影响进行了讨论。在斯德哥尔摩大会上，各国在许多问题上达成了共识，但是在另外的一些问题和方法上也存在着巨大的分歧。

在这个会议上，发达国家和发展中国家在一些问题上存在着分歧。发达国家口头上说要保护全球环境，但是对发展中国家所要求的向他们提供资金和技术援助却不予置理。发展中国家说他们认识到了环境保护的重要性，但是要求发达国家带头在国内采取行动，并且要求发达国家支持他们，帮助他们促进经济发展，这样他们才有足够的资源来采取保护环境的行动。

斯德哥尔摩大会是国际环境外交史上第一个重大事件。它产生了《联合国人类环境会议宣言》（《斯德哥尔摩宣言》）和《斯德哥尔摩行动计划》两个文件。《斯德哥尔摩宣言》宣布：保护和改善人类环境是影响全世界人民的福利和经济发展的重大问题。它强调了环境和发展之间的不可分割的关系，号召减少富国和穷国之间的差距。《斯德哥尔摩行动计划》讨论了主要的环境问题，提出了各国政府和联合国系统解决这些问题的行动建议。

中国政府派出了以化工部副部长唐克为团长的代表团出席会议，后来成为国家环境保护局首任局长的曲格平是代表团中一名重要成员。中国代表团积极参加了大会的活动，推动了上述两个文件的产生。

中国代表曲格平（前右）和毕季龙（前左）等在斯德哥尔摩人类环境会议上

斯德哥尔摩大会对全球的环境保护事业产生了积极的影响。它推动了全球环境机构的建立。当年召开的 27 届联合国大会通过了一项决议，决定建立联合国环境规划署，主管全球环境保护工作，并决定将联合国环境规划署设在肯尼亚首都内罗毕。

斯德哥尔摩大会也推动了各国环境机构的建立和环境科学研究机构和环境监测机构的建立。它也推动了环境保护法律和法规的制定和实施，以及全球和地区环境协议的发展和实施。

这次会议促进了中国的环境保护事业。会后，我国成立了“国务院环境保护领导小组”和“国务院环境保护领导小组办公室”（以下简称国务院环办）。国务院环办是当时我国环保工作主管部门。此后，我国制定了《中华人民共和国环境保护法》等一系列环境保护的法律和法规，从中央到地方建立了一套完整的环境保护机构、环境监测站和环境科学研究机构。我国环保工作不断深入和发展。

世界环境与发展委员会

根据 1983 年联合国第 38 届大会通过的 38/161 号决议，挪威首相布伦特兰夫人于 1984 年成立了以她为主席的世界环境与发展委员会。该委员会由来自发达国家和发展中国家的 23 位世界最优秀的环境与发展方面的著名专家学者组成。

世界环境与发展委员会的主要任务是：审查世界环境和发展的关键问题，创造性地提出解决这些问题的现实行动建议，提高个人、团体、企业界、研究机构和各国政府对环境与发展问题的认识水平。

世界环境与发展委员会用了 90 天的时间到世界各地进行实地考察，对当时世界存在的环境与发展方面的问题，例如世界经济增长、技术、全球化，以及经济发展同资源耗竭和人口之间的相互依赖和影响，进行了深入的研究。它也对国际社会处理这些问题所做出的努力的数量、质量和影响进行了分析，并研究了进一步促进国际合作的措施。

经过 3 年的努力工作，布伦特兰委员会于 1987 年 2 月在日本东京召开的委员会第 8

次会议上通过了题为《我们共同的未来》的报告。该报告宣布“需要一条新的发展道路，这条道路不但能够在若干年内或若干地方，而且能使整个星球一直到遥远的未来，使人类进步得以持续”。该报告提出了“可持续发展”的概念，即“既满足当代人的需要，又不对后代人满足其需要的能力构成危害的发展”。

布伦特兰在委员会第八次会议上讲话

《我们共同的未来》号召世界各国将可持续发展纳入各国目标，并提出八方面行动指南，包括：振兴经济发展；改变发展质量；保护和改善资源库；保持最优化的人口数量；改变技术发展的方向，控制其危害；决策过程中协调环境和经济的关系；改革国际经济关系和加强国际合作。

《我们共同的未来》指出了世界发展的正确方向，是关于人类命运的重要文件。这个报告对改变人们的发展观念，推动全球走可持续发展道路，发挥了重要的作用。

1987 年 7 月在北京举行了《我们共同的未来》亚洲地区首发式。《我们共同的未来》的中文版先后在中国大陆和台湾地区出版。可持续发展思想在中国得到了广泛传播，推动了我国环境保护和可持续发展事业。

联合国环境与发展大会

1989 年 12 月，联合国大会根据《我们共同的未来》报告的建议，决定于 1992 年 6 月在巴西里约热内卢召开联合国环境与发展大会（也称为地球高峰会议），以制定扭转全球环境退化趋势、实现可持续发展的战略和措施。

本书作者在亚太地区环境与发展高级官员会议上担任主席，左起：联合国副秘书长兼亚太经社会执行秘书，作者，亚太经社会工业、卫生和环境司代司长

联合国环境与发展大会于 1992 年 6 月在里约热内卢召开。会议召开前成立了一个由各国政府组成的

筹备委员会，召开了四次筹备委员会会议。在这些筹委会会议上，各国政府的代表、专家和利益相关者一起对环境与发展的一些重大问题进行了深入的分析和讨论。

在各地区也召开了一系列的筹备会议。1991 年 2 月 13—19 日，在泰国曼谷召开了亚太地区环境与发展高级官员会议，通过了《亚太地区环境状况报告》。

1991 年 6 月，在北京召开了由中国发起的 41 个发展中国家参加的环境与发展部长级会议，会议发表的《北京宣言》阐述了发展中国家在环境与发展问题上的原则立场，对大会筹备做出了实质性的贡献。

在筹备会和高峰会议上，南北双方在环境与发展问题上存在着重大分歧。发展中国家要求发达国家对解决全球环境问题做出更大的努力，要求他们向发展中国家提供解决全球环境问题所需要的资金和技术。经过艰苦谈判和协商，最后双方达成了协议，通过了《里约热内卢宣言》和《21 世纪议程》。《里约热内卢宣言》包含关于环境与发展的 27 项原则，特别是共同但有区别的责任的原则。《21 世纪议程》则是一个行动计划。双方同意，发展中国家要把环境的可持续性纳入它们整个的发展过程中去，而发达国家要向发展中国家提供他们为保护全球环境所需要的新的和额外的资金，并以优惠和减让性条件向他们提供有益于保护全球环境的技术。在这次大会上，《联合国气候变化框架公约》和《生物多样性公约》开放签署，并通过了一个《关于森林问题的原则声明》。

中国政府派出了以国务委员宋健为团长的代表团出席会议。中国代表团积极参加了会议的谈判和讨论，为维护我国和发展中国家环境和发展权益以及各项协议的达成做出了贡献。李鹏总理出席了大会的首脑会议，发表了重要讲话，并代表中国政府签署了《联合国气候变化框架公约》和《生物多样性公约》。

1992 年 6 月 11 日，李鹏总理在里约会议中心签署《联合国气候变化框架公约》

这次会议将环境与发展相联系，把实现可持续发展作为全球的目标。会后，成立了联合国可持续发展委员会。《气候变化框架公约》和《生物多样性公约》先后生效并实施，《防治荒漠化公约》等多边环境协议先后签署并生效。国际社会开展了许多合作行动，实施《21 世纪议程》。这次会议推动了全球环境保护和可持续发展事业。

我国制定了《中国 21 世纪议程》。这是一个在我国实现可持续发展的行动纲领和计划。此后，我国采取了一系列行动，实施此计划，在环境保护和可持续发展方面取得了可喜的成就。

联合国千年高峰会议

2000 年 9 月，联合国大会在纽约召开千年高峰会议，讨论人类在 21 世纪中面临的严重问题。这次联合国千年首脑会议规模空前，180 多个国家的代表，其中包括 150 多个国家的元首或政府首脑出席了会议。中国国家主席江泽民出席会议并发表讲话。

国家元首和政府首脑通过了《千年宣言》，提出了 6 个“21 世纪国际关系核心”的根本原则，包括尊重自然的原则。《千年宣言》号召以可持续的方式谨慎地管理所有的生物和自然资源，改变不可持续的生活和生产方式。

《千年宣言》提出了 8 个目标，后来称为“千年发展目标”。目标 7 是“保证环境的可持续性”，号召各国将可持续发展的原则列入环境破坏和自然资源减少的国家政策和方案中，具体目标包括到 2015 年全世界将不能得到安全饮用水的人口减少一半，到 2020 年使 1 亿居住在贫民窟的人口的生计有明显的改善。“千年发展目标”还包括：在 2015 年年底前，将世界上日均收入不足 1 美元的人口和挨饿人口的比例减少一半，使世界儿童都能完成小学教育，将产妇死亡率降低 3/4 等。

世界可持续发展首脑会议

世界可持续发展首脑会议（里约+10 峰会）于 2002 年 8 月底到 9 月初在南非约翰内斯堡举行。它的目的是为了对联合国环境与发展大会所做出的决定的执行情况进行审议，以便在最高的政治层面上对全球可持续发展做出承诺。

在峰会筹备过程中以及在首脑会议召开过程中都反映出发达国家和发展中国家存在着巨大的分歧。发展中国家回顾了 10 年前在里约热内卢达成的协议，即发展中国家要把环境的可持续性纳入它们整个的发展过程中去，而发达国家要向发展中国家提供他们为保护全球环境所需要的新的和额外的资金，并以优惠和减让性条件向他们提供有益于保护全球环境的技术。在债务、贸易以及国际开发援助方面，发达国家也做出了承诺，但 10 年以后，发达国家并没有实现他们的承诺，也就是在里约达成的协议没有得到实现。

尽管里约会议后全球在保护环境，实现可持续发展方面开展了许多合作行动，采取了许多措施，取得了一定的进展。但环境指标和社会经济指标都显示，10 年来，全球环境仍在进一步退化，可持续发展在许多国家和地区仍然是一个梦想。在这次会议上，发展中国家呼吁发达国家采取措施，真正地实现联合国环境与发展大会上他们做出的承诺，发达国家保证，他们将尽更大的努力，来实现他们已经做出的承诺。

联合国秘书长安南建议，首脑会议应当特别关注水、能源、健康、农业和生物多样性五大问题。它们就是这次峰会的主题。

可持续发展首脑会议取得了积极的成果。会议通过了《约翰内斯堡可持续发展宣言》（以下简称《宣言》）和《约翰内斯堡执行计划》（以下简称《执行计划》）两个文件。《宣言》重申了各国首脑对于消除贫困、改变消费和生产模式、为经济和社会发展保护和管理自然资源所做出的承诺，认为这是可持续发展的最主要的目标和最关键的先决条件。《执行计划》最主要的一个特点是为一系列的目标设定了时限，其中部分目标和时限曾在 2000 年召开的千年首脑会议上达成了一致。这些目标包括：2005 年所有国家都要制订水资源综合管理战略；2010 年要把渔业资源恢复到最大的可持续的产量的水平；到 2015 年没有清洁水和卫生的人口要减少一半；2020 年要实现在生产和使用化学品中不对人类健康造成危害。

可持续发展首脑会议的一个重大进展是建立了 280 个合作项目。这些合作项目主要由发展中国家向联合国提出，在这次会议上得到了通过。这些通过的项目将由联合国组织，由发展中国家和发达国家的政府、联合国机构和其他国际组织，以及民间组织和工商界，一起合作来实施这些项目，以促进各个国家，特别是发展中国家的可持续发展。这些项目内容包括清洁燃料和汽车、清洁饮用水、可再生能源等方面。

中国国务院总理朱镕基参加了这次会议，为这次会议的成功做出了积极的贡献。

可持续发展首脑会议以后，全球在环境和可持续发展领域的合作有了进一步的发展，开展了大量的合作项目，对推动全球可持续发展发挥了积极的作用。

联合国可持续发展大会

联合国可持续发展大会（里约+20 峰会）于 2012 年 6 月 20—22 日在巴西首都里约热内卢举行，191 个联合国会员国派代表和观察员出席，79 位国家元首或政府首脑在会上做了发言，大约 5 万人参加了正式的峰会及相关边会和活动，主会场举办了 300 场边会，在整个里约举行了大约 3 000 个与峰会相关的非正式活动。出席大会和各类活动的除了政府、联合国和国际组织的代表外，还有民间组织、企业、青少年和妇女组织、新闻媒体的代表。可以说，这是历史上参与最为广泛的一次大会。

本次峰会上，各国围绕可持续发展和消除贫困背景下发展绿色经济和建立可持续发展的体制框架两大主题展开讨论，评估 20 年来可持续发展领域的进展和差距，重申政治承诺，坚持“共同但有区别的责任”的原则，分析应对可持续发展的新问题和新挑战。

各国代表通过了大会最终成果文件——《我们憧憬的未来》。大会结束时，共收到 700 个为实现大会达成的目标而采取行动的自愿承诺。一些国家的政府、私人部门、民间组织和其他团体做出了总额为 5 130 亿美元的自愿捐款承诺，其中包括中国和巴西等新兴发展中国家的承诺。国际社会对可持续发展有了更为深刻和理性的认识，提高了各国实现可持续发展的政治意愿，促进了各国在可持续发展领域的合作。

联合国可持续发展大会开幕式主席台上，左起：瑞典国王卡尔十六世·古斯塔夫，第 66 届联大主席纳赛尔，联合国秘书长潘基文，巴西总统罗塞夫，大会秘书沙班，联合国副秘书长、可持续发展大会秘书长沙祖康，南非总统祖马

联合国可持续发展大会做出了一些重要决定，其中包括：①建立一个政府间高级别政治论坛，取代联合国可持续发展委员会；②加强联合国环境规划署，建立联合国环境规划署理事会普遍会员制，由联合国经常预算和自愿捐款为其提供可靠、稳定、充足和更多的财政资源，以便履行其任务；③建立一个包容各方的、透明的政府间进程，以期制定全球可持续发展目标；④资金和技术方面取得一定成果。文件重申要求发达国家履行承诺，向发展中国家提供占其国民生产总值 0.7%的官方发展援助，以优惠条件向发展中国家转让环境友好型技术，加强发展中国家能力建设。大会决定在联大下建立一个政府间过程，以提出一个有效的融资方案。

温家宝总理携数位部长出席大会，并发表了《共同谱写人类可持续发展的新篇章》的演讲。中国代表团除积极参加大会以外，还举办了包括"中国环境与发展国际合作委员会"在内的多边会议，并在会上对发展中国家提供资金做出了承诺，为会议成功做出了贡献。

中国和许多国家对此次大会做出了积极的评价，认为它是一次成功的大会。大会通过的文件为全球实现可持续发展进一步奠定了基础。但是，《我们憧憬的未来》是一个不具法律约束力的文件，要将憧憬变为现实，这仍然是一个严峻的挑战。

联合国可持续发展委员会最后一次会议于 2013 年 9 月 20 日举行。联合国可持续发展高级别政治论坛首次会议于 9 月 24 日举行，会议主题是"建设我们憧憬的未来：从里约+20 峰会到 2015 年后发展议程"。这标志着国际可持续发展体制进入了一个新的阶段。

联合国环境规划署第一届普遍会员制理事会，即第 27 届理事会于 2013 年 2 月在肯尼亚内罗毕举行。这次理事会通过了一系列决议，包括建议联合国大会将联合国环境规划署理事会改名为联合国环境大会等。联合国环境规划署首届联合国环境大会于2014 年 6 月在内罗毕举行。这为落实里约+20 峰会决定，加强联合国环境规划署迈出了第一步。

联合国可持续发展峰会

联合国可持续发展峰会于 2015 年 9 月 25—27 日在纽约联合国总部举行，9 000 名代表出席，其中包括 136 位国家元首、政府首脑、工商领袖和民间组织领导人。

中国国家主席习近平出席了峰会，并发表讲话。

峰会通过了《变革我们的世界——2030 年可持续发展议程》（以下简称《2030 年可持续发展议程》），即 2015 年后可持续发展议程的成果文件。它包括 17 项可持续发展目标（Sustainable Development Goals，SDGs）和 169 项子目标。

《2030 年可持续发展议程》中与环境保护有关的主要包括下列目标：确保人人获得可持续地管理水和卫生；确保人人获得负担得起的、可靠的、可持续的现代能源；使城市和人类住区具有包容性、安全性、坚韧性和可持续性；确保实行可持续的消费和生产模式；采取紧急行动应对气候变化及其影响；为了可持续发展，保护和可持续地利用海洋和海洋资源；保护、恢复和促进陆地生态系统的可持续利用，可持续地管理森林，防治荒漠化、停止和扭转土地退化，停止生物多样性丧失。

关于资金的目标重申发达国家充分实现其关于官方发展援助（ODA）的承诺，包括许多发达国家承诺向发展中国家提供占其国民总收入（GNI）的 0.7%，对最不发达国家提供的 ODA 占其 GNI 的 0.15%～0.20%。

技术方面包括下列目标：按照双方同意的条件，促进在科学、技术和创新方面的北南、南南和三方的地区和国际合作；在双方同意的情况下，以有利的条件，包括优惠和减让性条件，向发展中国家转让和转移有益于环境的技术。

各国对这次峰会给予肯定的评价，认为这是一次成功的大会。

《2030 年可持续发展议程》的通过只是第一步，更重要的是实施。《2030 年可持续发展议程》要求各国根据各自的国情制订实施计划。一些国家元首在峰会上已做出承诺，为实施议程做出努力。原计划 2015 年要实现的千年发展目标，迄今许多目标并没有实现。实现可持续发展目标，人类社会还面临着严峻的挑战。人们希望，《2030 年可持续发展议程》这一纲领性文件将推动世界在今后 15 年内实现消除极端贫困、战胜不平等和不公正，遏制气候变化、保护人类生存环境，实现可持续发展的远大目标。

2015 年 9 月 27 日，在联合国可持续发展峰会期间，在联合国总部举行了中国向联合国赠送“和平尊”仪式，习近平主席和联合国秘书长潘基文出席

国际环境管理体制

多边环境机构

国际环境管理体制同环境外交的有效性是密切相关的。斯德哥尔摩会议以来出现了一些新的和复杂的环境问题。因此，要解决这些问题，原有的一些多边机构，特别是联合国机构，被赋予了新的和额外的责任。同时，也产生了一些新的环境机构，例如联合国环境规划署、全球环境基金、可持续发展委员会等。与此同时，国际社会缔结了许多多边环境协议，随之产生了一些新的机构设置，例如公约缔约方大会、秘书处和附属机构等。

联合国环境规划署

1972 年 12 月，联合国大会审议了斯德哥尔摩大会的成果，通过了一项决议，决定成立联合国环境规划署。联合国环境规划署是联合国系统环境领域的主要机构，其任务是促进在环境领域的国际合作，审议全球环境威胁的状况，以便推动政府间对这些问题进行讨论，同时促进环境知识和信息的获取、评估和交流，推动联合国系统内环境活动的实施。

联合国环境规划署由下列 3 部分组成：理事会、环境基金和设在肯尼亚内罗毕的秘书处。从 1973—2013 年，共召开了 27 届理事会和 12 届特别理事会。从 2000 年第 6 届特别理事会开始，联合国环境规划署理事会或特理会都同时是全球部长级环境论坛。

联合国环境规划署主要在以下 3 个领域开展工作：国际环境法的制定和实施；环境监测、评估和早期预警；能力建设。自成立以来，联合国环境规划署在促进全球环境保护和可持续发展领域的国际合作方面发挥了重要作用。

2012 年 6 月召开的联合国可持续发展大会决定加强联合国环境规划署机构，建立联合国环境规划署理事会普遍会员制。

联合国环境规划署第 1 届普遍会员制理事会，即第 27 届理事会/全球部长级环境论坛于 2013 年 2 月在内罗毕举行。这次理事会通过了一项决议，邀请联合国大会将联合国环境规划署理事会改名为联合国环境大会。2013 年 3 月 13 日，联合国大会通过 67/251 号决议，将联合国环境规划署理事会改名为联合国环境大会。

联合国环境规划署首届联合国环境大会于 2014 年 6 月 23 日至 27 日在内罗毕举行。肯尼亚总统肯雅塔、摩纳哥国家元首阿尔贝亲王二世、68 届联合国大会主席约翰·阿什、联合国秘书长潘基文等出席。各国环境部长和政府官员、联合国和国际组织的领导人、民间组织和企业界代表 1 200 人参加了会议。中国环境保护部部长周生贤率领中国代表团出席并在部长级高级别会议上阐述了中国政府的立场。

这次会议的主题是“可持续发展目标和 2015 年后发展议程，包括可持续消费和生产”。经过一周的会议，大会通过了 1 项决定和 17 项决议，内容包括：提高空气质量、科学政策平台；基于生态系统的适应；水质监测和标准；野生动植物非法贸易；化学品和废物管理；海洋塑料废物和微型塑料；联合国系统在环境领域的协调；联合国环境署和多边环境协议之间的关系；以及 2016—2017 年环境规划署预算和工作方案等。首届联合国环境大会是加强联合国环境规划署，从而加强国际环境管制的历史性事件。

第 2 届联合国环境大会于 2016 年 5 月 23 日至 27 日举行。来自 174 个国家、20 多个国际组织和非政府组织的近 2 000 名代表出席会议，其中包括 120 余名部长级官员。肯尼亚总统肯雅塔出席开幕式并致辞。联合国环境规划署执行主任施泰纳就落实 2030 年可持续发展议程环境目标做政策报告。中国环境保护部部长陈吉宁率领中国代表团出席并在部长级高级别会议上阐述了中国政府的立场。

会议主题是的落实《2030 年可持续发展议程》。会议在联合国环境署和联合国环境大会在实施《2030 年可持续发展议程》中的作用、联合国系统在环境问题上的协调、对《巴黎协定》的支持、为可持续发展和脱贫可持续地管理自然资本、《联合国环境署中期战略 2018—2021》《2018—2019 工作方案和预算》、海洋环境治理、野生动植物非法贸易、空气污染、化学品和废物以及可持续消费和生产等问题上达成 24 项决议。大会为联合国环境规划署实施《2030 年可持续发展议程》制定了蓝图。

可持续发展委员会

可持续发展委员会是1992年联合国环境与发展大会以后联大通过决议决定成立的。它是联合国经社理事会的附属机构。委员会由53名成员组成，每个成员任期3年。这些成员由联合国成员国或者联合国专门机构的成员国中选举产生。联合国经济与事务部的可持续发展处作为可持续发展委员会的秘书处。

可持续发展委员会的任务是接受并审议成员国、区域和国际组织关于实施联合国环境与发展大会成果，包括《21世纪议程》《里约环境与发展宣言》和《关于森林问题的原则申明》等进展情况的报告，并为进一步实施联合国环境与发展大会的决定提出政策和措施的建议，通过联合国经社理事会向联大报告。

可持续发展委员会于1993年6月召开第一次会议。一直到2013年，每年召开一次。该委员会还筹备召开了2002年9月在南非约翰内斯堡召开的世界可持续发展首脑会议和2012年6月在巴西里约热内卢召开的联合国可持续发展大会等重要活动。

委员会在促进世界各国可持续发展方面发挥了一定的作用，主要表现在：促进了全球在可持续发展方面的合作，提高了人们对可持续发展的认识，加强了各国对实现可持续发展的政治承诺，推动了各国在可持续发展方面的经验交流，促进了各主要群体的广泛参与。

但是，该委员会存在着严重的问题和缺陷。首先，它不能吸引各国负责经济、贸易和财政的部长参加，而他们是对国家的发展计划、预算、战略和重点最有影响的。大部分国家是派环境部长参加该委员会的会议。可持续发展包括3个方面，即经济发展、社会发展和环境保护。可持续发展委员会通过的决议涉及可持续发展的3个方面，环境部长不能有效地协调在国内实施包含这3方面的委员会的决议。

中国出席的情况与许多国家有所不同。我国一直由外交部牵头。开始几年，国家科委、国家计委和国家环境保护局是参加单位。后来，根据每次会议讨论的主题，邀请相关部门参加。

可持续发展委员会成了一个空谈的场所。每次会议都通过了多个决议，但这些决议都束之高阁，各国并不加以实施。除了因为代表可持续发展3方面的领导人不能参加讨论以外，还有这个委员会没有将形成的决议得以实施的手段。这是一个论坛，不是一个联合国机构。联合国经济和社会事务部下面有一个很小的处是该论坛的秘书处，后来叫可持续发展处。该处只能组织一年一度的会议和其他相关的会议，没有能力和资金在国家、地区和全球层面上组织活动，难以使该委员会通过的决议得以实施。

2012年6月召开的联合国可持续发展大会决定成立联合国可持续发展高级别政治论坛，取代可持续发展委员会。

可持续发展高级别政治论坛

2012 年年底，联合国大会第 67 届大会通过一项关于实施《21 世纪议程》和里约+20 峰会决定的决议，确定了成立联合国可持续发展高级别政治论坛的程序。

2013 年 7 月 9 日，联大通过了 67/290 号决议，决定高级别政治论坛具有下列职能：为可持续发展提供政治领导、指导和建议；跟踪和审议实施关于可持续发展承诺的进展；促进可持续发展 3 方面的协调；制定一个有重点的，有活力的，有行动方向的议程，以保证对新的和正在出现的可持续发展方面挑战的正确研处。该决议还确定了论坛会议的方式：在联大主持下，每 4 年举行一次为期 2 天的会议，在联大开幕时举行，由国家元首和政府首脑出席；在经社理事会主持下每年举行一次为期 8 天的会议，包括一个为期 3 天的部长级部分。两类会议都要通过谈判达成宣言。从 2016 年开始，经社理社会主持下的会议将定期审议在 2015 年后发展议程框架内的可持续发展承诺和目标的后续行动和执行情况，包括有关执行手段。

联合国可持续发展委员会最后一次会议于 2013 年 9 月 20 日举行。与会代表对该委员会 20 年来的功过做了总结。会议决定终止可持续发展委员会的工作，成立政府间可持续发展高级别政治论坛。

联合国可持续发展高级别政治论坛首次会议在联大主持下于2013年9月24日举行，会议主题是“建设我们憧憬的未来：从里约+20 峰会到 2015 年后发展议程”。许多国家元首和政府首脑、联合国机构和民间组织的领导人出席了会议，各国部长，包括外交、发展、环境、贸易或水资源等部门的部长也出席，表明了国际社会对论坛的重视和实现可持续发展的意愿。世界银行行长和国际货币基金组织总裁也参加了会议，表明国际金融机构将重视论坛的工作。联合国秘书长潘基文在会上发表讲话。他说：“高级别政治论坛应当审议国际社会在可持续发展方面所取得的进展，开展合作和行动，以实现人类共同的目标。”他希望论坛为可持续发展目标的讨论提供智慧，并宣布在联合国教科文组织下成立一个科学咨询机构，以加强科学与政策之间的联系。

联合国可持续发展高级别政治论坛第 2 次会议于 2014 年 6 月 30—7 月 9 日在经社理事会主持下举行，193 个成员国和联合国机构、民间组织派代表出席。这次会议主题是：“实现千年发展目标，为雄伟的 2015 年后发展议程，包括可持续发展目标制定路线图”。会议通过了《部长宣言》，主要是重申里约+20 峰会和论坛第一次会议提出的一些原则和行动。这次会议和第一次会议相比，主要是没有国家元首或政府首脑参加，也没有取得什么突出的成果。这使许多人提出了它与可持续发展委员会有什么区别的疑问。

人们认为，高级别政治论坛是否有效，要等《2015 年后发展议程》制订并开始实施以后，才能有所眉目。

全球环境基金

全球环境基金在 1991 年开始试运转，3 年后，于 1994 年组建为一个长期的、永久性的基金机制。它的目的是向发展中国家提供用于保护全球环境所需要的额外资金。全球环境基金原来包括 6 个重点领域：气候变化、生物多样性、国际水域、臭氧层保护、土地退化和持久性有机污染物。2013 年《关于汞的水俣公约》通过。该公约生效后，汞污染控制也将是全球环境基金的重点领域。

世界银行、联合国环境规划署和联合国开发计划署是全球环境基金的执行机构（Implementing Agencies）。1999 年在全球环境基金理事会第 13 次会议上，理事会批准了 4 个地区开发银行（包括亚洲开发银行、非洲开发银行、欧洲重建和发展银行和泛美开发银行）、联合国粮农组织、联合国工业发展组织和国际农业发展基金为全球环境基金的实施机构（Executing Agencies）。执行机构可以在所有上述六个重点领域工作，而实施机构只可以在他们各自有特长的领域工作。

全球环境基金一方面作为《气候变化框架公约》和其他一些多边环境协议的资金机制，另一方面为了全球环境的利益，在发展中国家进行环境方面的投资。从 1994—2012 年，全球环境基金与其在公共领域和私人领域的合作伙伴一起合作，在 165 个国家开展了 2 400 个环境项目，提供了 86 亿美元的资金，同时从其他方面融资 360 亿美元。

在保护全球环境中全球环境基金发挥了一定的作用，然而它也有弱点和缺陷。这些弱点和缺陷包括资金不足、同其他联合国机构和有关的多边环境协议秘书处之间的矛盾以及效率和效益等方面的问题。

除了上面提到的这些组织机构以外，其他的一些组织机构，例如联合国开发署、国际海事组织、世界贸易组织、世界气象组织、世界卫生组织、联合国粮农组织、联合国教科文组织、国际劳工组织、国际原子能机构以及地区经济委员会等都开展与环境有关的活动。

多边谈判

国际谈判是各种不同的价值观念通过谈判达成各方都能接受的决定的过程。多边谈判可以定义为 3 个或 3 个以上的谈判方就 1 个或 1 个以上的问题，进行谈判和达成使所有谈判方都能接受的一个决定的过程。

下面是多边谈判的一些特点：

（1）多个谈判方。多边谈判的主体是政府，各国都可以派代表参加。参加谈判的还有联合国机构、其他政府间机构和国际组织、民间社团、企业、青少年和妇女组织、新闻媒体等方面的代表。在多边谈判中对各方的利益都要加以考虑。谈判方越多，互相冲突的利益与立场的可能性就越大，各方在谈判中发生的关系也就更加复杂。

2015 年 4 月 23 日，首次金砖国家环境部长正式会议在俄罗斯莫斯科举行，左起：巴西环境部副部长盖塔尼，印度环境、林业与气候变化部部长贾瓦德卡尔，俄罗斯自然资源与生态部部长东斯科伊，中国环境保护部部长陈吉宁，南非环境事务部部长莫莱瓦

（2）多个问题。虽然有时多边谈判可以集中讨论一个问题，通常情况下多边谈判往往涉及多个问题。多个问题的情况会使谈判复杂化，但与此同时也为谈判达成协议创造了条件。为什么呢？因为各方不同的利益，这样就有了讨价还价的余地，那么就能达成一个大家都能接受的成功的结果。

（3）多种角色。各方在谈判中扮演着各种不同的角色。在多边谈判中，政府扮演着主角，他们在谈判中会努力使谈判达成符合他们各自利益的协议；联合国机构或公约秘书处是谈判的组织者，他们总是采取中立的立场，促使谈判达成各方都能接受的协议；民间组织和企业界等往往仅关注谈判中的一二个问题，他们会努力推动谈判在他们关注的问题上达成有利于他们的协议；媒体等方面的代表没有自己的利益，他们接受和报道任何谈判的结果。角色的多样性使各方不同的立场能够谈判达成一个大家都可以接受的协议。

（4）协商一致。大多数多边协议是通过协商一致原则达成的。根据这一原则，只要有一个缔约方反对，对某一个问题就不能达成协议，这就决定了谈判一个国际协议的复杂性和长期性。各方必须要有合作和妥协的精神，需要持续不断地进行谈判，为达成一个为各方都能够合理地接受的统一方案而做出努力。

（5）规则制定。多边谈判的结果是达成具有法律约束力的条约、公约或议定书，或没有法律约束力的宣言、声明、建议和行动计划等。大多数多边谈判的主要目标，是协调各国的法规或者是建立各国都可实施的规则。

（6）缔结联盟。据共同的目标、意识形态、利益或者地域位置而结成联盟或集团是减少谈判方的数量，达到可控制的范围的许多方法中的一个方法。按目标和利益结成的联盟有 77 国集团加中国（Group of 77 and China）、基础四国（BASIC）、小岛屿国家联盟（AOSIS）、欧盟（EU）、日美瑞加澳挪新集团（JUSSCANNZ）、经济转型国家集团（CEITs）等；按地区划分的集团包括西欧和其他国家集团（WEOG）、东欧集团、拉丁美洲和加勒比国家集团（GRULAC）、亚洲集团和非洲集团。

（1）谈判时间长度。由于问题的复杂性，谈判方利益的多样性以及规则制定的民主性，从对问题的分析和认识，到最后达成协议，制定实施计划和监督计划的执行，多边谈判往往是一个长期的过程。

（2）人际关系。会议室以外的人际关系，特别是在联合国系统内的人际关系，包括威望、信任、友谊等，往往对谈判的过程和结果会产生影响。多边谈判经常使用的一个方法是游说，就是说服对方接受自己的立场，或与对方达成某种妥协。人际关系越好，游说成功的机会就越大。

（3）谈判的持续性。复杂的多边环境谈判往往是持续不断进行的。它们的结果很难是最终的。已经达成的多边环境协议如何实施，如何监督等，都要不断进行谈判。协议的案文也往往随着形势的变化而要进行修改，因而需要进行新的谈判，在现有的制度中加入新的控制措施，或者扩大现有的控制措施的数量等。初次达成的多边环境协议往往是框架性的，缺乏可操作性，因而需要谈判达成具有可操作性的议定书等附属于框架协议的法律文书。因此，多边环境谈判是持续不断的。

为全球环境保护提供资金

资金问题一直是多边环境谈判中的一个核心问题。发展中国家强调，从历史和现实的观点看，当前全球环境问题主要是由发达国家造成的，因此他们应当承担恢复全球环境所需要主要责任。在联合国环境与发展大会上，各国同意了“共同但有区别的责任”的原则，也同意发达国家应当向发展中国家提供他们为保护全球环境所做出努力需要的新的和额外的资金。

联合国环境与发展大会要求发达国家向发展中国家提供占其国民生产总值 0.7%的官方发展援助，发达国家也对此做出了承诺，但大部分发达国家，特别是最主要的发达国家一直没有履行承诺。向发展中国家提供资金支持，以帮助他们完成在《气候变化框架公约》《生物多样性公约》《防治荒漠化公约》等国际环境公约和《21 世纪议程》等不具法律约束力的文件中规定的义务，仍然是一个重大的挑战。

全球环境保护的资金需求

大部分国家，特别是发展中国家，正面临着严重的环境挑战。他们需要资金来消除贫困、改善健康、停止森林砍伐、控制荒漠化；他们也需要资金来减少人口的压力，保护脆弱的生态系统，恢复森林被砍伐的流域，促进可持续的农业，为居民提供清洁水和卫生，解决城市拥堵和空气污染等问题。

实施《21 世纪议程》和《我们憧憬的未来》，以及多边环境协议来解决诸如气候变化、生物多样性丧失、臭氧层耗竭、化学品危害、海洋污染和土地退化等全球环境问题需要大量的资金。

国内环境保护资金来源

为解决国内的环境问题，各国应当主要依靠他们自己国内的资金。他们应当把环境的计划纳入整个国民经济的发展计划中。工商界，不管是公共领域，还是私人领域的工商企业，应当为保护环境提供充足的资金，用来达到环境标准，支付排污费，进行环境投资，为可持续发展提供技术革新等方面。要为调整产业结构，开展循环经济和清洁生产提供资金。

为排除实现可持续发展的障碍和政策改革，现有财政资源的优化和重新配置，将大大地减少为实现可持续发展的资金缺口。但他们也不可能完全消除这样的缺口。因此，从传统的渠道或通过创新性的经济手段来筹集需要的资金，不但是需要的，而且是可能的。这些资金来源和手段包括：环境税、污染权交易、排污收费、使用者付费、全额计价、环境基金等。

可持续发展的外部资金来源

为保护全球环境采取行动，发展中国家需要有外部的资金来源以补充和调动国内的资源。这样的资金来源主要包括全球环境基金、世界银行和地区开发银行、多边环境协议下的基金机制、官方发展援助和私人资本流动等。

必须指出，以赠款形式提供给发展中国家为了保护全球环境所需要的额外费用的资金不是发展援助，而是发达国家应尽的义务。

根据《21 世纪议程》的目标，发达国家向发展中国家提供的双边和多边的官方发展援助应当达到经济合作与发展组织国家（OECD）国内生产总值的 0.7%。但在 20 世纪的最后 10 年中，官方发展援助不但没有增加，还大大地减少了。从 1992—2000 年官方发展援助从 583 亿美元降到了 531 亿美元。这个数值是小于经济合作与发展组织国家国内生产总值的 0.3%。大部分最不发达国家收到的官方发展援助至少降了 25%。在非洲有七个国家，他们收到的官方发展援助降低了 50%以上。在 2002 年 3 月在墨西哥蒙特雷召开的联合国发展资金大会上，一些主要的资助国，包括美国和欧盟，宣布要增加他们 ODA 水平。这种承诺可以到 2006 年每年增加 120 亿美元。这次会议的结果使 ODA 的水平在以后几年中有了一定的增加。尽管如此，只有丹麦、卢森堡、挪威、荷兰和瑞典的官方发展援助达到了国内生产总值的 0.7%，经济合作与发展组织总的 ODA 数额只占他们国内生产总值的 0.33%。

为可持续发展提供资金的创新手段

现在正在出现一些为可持续发展筹措资金的新的思想和创新手段。

（1）创造新的税种，例如航空税、能源税、军火贸易税和排污税等；

（2）减免发展中国家的债务，以使这些国家对可持续发展政策进行变革和投资；

（3）取消工业化国家对使用自然资源（例如水、能源）的补贴，将资金用于自然保护方面。

能力建设和技术转让

和资金问题一样，技术转让也是多边环境谈判中的一个核心问题。在联合国环境与发展大会筹备过程中，发展中国家要求发达国家向他们提供保护全球环境需要的技术。但是发达国家强调技术转让应当通过市场机制来实现，而且强调保护知识产权的重要性。经过双方激烈的争论和谈判，联合国环境与发展大会做出决定，发达国家应以优惠和减让性的条件向发展中国家提供保护全球环境需要的技术。

技术支持和能力建设是保护环境，实现可持续发展的关键。能力建设包括人员能力、科技能力、组织能力、机构能力和资金能力。这些问题在《21 世纪议程》和《约翰内斯堡执行计划》中都有非常突出的反映。

自从 1972 年斯德哥尔摩会议以来，全世界在将环境纳入议程上取得了长足的进展，但是可持续发展对于世界上 60 多亿人口中的大部分人来说，仍然是一种理论。世界环境仍在继续恶化。造成这一形势的一个重要原因，是发展中国家缺少能力。因此，发展中国家需要发达国家向他们提供有益于环境的技术，也需要帮助他们增强实现可持续发展的能力。能力建设和技术支持，是这些国家实现可持续发展不可缺少的。可持续发展是目标，能力建设是实现这一目标的手段。

《21 世纪议程》中的能力建设

《21 世纪议程》第 34 章阐述向发展中国家提供有益于环境的技术和能力建设的问题，确定了促进可持续发展的能力建设活动和合作安排；第 37 章专门叙述促进发展中国家能力建设的国家机制和国际合作，指出能力建设的根本目标是提高发展中国家评估和选择政策和实施可持续发展方案的能力；关于国际体制安排的第 38 章对各国政府、联合国机构和其他国际组织以及非政府组织在实施《21 世纪议程》中的作用做了分工，特别强调联合国环境规划署在能力建设中的作用，包括促进有益于环境的技术的信息交流，给发展中国家提供技术、法律和体制方面的咨询意见，以建立和加强其国家立法和体制的框架，以及支持各国政府和各发展机构将环境纳入其发展政策和方案。

第53届联大关于能力建设

1999年召开的第53届联大通过了《秘书长关于环境和人居的报告》的A/RES/53/242号决议。该决议强调能力建设和技术支持仍然是联合国环境规划署工作的重要内容，特别是在加强发展中国家在环境和人居领域方面的机构能力、研究能力和科技能力方面。

可持续发展世界首脑会议关于能力建设

2002年8月26日—9月4日在南非约翰内斯堡召开了可持续发展世界首脑会议。会议通过了两个重要的文件：《可持续发展约翰内斯堡宣言》和《约翰内斯堡执行计划》。两个文件都谈到了技术支持和能力建设的问题。《约翰内斯堡行动计划》的137段指出，联合国环境规划署和其他联合国机构应该在各个层面上加强对可持续发展和实施《21世纪议程》的支持，特别是在促进能力建设方面。在这次会议上还达成了许多加强发展中国家能力建设的合作项目。这些项目的实施，对促进发展中国家可持续发展的能力发挥了积极的作用。

联合国环境规划署的能力建设活动

能力建设是联合国环境规划署的一项中心工作。2002年，联合国环境规划署出版了题为《为可持续发展的能力建设：联合国环境规划署环境能力发展活动综述》一书。该书总结了联合国环境规划署所有的能力建设活动，主要包括下列方面：

（1）在区域、次区域、国家和地方层面上促进和支持政府，主要是发展中国家的政府的环境机构建设和法制建设；

（2）与其他各种组织合作，包括其他联合国机构和国际组织、非政府组织、地方当局和其他主要群体合作、发展和测试环境管理的工具和手段；

（3）促进环境管理方面的公众参与和公众对于环境事务的信息的获取。

联合国环境规划署主要通过下列手段建设、促进环境领域的能力建设：

（1）在国家、区域和全球范围帮助制定环境政策；

（2）帮助制定环境法律；

（3）促进各多边环境协议之间的协调；

（4）建设评估环境状况和变化的能力；

（5）建设应对和消除环境变化的能力；

（6）促进技术转让；

（7）传播最佳范例和方法。

关于技术支持和能力建设的巴厘岛战略计划

2002年召开的联合国环境规划署第22届理事会和2004年召开的联合国环境规划署第8届特别理事会建立了一个高级别不限名额政府间工作组，其任务是要制定一项技术支持和能力建设的政府间的战略计划。工作组后来总共召开了3次会议。最后一次会议于2004年12月在印度尼西亚巴厘岛召开，就《关于技术支持和能力建设的巴厘岛战略计划》达成了一致。这个计划在2005年2月内罗毕召开的联合国环境规划署第23届理事会/全球部长级环境论坛上得到通过。

《巴厘岛战略计划》强调要使联合国环境规划署加强它的技术支持和能力建设活动的能力，特别在它具有优势和技术的领域，加强它的作用。开展这些活动的时候要考虑到联合国系统其他组织和机构正在开展的能力建设活动，强调这些活动要互相补充以及各机构之间的协调和合作。

《巴厘岛战略计划》包括了下列章节：技术支持和能力建设的主要领域；在国家、区域和全球层面加强能力建设的实施；技术支持和能力建设主要领域清单；南南合作；信息交流；科学、监测和评估的作用；以及报告、监督和评估等。

《巴厘岛战略计划》还确定了协调机制，包括政府间和秘书处后续行动的安排等。

民间组织的参与

民间组织（Civil Society Organizations）的定义各种各样。西方学者一般将它定义为独立于国家和市场的志愿组织。在我国，民间组织一般定义为公民自愿组成为实现会员共同意愿按照其章程开展活动的非营利性社会组织。民间组织包括非政府组织、工会、妇女和青年团体、少数民族团体、慈善团体、新闻媒体等。

本文讲的民间组织主要是指在环境与可持续发展领域开展工作，特别是参与全球环境管制，就是参与全球国际环境外交的民间组织。在我国主要有这样几类：第一类是政府支持的环保民间组织，比如中华环保联合会、中国环境科学学会和中国环境工业协会等；第二类我们称之为草根民间组织，如地球之友、北京地球村等；第三类是学生环保民间组织。这些环保民间组织都在环境保护和可持续发展方面做了大量工作，其中部分组织也参加了一些全球环境外交的活动。

环保民间组织可以通过各种渠道申请参加全球环境外交的活动。如果他们要有效地参与联合国的环境外交活动，应该申请联合国经社理事会的咨商地位。如果得到批准，他们就可以参加联合国组织的民间组织的活动，为全球环境与发展问题提出建议，也可以以观察员的身份参加全球环境管制的谈判，包括缔结和实施多边环境协议的谈判。在我国，中华环保联合会等组织已经取得了联合国经社理事会的咨商地位。

联合国环境规划署非常重视民间社团参与全球环境保护政策的制定和实施其规划

中的作用。联合国环境规划署有一个《促进民间社团参与联合国环境规划署工作的战略文件》。这个文件正在实施中。联合国环境规划署有一个民间社团和非政府组织处，它负责组织与民间社团的合作。民间组织可以申请获得联合国环境规划署的咨商地位，有了咨商地位可以更加容易地参与它的活动。它还给予发展中国家的民间组织参与它的重大活动以必要的财政支持。中华环保联合会已经取得了联合国环境规划署的咨商地位，多次参与了联合国环境规划署的理事会及其他重要会议，为联合国环境规划署的政策制定做出贡献。

2000—2009 年，联合国环境规划署在召开理事会或特别理事会期间，每年召开一次全球民间社团论坛（Global Civil Society Forum）。2010 年 2 月，联合国环境规划署召开第 11 次特别理事会，全球民间社团论坛改名为全球主要群体和利益相关者论坛（Global Major Groups and Stakeholders Forum）。这是民间社团参与联合国环境规划署决策的一个主要切入点。民间组织，特别是有咨商地位的民间组织可以申请参加，就理事会要讨论的议题发表意见，最后形成一个民间组织共同立场文件。他们派代表作为观察员参加理事会或者特别理事会，在会上宣读民间组织的立场文件或就某个议题发表意见，推动联合国环境规划署通过的政策能够反映他们的意见。

2013 年 3 月，联合国大会通过决议，将联合国环境规划署理事会改名为联合国环境大会。首届联合国环境大会于 2014 年 6 月 23—27 日在肯尼亚内罗毕举行。会前召开了第 15 届全球主要群体和利益相关者论坛，150 名代表出席，对联合国环境大会讨论的可持续发展目标和 2015 年后发展议程等议题发表看法。民间组织和其他利益相关者参与联合国环境规划署的决策将成为新的理事机构下的新常态。

各联合国机构、国际组织和各国政府在制订环境政策中越来越注意吸收民间组织的参与。民间组织在国际环境政策的制订和实施中正发挥着越来越大的作用。

民间组织代表在 2010 年 11 月举行的坎昆气候变化大会上

工商界的参与

工商界在国际环境管制中的作用

私人企业，特别是跨国公司，在全球环境管制中扮演着重要的角色。他们的核心活动虽然重要，但消耗资源和产生污染。环境立法往往直接影响他们的经济利益。这些公司掌握了影响全球环境政治的资源。他们往往能影响大多数政府和国际组织的决策，也能在他们感兴趣的领域提供技术支持。他们还有国家的和国际的行业协会，在政策制定中代表他们的利益。他们掌握着对发展中国家十分重要的财政和技术资源。

工商企业往往反对那些他们认为会大量增加他们的成本和减少他们利润的国内和国际政策。所以有时候这些企业会采取措施弱化某些全球环境法律制度，例如在臭氧层保护、气候变化、捕鲸、国际危险废物贸易和渔业等方面。如果企业认为某项国际协议将产生对他们活动限制较弱的制度，他们也可能会给予支持。

同时，各公司和行业的利益也可能不尽相同。有时有些公司会支持国内和国际的一些环境政策，比如有的国家对全球环境产生影响的活动有比较严厉的环境标准，这些公司可能会支持国际上达成一个与他们国内的标准类似的国际协议，这种标准也适用于他们国外的竞争者。在这种情况下，这些公司可能会支持这样的国际环境立法。

当某些公司发现正在谈判的环境协议对他们有利时，他们会给予支持，而反对企图弱化这一协议的公司意见。1992 年在谈判《联合国生物多样性公约》（以下简称《生物多样性公约》）时，工业生物技术协会（Industrial Biotechnology Association）表示反对这个公约，因为他们担心《生物多样性公约》中关于知识产权的条款在法律上将纵容对知识产权的侵犯。但是，两家这个领域的大公司 Merck 和 Genentech 认为这对大多数公司来说还不是一个大的问题，《生物多样性公约》将鼓励发展中国家与这些公司谈判关于获取遗传资源的协议，从而给他们带来利益。1993 年，在这两个公司与美国环保民间组织一起呼吁美国签署该《生物多样性公约》时，工业生物技术协会也表示支持。

工商界对国际环境法律制度形成的影响

工商企业可以间接地通过影响环境法律体制的形成，也可以直接地通过他们的商业活动来削弱或者加强已有的环境法律制度的有效性。为此，他们可以采取下列方式：

（1）采取一种对他们有利的方式来影响正在谈判问题的定义；

（2）在国内对企业所在国政府进行游说，使其对正在谈判的一个法律制度采取一种对他们有利的立场；

（3）游说参加谈判的各代表团，使代表团能支持他们的立场。

在大部分全球环境问题上，企业主要依靠他们在国内的政治力量来促使政府在大部分的全球环境问题上不采取对他们不利的政策或立场。在《关于危险废物越境转移的巴塞尔公约》谈判的时候，美国的大多数企业反对禁止危险废物的国际贸易。美国经营废金属贸易的企业说服了美国官员在《巴塞尔公约》谈判中反对禁止危险废物的贸易。又比如在《关于消耗臭氧层物质的蒙特利尔议定书》的谈判过程中，日本政府开始的时候，由于一些企业的反对，不同意在 2000 年淘汰耗竭臭氧层的物质氟氯化碳。后来由于这些企业改变了立场，日本政府代表团才予以支持，通过了《关于消耗臭氧层物质的蒙特利尔议定书》。企业代表往往在谈判过程中向各国代表团提供信息、分析和看法等，以使谈判产生有利于他们的结果。

企业往往反对不利于他们的严格的国际环境法律制度。但在最近几年中，有些企业的领导人也开始支持全球环境保护和可持续发展，比如杜邦、BP、通用电气和壳牌石油公司等。消费者强烈要求企业在生产中采取保护环境的措施，生产有利于环境的产品。由于公众的压力，也由于企业认识到，防治污染对他们也是有利的。于是，现在出现了一些支持可持续发展的企业领导人，他们也支持制定某些国际环境法律制度。

工商界参与国际政治的时间要比非政府组织时间长得多。他们一直在影响国际法律制度的形成。他们有时可以采用他们特有的政治资本，包括技术专长，与政府机构的特有的关系，以及对立法机构的政治影响力等，来否决或削弱某一个国际法律制度。他们也可以通过他们自己的行动直接影响国际社会实现国际法律制度目标的能力。他们能够尽最大的政治努力来影响一个全球环境问题的谈判的结果，甚至阻止一项法律制度的谈判。

工商界在国际环境法律制度的形成过程中可以起到积极的作用也可以起到消极的作用。其他的一些参与多边环境谈判的角色，包括政府、国际组织、民间组织等要么与他们合作，要么与他们斗争，以捍卫他们所代表的群体的立场和利益。但是，国际社会的任务是要建立一项有利于在全世界各国实现可持续发展的全球环境法律制度，应当说服工商界支持这样一个法律制度的形成。这样的法律制度从长远来说对他们也是有利的。更主要的是，这种法律制度将造福于全人类以及我们的子孙后代。

国际环境管理体制存在的问题

一些观察家对现有的国际环境管理体制提出了 4 个问题：①在政策制定和实施中，各国际环境管理机构之间缺乏必要的联系，虽然他们是在处理共同的和相关的问题。他们采用的往往是各自为政的方法。不同的国际公约是为解决不同领域的环境问题而制定的，他们不能解决跨领域和多领域性质的问题；②各种机构间存在着重复和冲突，缺乏协调；③缺乏直接负有全球国际环境管理使命的强有力的机构；④多边环境机构在政策制定和实施中没有能够汇集众多的其他参与全球环境管制方面，如非政府组织和工商企业的举措。

国际环境管理体制的辩论

在联合国环境规划署理事会和纽约联合国总部的会议上，以及其他会议和论坛上，人们就如何加强国际环境管理体制进行了多年的辩论。

在 2002 年召开的世界可持续发展首脑会议上，各国同意减少联合国内外的国际组织的重复来提高全球环境管制的效率和效益，提出了两个达到这个目标的方案：①加强现有的机构；②建立新的机构。许多国家支持加强现有机构，特别通过提供稳定的和可预见的资金等方法加强联合国环境规划署。

法国一直主张建立联合国环境组织。这个主张得到了欧盟的支持。这个新组织将是联合国的一个专门机构，各国按联合国会费比例缴纳会费，将有稳定的资金来源。它具有对全球环境决策的权利，将有效地组织全球环境合作，保护全球环境。美国、俄罗斯和部分 77 国集团国家一直反对建立这样一个新的组织。他们主要担心这个新组织将会带来巨大的费用。非洲国家原来反对建立这样一个组织，因为他们担心联合国环境规划署将会被取消，而新的组织将会建立在世界其他地方。在 2006 年 2 月在迪拜召开的联合国环境规划署第九届特理会/全球部长级环境论坛上，欧盟明确表示这新组织建立起来以后，仍然设在内罗毕。此后，多数非洲国家也支持建立联合国环境组织。

在联合国可持续发展大会筹备过程中，对国际环境管理体制也进行了激烈的辩论。双方在是否要建立联合国环境组织的问题上仍然没有达成协议。最后在如何加强国际环境管理体制问题上双方达成妥协。在大会通过的《我们憧憬的未来》文件中，各国同意通过加强联合国环境规划署和建立政府间可持续发展高级别政治论坛来加强现有的国际环境管理体制。一些欧盟国家对未能在建立联合国环境组织问题上达成一致表示不满。许多观察员认为，大会通过的两项措施是否真正能够加强全球环境管理体制还是一个很大的问号。

国际环境法

总论

国际环境法律的制定和履行是国际环境外交的一个最重要的组成部分。1960 年以前，全世界总共大约缔结了 42 个多边环境协议，主要是关于自然资源的管理。20 世纪 60 年代，多边环境协议开始解决跨境的环境问题。10 年中，缔结了多个关于放射性物质、海洋和淡水污染的条约。斯德哥尔摩会议以后，20 世纪 70 年代共通过了 75 个多边环境协议。这个数字超过了整个 20 世纪 70 年代以前达成的所有环境协议的总和。在 20 世纪 80 年代，国际环境法制定的速度放慢了，但那 10 年中，还是签订了 40 个新的多边环境协议，包括《保护臭氧层的维也纳公约》和《关于消耗臭氧层物质的蒙特利尔议定书》等。这个时期多边环境立法范围扩大了，开始不仅处理跨境的环境问题，而且处理真正意义上的全球性环境问题。到了20世纪90年代，由于里约联合国环境与发展大会推动的结果，国际环境立法的速度又加快了。这期间，国际社会达成了75个新的多边环境协议，其中18个是全球性的协议，包括《联合国气候变化框架公约》、《联合国生物多样性公约》和《联合国防治荒漠化公约》等。迄今为止，总共缔结了240多个多边环境协议来应对从气候变化、保护臭氧层、保护和可持续利用生物多样性、化学品、保护动植物物种、湿地和荒原等这样一些环境问题。

2012年11月在联合国多哈气候变化大会上基础四国代表团团长与联合国秘书长潘基文合影

国际环境立法的原则

国际环境立法主要有下列一些原则：

（1）污染者付费原则。在中国称为"谁污染，谁治理"。污染者必须拿出资金并采取措施来消除污染。在国际环境立法中，这一原则是指一个国家对环境污染或污染造成的后果，其跨越本国管辖范围致使有关国家或非国家区域造成的环境损害承担赔偿责任的原则。

（2）国家环境主权原则。这一原则是指各国拥有按照其本国的环境与发展政策开发和利用本国自然资源的主权，并负有其管辖范围内或在其控制下的活动不致损害其他国家或在各国管辖范围以外地区的环境的责任。

（3）预防的原则。有些全球环境问题存在着不肯定性。比如气候变化。有些专家认为气候变化是由于气候的波动造成的，大多数科学家认为气候变化确实存在，不采取措施将会对人类造成非常严重的危害。虽然存在着科学上的不肯定性，但是我们还是要采取措施，预防环境问题可能对人类造成的危害。

（4）可持续发展原则。国际环境立法的根本目的是保护环境，实现可持续发展，就是在发展的过程中，要保护环境，保护自然资源，不但我们这一代有美好的环境和充足的资源来发展，而且要保证我们的子孙后代也有同样的环境和资源来发展。任何国际环境法律必须体现这一原则。

（5）共同但有区别的责任的原则。这个原则是在 1992 年联合国环境与发展大会筹备过程中提出的，后来在联合国环境与发展大会上得到了确认，获得了一致同意。所谓共同的责任，就是世界各国对全球环境的破坏和退化都有不同程度的贡献，因此各国都有责任采取措施保护全球环境。但是，发达国家要负主要责任，因为他们在近 200 多年的工业化过程中，排放了大量的污染物和造成了生态系统的破坏，全球环境问题主要是由于他们长期对环境破坏的结果。他们必须带头采取行动，并向发展中国家提供资金和技术，保护全球环境。

（6）国际环境合作原则。保护全球环境，是人类共同的责任，也是人类共同的事业，只有通过各国广泛的合作，才能有效地保护全球环境。

（7）广泛参与原则。要解决全球环境问题，无论是政府、企业、民间组织和公众都要参与，采取共同行动。

在全球环境立法过程中，上述原则必须得到遵循。

国际环境立法过程

1972 年联合国人类环境会议以来，关于全球环境问题的多边环境协议主要是由联合国组织缔结和实施的。这里以 2013 年国际社会达成的第一个多边环境协议《关于汞的水俣公约》为例，说明国际环境立法过程。

2007 年 2 月，联合国环境规划署第 24 届理事会在肯尼亚内罗毕召开。与会代表讨论了汞排放的问题，会上通过了一项决定，成立关于汞的不限名额工作组。工作组由政府和利益相关方代表组成。工作组的目的是评估控制汞排放的志愿措施和缔结新的国际法律文书以解决汞问题带来的全球性挑战的各种方案。不限名额工作组召开了 3 次会议，提出了应对汞问题的 3 个不同国际合作方案。

2009 年 2 月，在肯尼亚内罗毕召开了第 25 届联合国环境规划署理事会/全球部长级环境论坛。在这次会议上，各国对不限名额工作组提出的 3 个不同方案进行了讨论，最后各国决定成立一个政府间谈判委员会，谈判制订一项关于全球汞问题的具有法律约束力的国际文书。

政府间谈判委员会举行了 5 轮谈判，中间有许多分歧，最后于 2013 年 1 月 13—9 日在日内瓦举行的汞文书政府间谈判委员会第 5 次会议上达成了协议。

2013 年 10 月 3—11 日，《关于汞的水俣公约》外交大会在日本熊本市召开，《关于汞的水俣公约》得到通过并开放签字。根据《关于汞的水俣公约》，它应自第 50 份批准、接受、核准或加入文书交存之日起生效。

任何多边环境法律协议都要经过类似于上述《关于汞的水俣公约》的谈判过程。

根据国际法，一个在多边法律文书上签字的国家或区域经济一体化组织，只有在向联合国递交批准书（instrument of ratification）后该文书才对其生效并成为缔约方。在文书开放签字期间没有签字的国家或区域经济一体化组织可以在递交加入书（instrument of accession）后成为缔约方。某些多边公约中也允许以接受和核准的方式加入多边公约，即无论是否签字，一个国家或区域经济一体化组织也可以通过递交接受书（instrument of acceptance）或核准书（instrument of approval）而成为缔约方。因为各国参加公约和其同意遵循公约的约束程序是由各国法律规定的。一般来说，各国的宪法普遍规定，批准或加入一个多边法律协议必须经过国会批准，而对接受或核准一个多边法律协议则往往没有这种明确的规定。使用“接受”或“核准”的方式是为了使一些国家政府能够避开国会的批准，使得加入多边法律协议的程序简单化。此外，有的国家法律规定，公约必须经过国会批准后才能向联合国递交批准书，但公约下的议定书等附属协议则不必通过国会批准。例如，中国在联合国环境与发展大会期间签署了《气候变化框架公约》，经全国人民代表大会常务委员会批准后，由中国政府向联合国递交了批准书后成为《气候变化框架公约》的缔约方。而该公约下的《京都议定书》则在签署后，无须经过全国人大常委会批准，由中国政府向联合国递交了核准书后成为《京都议定书》的缔约方。

一个多边环境法律协议达成并生效以后，谈判仍会继续下去，对已缔结的公约可以不断地进行修改。有的环境公约是框架性的，仅确定了目标、指导原则、机构安排、资金机制和履约机制等，没有明确可操作的履约指标、时间表和缔约方不同的义务和权利等。在这种情况下，还要缔结可操作的议定书。譬如，在《保护臭氧层维也纳公约》下缔结了《关于消耗臭氧层物质的蒙特利尔议定书》；在《联合国气候变化框架公约》下缔结了《京都议定书》；在《生物多样性公约》下缔结了《卡塔赫纳生物安全议定书》。

归纳起来，国际环境立法大致要经历下列过程：

（1）在联合国会议上对某个全球环境问题进行讨论，决定采取国际合作行动处理这个问题；

（2）成立不限名额工作组。工作组由政府和其他利益相关方代表组成，对各种可能的应对方案和措施进行讨论；

（3）在联合国的会议上对各种应对方案进行讨论，决定成立政府间谈判委员会，谈判缔结一项新的国际法律文书；

（4）政府间谈判委员会就国际法律文书进行谈判，一直到对文书草案达成协议。国际环境法律文书现在一般采用公约的形式；

（5）联合国主持下召开外交大会，通过公约，并开放签字；

（6）缔约方向联合国交存批准、接受、核准或加入书；

（7）当交存的批准、接受、核准或加入书达到法定数字和/或公约规定的其他条件达到后，公约生效，并开始履行；

（8）缔约方大会对公约的履行情况进行审议，必要时谈判缔结议定书或对公约进行修改和补充。

国际环境外交的新形势

1992 年联合国环境与发展大会开创了国际环境外交的新时代。20 多年后，环境外交的范围和强度已经可以和处理安全、裁军和贸易等问题的传统外交相匹比。在气候变化、生物多样性、荒漠化、化学品和危险废物、臭氧层耗竭、渔业、森林以及珍稀和濒危动植物等方面的外交谈判一年四季几乎连绵不断。联合国大会、联合国可持续发展委员会（2013 年被联合国可持续发展高级别政治论坛取代）、联合国环境规划署以及多边环境协议的缔约方会议等每年都召开各种各样的会议，包括部长和国家首脑一级参加的会议。

国际环境外交谈判的频率、速度、强度和复杂性已大大增加，达成的多边环境协议的数量越来越多。从 1992—2013 年，全球共缔结了 18 个全球环境协议（见表 1）以及 17 个原有的多边环境协议下的议定书和修正案（见表 2）。除此之外，还达成了无数的在水域、渔业和大气污染等方面的地区性协议。

表 1 1992—2013 年达成的全球环境协议

1992 年	联合国气候变化框架公约
1992 年	生物多样性公约
1994 年	国际热带木材协定
1994 年	联合国关于在发生严重干旱/或荒漠化的国家（特别是非洲）防治荒漠化公约
1995 年	执行 1982 年 12 月 10 日《联合国海洋法公约》有关养护和管理跨界鱼类种群和高度洄游鱼类种群的规定的协定
1996 年	国际海上运输危险和有毒物质的损害责任和赔偿公约
1998 年	关于在国际贸易中对某些危险化学品和农药采用事先知情同意程序的鹿特丹公约
2001 年	国际燃油污染损害民事责任公约
2001 年	关于持久性有机污染物的斯德哥尔摩公约
2001 年	保护信天翁和海燕协定
2001 年	国际控制船舶有害防污系统公约
2001 年	粮食和农业植物遗传资源国际条约
2004 年	国际船舶压舱水及沉积物控制和管理公约
2006 年	国际热带木材协定
2009 年	船舶安全与环境无害化回收再利用香港国际公约
2009 年	关于港口国预防、制止和消除非法、不报告、不管制捕鱼的措施协定
2009 年	国际可再生能源署章程
2013 年	关于汞的水俣公约

表 2　1992—2015 年达成的已有多边环境协议下的协定、议定书和修正案

1992 年	《关于消耗臭氧层物质的蒙特利尔议定书》哥本哈根修正案
1992 年	修正 1969 年国际油污损害民事责任公约的 1992 年议定书
1992 年	修正 1971 年设立国际油污损害赔偿基金国际公约的议定书
1993 年	《防止倾倒废物及其他物质污染海洋的公约》附件 1 和附件 2 修正案
1993 年	促进公海渔船遵守《国际养护和管理措施》的协定
1994 年	关于执行 1982 年 12 月 10 日《联合国海洋法公约》第十一部分的协定
1995 年	《关于控制危险废物越境转移及其处置的巴塞尔公约》修正案
1996 年	《防止倾倒废物及其他物质污染海洋的公约》议定书
1997 年	《关于消耗臭氧层物质的蒙特利尔议定书》蒙特利尔修正案
1997 年	《联合国气候变化框架公约》京都议定书
1999 年	《关于消耗臭氧层物质的蒙特利尔议定书》北京修正案
2000 年	《生物多样性公约》卡塔赫纳生物安全议定书
2000 年	有害和有毒物质污染事故防备、反应和合作议定书
2003 年	1992 年《设立国际油污损害赔偿基金国际公约》的议定书
2003 年	《跨界水道和国际湖泊的保护和利用公约》和《工业事故跨界影响公约》关于工业事故对跨境水域之跨境影响所造成损害的民事责任和赔偿的议定书
2003 年	《跨界环境影响评价公约》战略环境评价议定书
2003 年	《在环境问题上获得信息、公众参与决策和诉诸法律公约》的污染物排放和转移登记管理议定书
2003 年	关于 1973 年《〈国际防止船舶造成污染公约〉的 1978 年议定书》附件的修正案
2010 年	《卡塔赫纳生物安全议定书》关于责任和危害纠正的名古屋——吉隆坡补充议定书
2010 年	关于获取遗传资源和公平、公正分享其利用产生的惠益的名古屋议定书
2015 年	关于气候变化的《巴黎协定》

环境会议及其议题的数量，以及参加会议的人数不断地膨胀，特别是《联合国气候变化框架公约》、《生物多样性公约》和《防治荒漠化公约》三个“里约公约”的会议更是如此。例如，参加 2014 年 12 月在秘鲁利马举行的联合国利马气候变化大会有 11 000 名代表，其中 6 300 多名是政府代表。

1995 年以来，“里约公约”的重要决定几乎都是在最后一天经过通宵达旦的会议后做出的。各国为了维护自身的利益，总是希望从对方取得更多的让步，不到最后一刻不肯放弃。

过去 20 年来，环境外交的开展是随着信息和通信技术的革命而发展的。20 世纪 90 年代初期，大多数参加环境谈判的代表都不知道互联网为何物。而今天，互联网、智能手机和强大的手提电脑已从根本上对环境外交谈判产生了深远的影响。

智能手机加快了通讯的速度，扩大了通讯的范围，现在成为谈判过程中不可缺少的部分。在不同非正式磋商小组开会的代表可以通过手机及时交换谈判的信息，包括准备做出的让步和将要达成的协议，以协调立场，避免混乱和矛盾。代表们也可以及时向他们国家首都的上级汇报和请示。技术的进步也使环境谈判有了更大的透明度，在许多方

面推动了谈判。

许多环境会议，包括联合国环境规划署理事会（2013 年改为世界环境大会）、公约的缔约方大会、议定书的缔约方会议等都有一个部长参加的高级别部分，有时还有几位国家元首或政府首脑参加。由于部长有决策权，他们可以根据需要做出调整立场的决定，帮助解决一些棘手的问题，从而促进协议的达成。在过去的 20 多年中，部长们在国际环境外交中发挥了重要作用。

全球环境外交强度在过去 20 多年中增加了。总的来说，这是一个积极的进展，反映国际社会将更多的时间、资源和政治注意力放到了环境问题上。但这种进展还没有能推动全球环境问题的解决取得重大的突破。

联合国气候变化法律体系*

《联合国气候变化框架公约》于 1992 年 5 月 9 日在纽约通过，同年 6 月在里约联合国环境与发展大会开放签字，并于 1994 年 3 月 21 日生效。这是 1992 年联合国环境与发展大会《21 世纪议程》框架下的三个称为“里约公约”的重要多边环境协议之一，现有 195 个缔约方。

此后，各缔约方开始谈判一个具有操作性的议定书。经过艰苦的谈判，1997 年 12 月 11 日通过了《京都议定书》。《京都议定书》于 2005 年 2 月 16 日生效，现有 192 个缔约方。

2015 年 12 月 12 日，195 个国家在巴黎气候变化大会上通过了适用于所有缔约方的具有法律约束力的《巴黎协定》。该协定将在至少温室气体排放量占全球排放总量 55%，至少 55 个国家批准、接受、核准或加入 30 天后生效。

《联合国气候变化框架公约》主要内容

这个法律体系的最终目标是将大气层中的温室气体的浓度稳定在一个不对气候系统造成威胁的人为干扰的水平上。这样的水平应当在一个时间范围内得以实现，使生态系统能够自然地适应气候变化，保证粮食生产不受到威胁，使经济发展能够可持续地进行。

《联合国气候变化框架公约》第 3 条确定了这个法律制度的指导原则，包括促进可持续发展、共同但有区别的责任的原则和预防的原则等。该条款还包括一些经济的原则，如“为应对气候变化采取的措施，包括单方面措施，不应当成为国际贸易中任意或无理的歧视手段或变相的限制措施”。

《联合国气候变化框架公约》下的行动者分为几类。第一类是《联合国气候变化框架公约》附件 1 缔约方，包括发达国家、经济一体化组织和经济转型国家（CEITs）缔约方。经济一体化组织仅欧洲共同体（EC）一家，EC 后来改为欧洲联盟（EU）。《联合国气候变化框架公约》附件 2 列出了经济合作与发展组织（OECD）国家，即发达国家缔约方的名单。第二类是非《联合国气候变化框架公约》附件 1 所列缔约方，即发展中国家缔约方。《联合国气候变化框架公约》下的行动者还有联合国机构、其他政府间组织和国际组织、《联合国气候变化框架公约》缔约方大会和它的附属机构、《联合国

* 本文原载 2015 年第 4 期《世界环境》杂志，原题是《联合国气候变化框架公约 23 年》，收入本书时增加了巴黎气候变化大会部分。该部分以《巴黎气候大会取得了哪些成果？》为题发表在 2016 年第 1—2 期《环境经济》杂志上。

气候变化框架公约》基金机制全球环境基金和《联合国气候变化框架公约》秘书处，以及民间社团、工商界和新闻媒体等。

气候变化法律制度确定了缔约方的不同的义务和权利。首先，《京都议定书》确定了附件 1 缔约方在 2008—2012 年总的削减指标，即将他们 6 种主要温室气体排放总量在 1990 年的水平上减少 5.2%。《京都议定书》附件 B 规定了附件 1 各缔约方不同的限制或削减指标，譬如欧盟和日本要分别减少 8%和 6%，俄罗斯保持在原来的水平，澳大利亚增加 8%。这个法律制度没有对发展中国家确定减排指标。

第二，所有的缔约方都有报告的义务。但是对不同国家集团在报告的频率和数据要求上是不一样的。所有缔约方都要制定国家应对气候变化国家方案，但对不同类型国家的国家方案的具体要求的细节和目的也不一样。

第三，发展中国家缔约方还享受某种权利。他们提供报告的义务是以向他们提供财政资助为先决条件。发展中国家还可以通过清洁发展机制得到资金支持。对发展中国家的这种财政支持是给他们提供他们为保护全球环境所需要的额外资金。发达国家也应当向他们提供技术转让。

最近 10 年谈判历程

《联合国气候变化框架公约》缔约方大会是《联合国气候变化框架公约》的决策机构。从 1994 年《联合国气候变化框架公约》生效后的 10 年间，共召开了 10 次缔约方大会。

蒙特利尔气候变化大会

2005 年 11 月 28—12 月 10 日在加拿大蒙特利尔召开了《气候变化框架公约》第 11 次缔约方大会和《京都议定书》第 1 次缔约方会议。会议正式通过了马拉喀什协议（Marrakesh Accords），确定了《京都议定书》实施的规则。《联合国气候变化框架公约》缔约方大会决定成立《京都议定书》附件 1 缔约方进一步承诺特别工作组（AWG-KP），以讨论工业化国家在京都议定书 2012 年以后的进一步的减排承诺。缔约方大会还决定举行一系列的称为“对话”的会议，来研究《联合国气候变化框架公约》长期合作的问题。

为了讨论 2012 年以后的合作安排，蒙特利尔气候变化大会以后召开了一系列会议，其中包括在波恩等地召开的 AWG-KP 和《联合国气候变化框架公约》“对话”会议，2006 年 11 月在肯尼亚内罗毕召开的《联合国气候变化框架公约》第 12 次缔约方大会和《京都议定书》第 2 次缔约方会议，以及 2007 年 9 月 24 日在纽约联合国总部召开的气候变化高级别会议等。

巴厘岛气候变化大会

2007 年 12 月在印度尼西亚巴厘岛召开了《联合国气候变化框架公约》第 13 次缔约方大会和《京都议定书》第 3 次缔约方会议。巴厘岛气候变化大会的主要内容是讨论 2012 年以后的减排计划。通过谈判，各方达成了一个两年的行动计划，叫《巴厘岛路线图》。《巴厘岛路线图》要求在 2009 年 12 月以前达成一个 2012 年以后的减排计划。这个路线图设立了两条行动路线，即两轨，一轨在《公约》下，达成了一个《巴厘岛行动计划》，建立了一个长期合作安排特别工作组（AWG-LCA），目的是制定一个《联合国气候变化框架公约》下长期合作的全面计划，要在 2009 年制定完成。《巴厘岛行动计划》确定了 4 个关键内容：减缓、适应、资金和技术。这个计划包括每个领域下有一个要求工作组进行讨论的问题的清单，并要求在长期合作行动上形成共同的认识。另一轨在《京都议定书》附件 1 缔约方进一步承诺特别工作组下进行，决定在 2009 年 12 月前完成附件 1 缔约方第二个承诺期的谈判。

哥本哈根气候变化大会

2009 年 12 月 7—19 日，在丹麦首都哥本哈根召开了联合国气候变化大会。这次大会包括《联合国气候变化框架公约》第 15 次缔约方大会和京都议定书第 5 次缔约方会议。同时，科学技术咨询附属机构第 31 次会议、实施附属机构 31 次会议、《京都议定书》附件 1 缔约方进一步承诺特别工作组第 10 次会议，以及《联合国气候变化框架公约》长期合作行动特别工作组第 8 次会议等也同时召开。

12 月 16—18 日召开了大会的高级别部分。全世界 115 名国家领导人参加。中国国务院总理温家宝出席高级别部分。这是外交史上在联合国总部以外召开的规模最大的一次国家领导人的聚会。大会引起了全世界广泛的重视和注意，大概有 40 000 人参加会议。这些情况说明了全世界的领导人和公众对气候变化的重视。

大多数国家就一个题为《哥本哈根协议》的文件达成了共识。由于少数国家的反对，按照协商一致的原则，这个文件没有得到通过，但大会通过了“注意到了哥本哈根协议”的决议。联合国秘书长潘基文说：“《哥本哈根协议》是为全球达成一项减少和限制温室气体排放的协议迈出了重要的一步。”

《哥本哈根协议》达成了许多重要的减少温室气体的政治共识。缔约方同意，根据政府间气候变化专门委员会（IPCC）第 4 次评估报告的科学分析，必须减少全球温室气体的排放，以使全球升温不超过 2℃等。许多人认为，《哥本哈根协议》为人类应对气候变化制定了一个框架。

《哥本哈根协议》中关于发达国家的减排承诺的条款是十分软弱的。许多人认为，它实际从《京都议定书》倒退了。发达国家没有就具有法律约束力的减排指标做出承诺，也没有为温室气体何时达到峰值确定时限。该协议建议，发达国家和发展中国家都向《联合国气候变化框架公约》秘书处递交他们减排承诺的信息。

关于发展中国家的减排行动问题，《哥本哈根协议》主要对发展中国家的减排行动实行“测量，报告和核实”（MRV）做了说明。这是一个哥本哈根会议前谈判比较困难的一个问题。《哥本哈根协议》指出，发展中国家对得到资金、技术和能力建设方面支持的行动将接受MRV，但对于没有得到支持的行动由本国自己进行测量和核实，然后再报告给秘书处，也可以接受“国际磋商与分析”，但这个概念还要进一步定义。

中国总理温家宝、巴西总统卢拉、南非总统祖马、印度总理辛格“基础四国”领导人与美国总统奥巴马就《哥本哈根协议》进行磋商

《哥本哈根协议》最成功的部分是关于资金方面的协议。发达国家承诺向发展中国家为减缓和适应气候变化采取行动提供资金。从 2010—2012 年，发达国家将向发展中国家提供 300 亿美元快速启动资金。从长期来看，每年发达国家将筹措 1 000 亿美元的资金，一直到 2020 年。但是如何使这些资金承诺得以实现，《哥本哈根协议》中没有明确。

《哥本哈根协议》决定建立 4 个机制：减少发展中国家森林砍伐造成的排放，包括森林保护的机制（REDD-plus）；一个在缔约方大会下的研究如何实现资金条款的高级别委员会；哥本哈根绿色气候基金；以及一个技术转让机制。

哥本哈根大会决定延长《京都议定书》附件 1 缔约方进一步承诺特别工作组和《气候变化框架公约》长期合作行动特别工作组的工作，从而保证了“双轨”谈判继续进行，以最终达成具有法律约束力的协议。

天津气候变化会议

2010 年 10 月 4—9 日在天津召开了《联合国气候变化框架公约》下的长期合作特别工作组第 12 次会议（AWG-LCA 12）和《京都议定书》下的附件一缔约方进一步承诺特别工作组第 14 次会议（AWG-KP 14）。这是将于 2010 年 11 月底至 12 初在墨西哥坎昆举行的联合国气候变化框架公约第 16 次缔约方大会和京都议定书第 6 次缔约方会议召开前的最后一次工作组会议。

会议于 10 月 4 日开幕。中国国务委员戴秉国，中国代表团团长、发改委副主任解振华，天津市市长黄兴国和《联合国气候变化框架公约》执行秘书克里斯蒂安娜·菲格雷斯（Christiana Figueres）出席开幕式并致辞。

包括政府代表、联合国机构和其他政府间组织代表、民间组织和媒体代表共 2 300 多人出席。

AWG-LCA 12 次会议讨论了 2010 年散发的一个谈判案文。该案文包括了《巴厘岛行动计划》最重要的内容：长期合作行动共同的观点、减缓、适应以及资金、技术和能力建设。会议对有可能达成一致意见的案文进行了讨论，有些部分取得了一致意见，使案文的分歧有了很大的减少。经这次会议修改后的谈判案文将递交在坎昆召开的会议上进一步讨论。

AWG-KP 14 次会议讨论了当年 8 月 AWG-KP 13 次会议上散发的一个文件。这个文件包含了若干个决议草案，特别是关于《京都议定书》3.9 条的修改（附件一缔约方进一步承诺，灵活机制，以及土地使用、土地使用变化和林业）。缔约方最终在减少文件中提出的方案数量方面做出了努力，使一些实质性问题的谈判取得了进展。在这次讨论的基础上，产生了一个《主席建议》的修改稿，这个修改稿将提交给坎昆会议进行讨论。

天津气候变化会议减少了很多分歧，增加了共识，为坎昆联合国气候变化大会达成协议打下了基础。

坎昆气候变化大会

坎昆气候变化大会于 2010 年 11 月 29—12 月 11 日在墨西哥坎昆市举行。会议最后通过了《坎昆协议》，包括了两个谈判轨道下通过的决议。

在公约这一谈判轨道方面，通过了一个 1/CP.16 决定。在这个决定中，缔约方认识到，为了使全球平均升温控制在 2℃，需要对全球排放进行大量的削减。缔约方也一致同意在 2015 年前的审议中对加强全球长期目标进行考虑，包括将全球平均升温控制在 1.5℃这样一个建议。缔约方也注意到了发达国家和发展中国家分别提出的减排目标和合适的国家减缓行动。1/CP.16 决定也涉及减缓的其他方面，如测量、报告和核实；减少发展中国家由于森林砍伐和森林退化造成的排放；发展中国家森林保护的作用以及可持续的森林管理和增加森林碳汇等问题。关于“国际磋商与分析”，缔约方达成了遵循尊重主权、非侵入性、非惩罚性和促进性原则的共识。

缔约方也同意建立几个新的机制，例如坎昆适应框架和适应委员会，以及技术机制，包括技术执行委员会（TEC）和气候技术中心和网络（CTCN）。资金方面 1/CP.16 决定建立一个绿色气候基金（GCF），作为公约新的资金机制。它将由一个 24 人的委员会进行管理。缔约方同意建立一个过渡委员会来设计该基金的细则，并建立一个常务委员在资金机制方面协助缔约方大会。他们也注意到发达国家关于资金方面的承诺，即在 2010—2012 年提供快速资金 300 亿美元，并联合在 2020 年以前每年筹措 1 000 亿美元。

在《京都议定书》这个谈判轨道方面，通过了一个 1/CMP.6 决定。该决定包括要求尽快完成《京都议定书》下的长期合作特别工作组的工作，并将谈判结果递交缔约方大会通过，以保证在第一和第二个承诺期间没有空挡。《京都议定书》缔约方会议要求附件 1 缔约方提高他们的减排目标，以使它们同政府间气候变化委员会（IPCC）第四次评估报告中所确定的总减排量相一致。缔约方也通过了一个 2/CMP.6 关于土地使用、土地使用变化和林业（LULUCF）的决定。

墨西哥总统卡尔德龙抵达坎昆气候变化大会会场

坎昆气候变化大会决定将两个特别工作组的工作延长至德班联合国气候变化大会。

德班气候变化大会

联合国德班气候变化大会于 2011 年 11 月 28—12 月 11 日在南非德班举行。这次大会包括《联合国气候变化框架公约》第 17 次缔约方大会和《京都议定书》第 7 次缔约方会议。12 480 名代表参加了会议，包括 5 400 名政府官员，5 800 名来自联合国机构、政府间机构和民间组织的代表，以及 1 200 名媒体的代表。

德班气候变化大会原计划 12 月 9 日闭幕，但会议一直开到 11 日清晨，经过一系列激烈的辩论，最终取得了积极的成果。《联合国气候变化框架公约》缔约方大会通过了 19 项决定，《京都议定书》缔约方会议通过了 17 项决定，还批准了若干《联合国气候变化框架公约》附属机构达成的结论。会议成果涉及一系列问题，包括：《京都议定书》下建立第二个承诺期；《联合国气候变化框架公约》下的长期合作行动；建立“加强行动德班平台特设工作组”（简称“德班平台”），开始谈判适用于所有缔约方的具有法律约束力协议的新的过程；以及绿色气候基金的运转等。

坎昆会议以后，德班大会发生了新的转折，不仅拯救了《京都议定书》，而且也通过了一项决议，开始为达成一项范围更加广泛的 21 世纪气候法律框架进行谈判。这项谈判要在 2015 年前完成，作为 2020 年后各方贯彻和加强《公约》、减少温室气体排放和应对气候变化的依据。人们认为，德班为一个新的谈判过程提供了足够的动力。许多人欢迎德班大会通过的决议，特别是关于绿色气候基金和德班平台等决议。

多哈气候变化大会

联合国多哈气候变化大会于 2012 年 11 月 26—12 月 8 日举行。这是第一次在中东举行的气候变化大会。这次大会包括《联合国气候变化框架公约》第 18 次缔约方大会和《京都议定书》第 8 次缔约方会议，9 000 多名代表参加。

多哈气候大会原计划 12 月 7 日下午闭幕，但会议一直开到 8 日晚上 9：34，各方才达成协议。大会达成了名为“多哈气候途径”（Doha Climate Gateway）的一揽子协议，从法律上正式确定了《京都议定书》第二承诺期，《联合国气候变化框架公约》长期合作行动特设工作组达成了包括共同愿景、减缓、适应、资金、技术等在内的协议，并在此基础上停止了《京都议定书》附件1国家进一步承诺特设工作组和《联合国气候变化框架公约》长期合作行动特设工作组的工作。此外，发展中国家受气候变化负面影响的事实得到认可，“气候变化的损失和损害”被正式载入国际气候法律文件。最后，会议还确定了“德班增强行动平台”下一步工作计划，全面启动关于2020年以后国际气候制度的谈判进程。

针对《京都议定书》第二承诺期，会议解决了期限为5年还是8年这一关键性问题，决定第二承诺期为2013—2020年，并要求附件1国家最迟到2014年重新审查第二承诺期的量化减排承诺，从而保留它们进一步提高减排力度的可能性。

针对“长期合作行动”，会议再次确认全球平均升温最高不超过2℃这一目标，呼吁发达国家进一步提高减排目标。针对资金问题，发达国家重申到2020年每年筹集1 000亿美元支持发展中国家应对气候变化，而2013—2015年筹措资金规模不低于2010—2012年的300亿美元快速启动资金。此外，会议针对“巴厘路线图”中各个核心要素作了相应的制度性安排，包括绿色气候基金、技术执行委员会、技术中心和网络、适应委员会、“测量、报告和核实”体系等。对于一些争议性较大的核心问题，包括提高减排力度、资金等也都有所安排，转入新的谈判进程，保留了继续谈判和达成协议的希望。

在去年德班协议的基础上，会议又决定全面启动关于“德班增强行动平台”这一新的谈判进程，并制定了时间表，要求于2015年之前达成一项适用于所有缔约方的协议，具体包括：2013年举办系列会议，探讨各种旨在缩小2020年减排目标差距的行动方案；2014年底谈判最终文本草案中的各种要素；2015年5月前提出一份谈判文本。

中国代表团团长解振华与欧洲委员会气候行动委员康妮·海德嘉在多哈气候大会期间磋商

很多评论指出，多哈会议是对现实的妥协。发达国家没有在坎昆和德班会议基础上进一步提高其减排目标，对于发展中国家所关注的中期资金承诺也留待明年华沙气候大会解决，被认为具有重要意义的“损失与损害”补偿国际机制也非常模糊，有待进一步落实。

华沙气候变化大会

联合国华沙气候变化大会于 2013 年 11 月 11—23 日在波兰华沙举行。这次大会包括《联合国气候变化框架公约》第 19 次缔约方大会和《京都议定书》第 9 次缔约方会议。8 300 多名代表出席，其中 4 000 多名为政府代表。

会议原计划 11 月 22 日闭幕，在延长了 27 个小时以后，会议于 23 日晚闭幕。大会主要达成了以下协议：①就德班增强行动平台通过一个决定，邀请缔约方启动并增强国内的准备力度，以确定各国自己的贡献量，并下决心加速《巴厘岛行动计划》和 2020 年前雄心的完全实现。该决定基本体现“共同但有区别的责任原则”；②决定建立一个关于损失与损害补偿的华沙国际机制；③决定建立一个“华沙减少发展中国家森林砍伐和退化，包括保护造成的排放（REDD+）框架”，就此通过了包括资金、机构安排和方法等七项决定；④关于资金的决定再次确认发达国家到 2020 年每年筹措 1 000 亿美元的承诺，以及自 18 次缔约方大会以来所做出的承诺，敦促发达国家从各种渠道筹措更多的公共气候资金，号召它们将相当比例的公共资金用于气候变化。在 2014—2020 年，要求他们每两年提交一份增加气候资金的战略和方法的报告。

华沙气候谈判十分艰苦，发达国家极力推卸历史责任，对于切实兑现承诺减排并向发展中国家提供资金和技术支持缺乏政治意愿。虽然在发展中国家的压力下，他们承认了以前作过提供资金的承诺，但既没提出时间表也没提出具体的集资战略和方法；对建立损失与损害补偿机制，也是在国际社会的巨大压力下初步同意，但没有实质性承诺；一些发达国家对落实 2020 年前减排目标仍缺乏力度，日本等个别发达国家甚至还出现了减排目标严重倒退。这些都引起发展中国家的强烈不满，为今后的谈判带来了负面影响。

中国代表团团长解振华在华沙气候变化大会上讲话

世界自然基金会（WWF）等多家环保民间组织，对气候谈判的进展十分失望，在会议结束前集体退出大会。他们认为，谈判正在开倒车，华沙会议不会达成什么实质性成果。

中国、印度、巴西和南非组成的“基础四国”提出了促成大会成功的4点建议，包括要加大落实以往承诺的力度，尽快开启德班平台的谈判，要在减排、适应、资金、技术和透明度等关键问题上取得平衡结果，全球应对气候变化新协议应有约束力等。他们还表示，“基础四国”将为此共同做出努力。联合国秘书长潘基文在会见“基础四国”代表时，充分肯定了四国应对气候变化积极有力的行动。

利马气候变化大会

联合国利马气候变化大会于2014年12月1—14日在秘鲁利马举行。这次大会包括《联合国气候变化框架公约》第20次缔约方大会和《京都议定书》第10次缔约方会议。11 000多名代表参加，其中6 300多名为政府代表。

大会集中对加强行动德班平台特别工作组的结果进行谈判，目的是推动2015年在巴黎《联合国气候变化框架公约》第21次缔约方大会上达成一项适用于所有缔约方的具有法律约束力的协议，包括讨论在2015年递交应对气候变化“国家自主贡献”（Nationally Determined Contributions，NDCs）所需要的信息和程序，以及巴黎谈判案文的要素等。大会通过的1/CP.20号决议邀请所有缔约方在2015年第21次缔约方大会前尽早向《联合国气候变化框架公约》秘书处递交国家自主贡献文件。

大会最后通过了一项关于推进德班平台的决议，该决议的附件包含了巴黎大会谈判案文的要素。大会还通过了《利马气候行动呼吁书》，启动了为明年达成一项协议的谈判、递交和审核“国家自主贡献”以及提高2020年前减排目标的进程。利马大会还通过了其他18项决议，包括推动“损失与损害补偿华沙国际机制”的运作、建立关于性别问题的利马工作方案以及通过《利马教育和意识提高宣言》等。

资金问题一直是气候谈判的一个焦点。在这次会议上，绿色气候基金的集资有了一定的进展，大会结束时，发达国家和部分发展中国家总共承捐102亿美元，超过了原来预期的100亿美元。但是，发达国家关于到2020年每年筹集1 000亿美元支持发展中国家应对气候变化的承诺在这次会议上没有得到落实。

“国家自主贡献”将是2015年巴黎协议的一项核心内容，但包括哪些部分？发达国家和发展中国家存在着重大的分歧。发达国家主张只包括减缓，而发展中国家主张还应该包括适应和实施手段（资金、技术和能力建设）。最后通过的决议的表述比较模糊，即“邀请缔约方考虑包括一个适应的组分”，而资金、技术和能力建设没有列入。

在会议延长42个小时的情况下，由于发展中国家不懈的坚持，通过的决议反映了已经发表的《中美气候变化联合声明》的提法，即“缔约方大会强调将在2015年达成一个有力度的、反映共同但有区别的责任和各自能力原则以及符合各国国情的协议这一承诺”，从而打破了僵局。

大会通过的决议是各方妥协的产物，但就2015年巴黎协议草案的要素基本达成了一致，初步明确了各方2020年后应对气候变化“国家自主贡献”所涉及的信息和程序，为2015年在巴黎的谈判打下了基础。

中美气候变化联合声明

应国家主席习近平邀请，美国总统奥巴马于2014年11月10—12日来华出席亚太经合组织领导人非正式会议并对中国进行国事访问。在此期间，双方发表了《中美气候变化联合声明》。中美两国元首宣布了两国各自2020年后应对气候变化的行动。美国计划于2025年实现在2005年基础上减排26%～28%的全经济范围减排目标并将努力减排28%。中国计划2030年左右二氧化碳排放达到峰值且将努力早日达到峰值，并计划到2030年非化石能源占一次能源消费比重提高到20%左右。认识到这些行动是向低碳经济转型长期努力的组成部分并考虑到2℃全球升温目标，双方均计划继续努力并随时间而提高力度。

双方宣布同意在2015年联合国巴黎气候大会上达成在《联合国气候变化框架公约》下适用于所有缔约方的一项议定书、其他法律文书或具有法律效力的协定成果。双方致力于达成富有雄心的2015年协议，体现共同但有区别的责任和各自能力原则，考虑到各国不同国情。

双方还宣布将加强两国在气候变化领域的务实合作，包括先进煤技术、页岩气、核能、可再生能源、碳捕集利用和封存、氢氟碳化物、低碳城市、绿色产品贸易等方面的合作。

《中美气候变化联合声明》的发表，对推动国际气候变化谈判，在2015年达成适用于所有缔约方的一项协定发挥了积极的作用。

美国政府于2015年3月31日向《联合国气候变化框架公约》秘书处递交了承诺2025年实现温室气体在2005年基础上减排26%～28%的计划。

中国于2015年6月30日向《联合国气候变化框架公约》秘书处提交了应对气候变化国家自主贡献文件《强化应对气候变化行动——中国国家自主贡献》。文件确定了中国2030年的自主行动目标：二氧化碳排放在2030年左右达到峰值并争取尽早达到峰值；单位国内生产总值二氧化碳排放比2005年下降60%～65%，非化石能源占一次能源消费比重达到20%左右，森林蓄积量比2005年增加45亿立方米左右。

中国国家自主贡献文件还回顾了中国在应对气候变化方面所取得的成效，介绍了为实现上述目标所采取的政策和措施，以及2015年气候变化协议谈判的立场。

2015年9月25日，中美两国元首发表了《中美元首气候变化联合声明》。中美两国就巴黎会议成果所涉及的推动全球绿色低碳发展、加强适应、向发展中国家提供资金和技术支持等相关问题达成若干共识，为巴黎会议取得成功提供了政治推动力。中美重申了各自已经做出的承诺，并宣布双方将致力于共同支持发展中国家向绿色低碳转型，美方重申其向绿色气候基金捐资30亿美元，中国宣布将拿出200亿元人民币建立气候变化南南合作基金，支持其他发展中国家应对气候变化。

2015 年 11 月 2 日，中法两国元首发表了《中法元首气候变化联合声明》。联合声明强调了气候变化的紧迫性，表明两国共同努力应对这一全球性严峻挑战的政治意愿；双方就联合国气候变化巴黎会议涉及的重点问题达成了一系列共识；提出了深化中法气候变化领域对话合作、共同帮助其他发展中国家应对气候变化的务实举措。

中国政府于 2015 年 11 月发布了《中国应对气候变化的政策与行动 2015 年度报告》。该报告全面介绍了 2014 年以来中国在应对气候变化各个领域采取的积极措施和取得的显著成效，阐述了中国对联合国巴黎气候变化大会的基本立场和主张。

巴黎气候变化大会

联合国巴黎气候变化大会于 2015 年 11 月 29—12 月 12 日在法国巴黎举行。大会包括《联合国气候变化框架公约》第 21 次缔约方大会、《京都议定书》第 11 次缔约方会议和《联合国气候变化框架公约》下 3 个附属机构的会议。来自政府、联合国机构和政府间机构、民间组织和媒体的 36 000 多名代表出席，其中 21 300 名是来自 195 个国家的政府代表。大约 150 位国家元首和政府首脑出席了 11 月 30 日举行的巴黎气候变化大会开幕式。会议的规模和出席的级别在联合国历史上是罕见的。

中国国家主席习近平出席了开幕式并做了题为《携手构建合作共赢、公平合理的气候变化治理机制》的讲话。他指出，巴黎大会要加强《联合国气候变化框架公约》的实施，达成一个全面、均衡、有力度、有约束力的气候变化协议。习主席的讲话为巴黎大会取得成功提供了政治推动力。

习近平主席在巴黎气候变化大会开幕式上讲话

大会通过了 34 项决定，内容包括：通过《巴黎协定》；促进技术开发和转让的“技术机制”；评估制订和实施国家适应计划（NAPs）的程序；延长最不发达国家专家工作组的任期；能力建设框架实施情况第三次全面审议的职责范围；《京都议定书》的技术问题；减少发展中国家森林砍伐和退化造成的排放的技术指南；为清洁发展机制（CDM）和联合履约（JI）提供指南；《2016—2017 年联合国气候变化框架公约项目预算》等。

巴黎大会最重大的成果是通过了《巴黎协定》。《巴黎协定》共 29 条，包括目标、减缓、适应、损失损害、资金、技术、能力建设、透明度、全球盘点等内容，为 2020 年后全球应对气候变化行动做出了安排。

《巴黎协定》制定的目标是：将全球平均气温升幅较工业化前水平控制在显著低于 2℃的水平，并向升温较工业化前水平控制在 1.5℃努力；在不威胁粮食生产的情况下，增强适应气候变化负面影响的能力，促进气候恢复力和温室气体低排放的发展；使资金流动与温室气体低排放和气候恢复力的发展相适应。

为了实现上述长期气候目标，缔约方将尽快实现温室气体排放达到峰值，大会认识到发展中国家达到峰值需要更长的时间。此后，缔约方将采用最好的科学技术迅速减排，以在 21 世纪下半叶实现温室气体的人为排放量与温室气体吸收汇清除量之间的平衡。

根据《巴黎协定》，各方将以“国家自主贡献”（NDCs）的方式参与全球应对气候变化行动。发达国家将继续带头减排，并加强对发展中国家的资金、技术和能力建设支持，帮助后者减缓和适应气候变化。

《巴黎协定》的核心是每 5 年一个周期。在每个周期中间，要对全球在减缓、适应以及在财政、技术和能力建设支持方面的努力进行一次盘点，即评估。2023 年是第一次，以后每 5 年进行一次。根据评估的结果，各国将制订新的 NDCs，每个周期的 NDCs 都要比上一周期的更有雄心。通过不断增强的 NDCs 实现《巴黎协定》确定的目标。

发达国家和发展中国家在执行《巴黎协定》上的区别问题是大会争论的焦点之一。最后《巴黎协定》采用了利马气候变化大会反映《中美气候变化联合声明》的提法的妥协方案，即《巴黎协定》的执行将按照平等、共同但有区别的责任和各自能力的原则，并考虑到各国不同的国情。据此，《巴黎协定》规定：发达国家通过执行全经济范围的绝对减排指标带头减排；发展中国家应当继续加大其减排力度，并鼓励他们根据不同的国情向全经济范围减排或限排指标逐渐过渡。应向发展中国家提供支持来实施这一条款，并指出缔约方认识到只有增加对发展中国家的支持，才能使他们采取更具雄心的行动。

《巴黎协定》关于透明度的条款特别强调了信息透明的重要性。各缔约方将定期提供下列信息：关于污染源人为排放量和温室气体吸收汇清除量的国家调查报告；有关追踪执行和实现 NDCs 必需的信息；各缔约方应酌情提供气候变化影响和适应的信息；发达国家缔约方将提供关于向发展中国家提供资金、技术和能力建设支持的信息，其他提供支持的缔约方也应该提供此类信息；发展中国家缔约方应该提供需要的和收到的资金、技术和能力建设支持的信息。对提交的缔约方的信息将按此次大会通过的决定进行技术专家审议。审议将包括研究对相关缔约方提供的支持，及其 NDC 的执行情况和成就，还包括确定该缔约方需改进的领域。审议将特别重视发展中国家相关的能力和国情。通过这一审议过程，缔约方将了解《巴黎协定》执行中取得的成绩和存在的问题，找出解决方案，以加大力度，推动《巴黎协定》目标的实现。

关于资金问题，《巴黎协定》的主要内容如下：发达国家缔约方将继续履行其《联合国气候变化框架公约》下已经做出的承诺，向发展中国家缔约方提供减缓和适应所需要的资金；鼓励其他国家缔约方自愿提供或继续提供此种资金支持。发达国家缔约方应当继续带头从广泛的来源、机制和渠道筹措气候资金，要特别重视公共资金的重要作用；发达国家缔约方将每两年公布一次上述与他们有关的资金条款执行情况的数量和质量信息；鼓励其他国家缔约方两年自愿公布一次此类信息；《联合国气候变化框架公约》的财务机制，包括其操作实体将服务于《巴黎协定》。

关于技术开发和转让，《巴黎协定》规定：在《联合国气候变化框架公约》下建立的“技术机制”将服务于《巴黎协定》；建立一个技术框架，为推动和促进不断增强的技术开发和转让向“技术机制”提供指导，以推动《巴黎协定》的执行；将向发展中国家缔约方提供支持，包括资金支持，以实施《巴黎协定》中关于技术的条款。

关于能力建设，《巴黎协定》规定：所有缔约方应该合作提高发展中国家缔约方执行《巴黎协定》的能力；发达国家缔约方应当增强对发展中国家缔约方能力建设的支持。

《巴黎协定》决定加强和建立实施《联合国气候变化框架公约》的机构和机制。《巴黎协定》确立了创立或建立几个新的机制的模式，如巴黎能力建设委员会以及减缓和可持续发展机制。通过这些机制，促进《巴黎协定》的执行。

《巴黎协定》是一个公平合理、全面平衡、富有雄心、持久有效、具有法律约束力的协定，传递出了全球将实现绿色低碳、气候适应型和可持续发展的强有力积极信号。

《巴黎协定》是各方妥协的产物，是一个好的协定，但并不完美。《巴黎协定》的程序性方面具有法律约束力，如 NDCs 的交流和报告具有法律约束力，但大部分实质性条款，包括存放在《联合国气候变化框架公约》秘书处公共登记簿中的 NDCs 的内容和目标并无约束力。《巴黎协定》中包括了损失和损害和“华沙气候变化影响损失和损害国际机制”，但大会的决定排除了责任和赔偿的内容。

发展中国家希望发达国家 2020 年以后在资金、技术和能力建设方面对他们的支持力度超过已经做出的承诺，但《巴黎协定》没有提出这种要求。巴黎大会的决定实际将到 2020 年每年发达国家筹措 1 000 亿美元资金的承诺延长到了 2025 年。此后，缔约方将再谈判一个新的筹资目标。

迄今已有 189 个国家递交了 NDCs，其排放量占全球排放总量的 95%。但这些 NDCs 只能将全球升温控制在 3℃左右。《巴黎协定》的成功要依赖于缔约方不断提高 NDCs 的力度，使其达到保护地球的目标。

《巴黎协定》通过后法国气候变化谈判大使图比亚娜，《联合国气候变化框架公约》执行秘书菲格雷斯，联合国秘书长潘基文，大会主席、法国外长法比尤斯，法国总统奥朗德在主席台上庆祝

《巴黎协定》将在温室气体排放量至少占全球排放总量55%，至少55个国家批准、接受、核准或加入30天后生效。人们希望，这个目标能在2020年前实现，以使《巴黎协定》能在2020年后如期开始执行。

中国在气候谈判中扮演了领导者的角色，为巴黎大会的成功做出了历史性贡献，得到了国际社会的高度评价。

巴黎气候变化大会是人类环境外交史上的一个重要历史性事件。大会通过了《巴黎协定》，使人类进入了全球合作应对气候变化的新时代。全球所有国家为了一个共同目标，采取共同行动，这在人类历史上还是第一次。但是，要实现确定的目标，人类还面临着许多严峻的挑战。

2016年3月31日，习近平主席和奥巴马总统在美国华盛顿发表第三个《中美元首气候变化联合声明》。双方承诺两国将于4月22日签署《巴黎协定》，并采取各自国内步骤以便今年尽早参加《巴黎协定》。他们还鼓励《联合国气候变化框架公约》其他缔约方采取同样行动，以使《巴黎协定》尽早生效。两国元首进一步承诺，将共同并与其他各方一道推动《巴黎协定》的全面实施，战胜气候威胁。

2016年4月22日，《巴黎协定》在纽约联合国总部开放签署，175国代表在协定上签字，开创了历史上一个多边法律协议开放签署首日签字国家最多的纪录。联合国秘书长潘基文说，人类创造了历史。有15个国家在22日不仅签署了协议，同时还向联合国交存了协议的批准文书，这些国家多为深受气候变化之害的小岛屿发展中国家。

习近平主席会见奥巴马总统并共同发表第三个《中美元首气候变化联合声明》

中国国家主席习近平特使、国务院副总理张高丽出席了《巴黎协定》签字仪式，并代表中国签署《巴黎协定》。张高丽在讲话中承诺，中国将在 2016 年 9 月 20 国集团杭州峰会前完成参加协定的国内法律程序，批准协定。中国已向其他 20 国集团成员发出倡议，并将与世界各国一道，推动协定获得普遍接受和早日生效。

在《巴黎协定》签字仪式开幕式主席台上，自左至右：公约第 21 次缔约方大会主席、法国生态、可持续发展和能源部部长罗亚尔，法国总统奥朗德，联合国秘书长潘基文和摩洛哥王妃萨尔玛

联合国生物多样性法律体系*

联合国生物多样性法律体系包括《生物多样性公约》《保护迁徙野生动物物种公约》和《濒危野生动植物物种国际贸易公约》等多边环境法律协议。本文仅对《生物多样性公约》及其下属议定书的内容和履约情况作一介绍。

《生物多样性公约》于 1992 年 5 月 22 日通过，1992 年 6 月在里约热内卢联合国环境与发展大会开放签字，1993 年 12 月 29 日生效。这是 1992 年联合国环境与发展大会《21 世纪议程》框架下的三个称为“里约公约”的重要多边环境协议之一，目前有 196 个缔约方，秘书处设在加拿大蒙特利尔，由联合国环境规划署管理。

《生物多样性公约》主要内容

《生物多样性公约》的目标是保护生物多样性、持久使用其组成部分以及公平合理分享由利用遗传资源而产生的惠益；实现手段包括遗传资源的适当取得及有关技术的适当转让，但需顾及对这些资源和技术的一切权利，以及提供适当资金。

《生物多样性公约》重申各国对于其自然资源主权的原则，但也要尊重其他国家的这种权利。《生物多样性公约》规定缔约国有责任保护他们行政管辖范围内的生物多样性以及在某些情况下国家管辖范围外的生物多样性。《生物多样性公约》要求缔约方采取合作行动，保护国家行政范围以外的地区的生物多样性。《生物多样性公约》也规定了缔约方有下列责任：

（1）制订和实施保护和可持续利用生物多样性的战略、计划或规划；

（2）监测生物多样性的组成部分，确定保护每一类物种的紧迫程度，根据它们所具有的风险，对它们采样、分析；

（3）在查明、保护和可持续使用生物多样性方面，开展研究和培训教育，提高公众意识；在计划的国家项目有可能对其他国家的生物多样性具有负面影响的情况下，与他国交换信息和开展磋商。

《生物多样性公约》在国际法中首次明确保护生物多样性是一个“人类共同关心的问题”，是发展过程中不可分割的部分。《生物多样性公约》包括所有的生态系统、物种和遗传资源。它将传统的保护措施同可持续地使用生物资源的经济目标相联系。它确立了公平合理地分享使用遗传资源产生的惠益以及商业使用资源所产生效益的原则。它

* 本文原载 2015 年第 3 期《世界环境》杂志，原题是《生物多样性公约 23 年》。

也包括了正在迅速发展的生物技术领域，涉及技术发展和转让、惠益分享和生物安全的问题。重要的是，该公约是具有法律约束力的，缔约国有责任实施其各项条款。

《生物多样性公约》提醒决策者，自然资源不是无穷无尽的。它建立了一个可持续使用的哲学思想。过去的保护工作目的是保护特定的物种和生境，而《生物多样性公约》指出，生态系统、物种和基因必须为人类的利益而使用，但这种使用必须以不造成生物多样性长期的减少的方式和速度进行。

《生物多样性公约》也给决策者就预防的原则提供了指导。也就是说，在生物多样性有明显减少和丧失危险的情况下，充分的科学肯定性的缺乏不能作为推迟采取措施防止和最大限度地减少这种威胁的借口。《生物多样性公约》指出，保护生物多样性必须要有充足的投资，作为回报，保护将给人类带来重大的环境、经济和社会效益。

《生物多样性公约》涉及许多问题，下面是其中的几个：

（1）保护和可持续使用生物多样性的措施和刺激手段；

（2）依法获取遗传资源，包括提供资源方必须遵循“事先知情同意程序”；

（3）技术（包括生物技术）的获取和转让；

（4）科学技术合作；

（5）环境影响评价；

（6）教育和公众意识；

（7）财政资源的提供；

（8）实现《生物多样性公约》承诺的国家报告。

卡塔赫纳生物安全议定书

《卡塔赫纳生物安全议定书》是为转基因生物越境转移立法的第一个国际协议，是《生物多样性公约》的一个附属协议。该议定书于 2000 年 1 月在蒙特利尔举行的《生物多样性公约》特别缔约方大会上通过，2000 年 5 月在内罗毕开放签字，并于 2003 年 9 月生效。《生物安全议定书》现在有 170 个缔约方。

《生物安全议定书》对那些对生物多样性有负面影响的转基因生物（LMOs）的安全转移、处置和使用做出了规定，其中考虑到它们对人体健康的影响，并特别注重它们的越境转移。它包括管理转基因生物的进口的“事先知情同意程序”，也包括预防的措施以及危险评估和管理的机制。

《生物安全议定书》建立了一个“生物安全信息交换所”，以促进信息交流，还包括了能力建设和财政资源方面的条款，特别重视发展中国家和那些没有国内立法制度的国家。

从本质上来说，《生物安全议定书》旨在规范任何对保护和可持续使用生物多样性可能有负面影响的转基因生物的国际贸易、处置和使用，也要考虑到对人体健康的危险。

《生物安全议定书》是保护生物多样性采取的一项重要的步骤。它特别强调对于转基因生物向环境转移要采取预防的措施。预防的原则是本协议的核心。它意味着缔约国在对于某些转基因产品的安全性缺乏科学认识和一致性的情况下，有权禁止和限制这些转基因生物的进口和使用。

《生物安全议定书》要求缔约国在进口转基因作物的时候，事先要得到通知，并且要同意，这叫作“事先知情同意程序”。缔约国必须首先得到进口国的明确的同意，才能出口要转移到环境当中的转基因生物。

《生物安全议定书》是一个历史性的成就。在国际法中首次明确地要求缔约国要采取预防的措施来预防转基因生物对生物多样性和人体健康造成的危害。

为了能够达成协议，许多重要的生物安全的措施没有列入，但是《生物安全议定书》还是迈出了正确的一步。现在的议定书制定了必须执行的最低标准。

名古屋议定书

2010 年 10 月在日本名古屋召开的《生物多样性公约》第 10 次缔约方大会通过了《关于获取遗传资源和公平和公正分享其利用产生的惠益的名古屋议定书》（以下简称《名古屋议定书》）。《名古屋议定书》的目的是通过以适当的方式对遗传资源的获取、相关技术的转让以及资金的提供，公正和公平地分享因使用遗传资源所获得的利益，以保护生物多样性和可持续地利用其组成部分。《名古屋议定书》于 2014 年 10 月 12 日生效，到 2015 年 9 月 15 日，共有 62 个缔约方。

《生物多样性公约》第 10 次缔约方大会通过了《2011—2020 年生物多样性战略计划》，规定了《名古屋议定书》的具体目标：在 2020 年年底前，扩大保护世界上的森林、珊瑚礁与其他受威胁的生态体系，达成保护 17%的陆地及 10%的海洋的目标；控制或消灭外来物种入侵；使珊瑚礁等生态系统所受的全球变暖和海洋酸化等压力降至最低；防止已知濒危物种灭绝，并致力于改善或维持其保护状况；农业、水产养殖业和林业的作业，要接受可持续性管理；环境污染控制在某个水平，以不损害生态系统功能和生物多样性为目标。

《2011—2020 年生物多样性战略计划》还规定，2015 年前，所有缔约国要制订国家生物多样性战略和行动计划。为加强监管，防止不正当对遗传资源的获取和使用，资源利用国须设立至少一个以上的监管机构。

关于资金，《名古屋议定书》规定，《生物多样性公约》财务机制，即全球环境基金是《名古屋议定书》的财务机制，还规定应充分考虑发展中国家，特别是最不发达国家以及经济转型国家依照《生物多样性公约》相关规定所产生的资金需求。

补充议定书

2010 年 10 月在日本名古屋举行的《生物安全议定书》第 5 次缔约方会议通过了《卡塔赫纳生物安全议定书关于赔偿责任和补救的名古屋——吉隆坡补充议定书》（以下简称《补充议定书》）。《补充议定书》通过了一些行政性办法，以解决一旦源于越境转移的转基因生物体给生物多样性的保护和可持续利用造成损害时采取的补救规则和应对措施。

重要缔约方会议回顾

缔约方大会是《生物多样性公约》的决策机构，到2014年年底，共召开了12次会议。《卡塔赫纳议定书》和《名古屋议定书》分别召开了7次和1次缔约方会议。下面对其中比较重要的会议作些介绍。

1994年11月28—12月29日在巴哈马拿骚（Nassau）召开了《生物多样性公约》的第1次缔约方大会。这次大会建立了实施《生物多样性公约》的总体框架，包括决定建立生物安全信息交换所机制和科学技术和技术咨询附属委员会，并决定全球环境基金作为《生物多样性公约》的资金机制。

2000年1月在加拿大蒙特利尔举行的《公约》特别缔约方大会上通过了《卡塔赫纳生物安全议定书》。

《卡塔赫纳生物安全议定书》第1次缔约方会议于2004年2月在马来西亚吉隆坡举行。这次会议通过了下列决议：信息交流和生物安全信息交换所；能力建设；决策程序；处置、运输、包装和标志；议定书的执行；责任和危害纠正；监测和报告；秘书处；资金机制指南；中期工作方案。会议还决定建立执行委员会的责任和危害纠正工作组。危害纠正工作组的任务是根据《卡塔赫纳生物安全议定书》的规定，研究转基因生物越境转移造成的危害的责任和纠正方案。

2008年5月在德国波恩召开的《公约》第9次缔约方大会通过了关于下列问题的决议：2010年前完成一项关于遗传资源的获取和利益分享国际协议的谈判的路线图；集资战略；需要保护的海洋区域科学标准和指南；以及建立一个生物多样性和气候变化特别技术专家组。

《卡塔赫纳生物安全议定书》第5次缔约方会议于2010年10月在日本名古屋举行。会议通过了《补充议定书》，还通过了其他16项决定，包括：执行委员会；生物安全信息交换所；能力建设；生物安全专家名录；处置、运输、包装和标志标准；转基因生物过境方的责任和/或义务；监测和报告；评估和审核；战略计划和多年工作方案；与其他组织、公约和项目的合作；危险评估和管理；公众意识和公众参与；财务机制和资金；预算等。

《生物多样性公约》第10次缔约方大会于2010年10月在日本名古屋召开。经过激烈的讨论、谈判和多个深夜的会议，特别是在遗传资源的获取和分享、战略计划和集资战略等问题上，大会通过了一揽子协议，使这次大会成了《生物多样性公约》历史上最成功的一次会议。会议最大成果是通过了《关于获取遗传资源和公平和公正分享其利用产生的惠益的名古屋议定书》。

会议还通过了下列决议：《2011—2020年生物多样性公约战略计划》；实施第9

次缔约方大会通过的集资战略的行动和指标；事实上暂停转基因工程；在合成生物学问题上的立场，敦促政府对合成生命释放到环境中采取预防的措施；《生物多样性公约》在“减少发展中国家森林砍伐和退化，包括保护造成的排放”（REDD+）中的作用；特加里瓦伊埃里道德行为守则。会议还确定了加强“里约公约”之间合作，为里约+20峰会准备的步骤。

《生物多样性公约》第11次缔约方大会于2012年10月8—19日在印度的海得拉巴举行。第11次缔约方大会讨论了遗传资源获取和分享的《名古屋议定书》的现状、《2011—2020年战略计划》的实施和实现生物多样性目标的进展以及集资战略的实施情况等问题。

在第10次缔约方大会通过了《名古屋议定书》以后，第11次缔约方大会标志着从政策制定到政策实施的转变。大会共通过了33个决定，从生态恢复、海洋和沿海生物多样性到《名古屋议定书》的实施，从生物多样性的传统的可持续利用到为国家和地方一级实施《名古屋议定书》而开展工作奠定基础。这次会议在资金问题上，包括实施集资战略的目标和预算这些问题上，进行了激烈的争论，最后在2012年10月20日清晨达成了一个妥协性的协议。会议决定到2015年向发展中国家提供的与生物多样性有关的国际财政资金的流动要翻一番，而且要将这个水平至少维持到2020年。会议还达成了改善基础信息的收集和分享的目标，以及为了监测集资情况的一个初步的报告框架。

《生物多样性公约》第12次缔约方大会于2014年10月6—17日在韩国的平昌举行。在第12次缔约方大会的第2周，即10月13—17日举行了《名古屋议定书》第1次缔约方会议。大会对《2011—2020年生物多样性战略计划》实施的进展情况进行了中期审议，还审议了通过能力建设、科技合作和其他手段对《生物多样性公约》实施提供的支持的进展情况。

出席第12次缔约方大会的中国代表薛达元和柏成寿在会场阅读报道大会情况的《地球谈判报告》（ENB）

大会还讨论了下列重要问题：集资和其他与资金有关的问题；提高《生物多样性公约》的效率；生物多样性和可持续发展；与其他组织的合作；海洋和海岸的生物多样性；生物多样性和气候变化；生物燃料；传统知识；可持续的野生动植物管理；入侵外来物种；合成生物学；生态系统的保护和恢复。第12次缔约方大会围绕这些问题和其他问题共通过了33项决定。

在第 12 次缔约方大会高级别部分主席台上，左起：联合国环境规划署副执行主任蒂奥，全球环境基金首席执行官兼主席石井菜穗子，12 次缔约方大会主席、韩国环境部长尹成奎，韩国总理郑烘原，联合国开发计划署署长克拉克，韩国江原道知事崔文洵，生物多样性公约执行秘书迪亚斯

在《名古屋议定书》第一次缔约方会议期间，履约接触小组正在磋商

2014 年 10 月 12 日《名古屋议定书》正式生效。《名古屋议定书》第 1 次缔约方会议通过了 10 项决定，其中包括：遗传资源获取和惠益分享信息交换所以及信息交流；监测和报告；《名古屋议定书》的执行；能力建设；意识提高；全球惠益分享机制的必要性和模式；组织、财务和预算等问题。

《生物多样性公约》第 12 次缔约方大会在多个问题上取得了实质性的进展，特别是开始了关于遗传资源的获取和惠益分配的《名古屋议定书》的实施进程。

履约状况

20 多年来，由于国际社会的共同努力，《生物多样性公约》的履约工作取得了一定的成绩。《生物多样性公约》本身是一个框架性的多边环境法律协议，缺乏实施的具体机制。后来通过的《生物安全议定书》《名古屋议定书》和《补充议定书》提供了这种机制，并扩大了《生物多样性公约》的范围，这本身就是一个成就；许多缔约国建立了履行《生物多样性公约》的国家机构，制订了有关法律法规；170 多个国家按照《生物多样性公约》的要求制订了《国家生物多样性战略和行动计划》，采取了包括建立自然保护区等许多行动；各国能按要求递交国家报告；在全球和地区范围内举行了许多的讨论会和经验交流会，开展了各种各样的合作活动。这一切都推动了全球生物多样性的保护。

中国已经批准《生物多样性公约》和《生物安全议定书》，是这两个多边环境法律协议的缔约国，并在履约方面采取了一系列积极措施，生物多样性保护取得积极进展。中国履约行动主要包括：①建立了生物多样性保护的工作协调机制，成立了由 25 个部门组成的中国生物多样性保护国家委员会；②发布了 50 多部相关法规和规划计划，初步建立了生物多样性保护法规体系；③就地和迁地保护成绩显著。截至 2014 年底，建立自然保护区 2 729 个，其中国家级自然保护区 428 个。自然保护区总面积 147 万平方公里，占陆地国土面积 14.84%，高于世界 12.7%的平均水平；④重视生态系统建设、保护和修复工作，组织开展了多项全国或区域性的重要物种资源调查和监测工作；⑤组织开展了一系列宣传和教育活动，公众生物多样性保护和参与意识得到提高；⑥开展国际合作与交流，与多个国家和国际组织开展项目合作。

从全球范围来看，《生物多样性公约》的履行还存在着不少问题。

美国对《生物多样性公约》一直持消极态度，它于 1993 年签署了《生物多样性公约》，但迄今没有批准，因此还不是缔约国。美国、阿根廷和加拿大生产了全世界 90%的转基因作物，但他们现在还没有批准《生物安全议定书》。这些国家和其他一些支持转基因生物的国家，统称为迈阿密集团。《名古屋议定书》虽然已经生效，但至今只有 59 个缔约方，另有 53 个国家虽然签署了该议定书，但尚未批准，美国等国家没有签署该议定书。

资金的问题。按照《生物多样性公约》的规定，发达国家缔约方应向发展中国家缔约方提供新的和额外的资金，以使发展中国家完成《公约》所规定的义务，而且还规定，全球环境基金是《生物多样性公约》的基金机制。但是，长期以来，发达国家没有真正兑现他们的承诺，给发展中国家提供的资金一直短缺。在2010年召开的第10次缔约方大会上，发展中国家再次呼吁发达国家兑现他们的承诺，并说明如果没有充足的资金支持，他们难以实施《2011—2020年生物多样性战略计划》，但发达国家对此持消极态度。2012年召开的第11次缔约方大会在资金问题上取得了进展。会议决定到2015年向发展中国家提供的与生物多样性有关的国际财政资金要翻一番。但在2014年召开的第12次缔约方大会上，一些发达国家企图从11次大会做出的承诺上后退。他们要求将上次做出的目标推迟5年，即至2020年实现，但发展中国家坚持原来2015年实现的目标。最后大会通过的决定是到2015年向发展中国家提供的资金要翻一番。发展中国家要求在决定中写上这是"最终目标"，但遭发达国家反对而用了"目标"两字。这给以后在此问题上重新谈判留下了余地。资金的缺乏是许多发展中国家不能完成《公约》所规定的义务的一个重要原因。

技术转让也是履约中一直存在的问题。联合国环境与发展大会做出决定，发达国家应以优惠和减让性的条件向发展中国家提供保护全球环境需要的技术。《生物多样性公约》规定，为支持履约，要建立专门的技术转让、科学和技术合作的方案。但在这个问题上，发达国家和发展中国家一直存在着重大的分歧。发达国家强调技术转让应当通过市场机制来实现，而且强调保护知识产权的重要性，因此对向发展中国家转让保护生物多样性的技术一直持消极态度。在保护生物多样性传统知识的转让问题上，各国也存在着分歧，有的国家担心这不能保证生物多样性的有效保护。还有一个分歧是谁来主导技术转让。第10次缔约方大会讨论了建立生物多样性技术方案的问题。关于该方案的秘书处，非洲集团主张设在《生物多样性公约》秘书处，而欧盟主张设在联合国环境规划署。由于有这些分歧和争论，《生物多样性公约》所确定的技术转让的目标一直没有真正地实现。许多发展中国家因为缺乏相关的技术而不能完成《公约》和议定书所规定的义务。

关于国家层面的履约问题，《生物多样性公约》本身存在着问题。它没有很明确国家层面应当采取哪些行动的条款，譬如没有明确要求制定国家法律的条款。因此不少国家没有制定生物多样性保护的法律。关于遗传资源获取和分享，只有少数国家制定了相关法律。《生物多样性公约》在国家层面上的履约的主要工具是《国家生物多样性战略和行动计划》，大部分缔约国已经制订了这样的计划并采取了行动，取得了具体的效果。但是，调查表明，这还没能足以减少造成生物多样性丧失的主要根源，全球生物多样性仍在继续丧失。

联合国荒漠化法律文书*

全球有1/4的土地受到荒漠化威胁，超过2亿500万人遭受着荒漠化的直接影响，同时，由于耕地和牧场变得贫瘠，使得100多个国家超过10亿人的生计处于危险境地。为此，在联合国主持下，开始了缔结一项防治荒漠化法律文书的谈判，于1994年6月17日在法国巴黎外交大会通过了《联合国关于在发生严重干旱/或荒漠化的国家（特别是非洲）防治荒漠化公约》（以下简称《防治荒漠化公约》）。《防治荒漠化公约》于1996年12月26日生效。这是发展中国家推动下缔结的一个保护全球土地资源的多边环境协议，是1992年联合国环境与发展大会《21世纪议程》框架下的三个称为"里约公约"的重要多边环境协议之一。《防治荒漠化公约》现有195个缔约方，秘书处设在德国波恩，由联合国管理。中国于1994年10月14日签署该公约，并于1997年2月18日交存批准书。《防治荒漠化公约》于1997年5月9日对中国生效。

《防治荒漠化公约》主要内容

《防治荒漠化公约》的目标是在发生严重干旱或荒漠化的国家，特别是非洲防治荒漠化和缓解干旱影响，在各级采取有效措施，并在符合《21世纪议程》精神的基础上建立国际合作和伙伴关系，协助受影响地区实现可持续发展。实现这一目标必须执行一项长期的综合战略，同时在所影响地区重点提高土地生产率，恢复、保护并以可持续的方式管理土地和水资源，从而改善特别是社区一级的生活条件。

《防治荒漠化公约》认识到荒漠化的物理、生物和社会经济方面，认识到改变技术转让的方向使其向需求推动的方向转变的重要性，以及认识到地方公众参与防治荒漠化的重要性。它的核心是各国政府与捐助国、地方公众和民间组织合作制定国家和次区域或区域的行动方案，以及通过这些行动方案来履行公约。这些行动方案是为了在国家一级解决荒漠化和干旱的根本原因，并寻找出预防和改变荒漠化的措施。国家方案还要有次区域或区域的方案加以补充，特别是在涉及跨境资源，譬如湖泊和河流的时候。《防治荒漠化公约》还有5个关于非洲、亚洲、拉丁美洲和加勒比海地区、北地中海地区和中东欧地区的区域实施行动方案的附件。

《防治荒漠化公约》的最高决策机构是缔约方大会。全球环境基金是公约的资金机制。缔约方大会下有一个辅助机构，叫"全球机制"（Global Mechanism）。"全球机

* 本文原载2015年第2期《世界环境》杂志，原题是《联合国防治荒漠化公约20年》，收入本书时增补了第12次缔约方大会的内容。

制”是《防治荒漠化公约》建立的一个为了帮助缔约方大会促进实施公约有关活动和方案进行集资的机制。缔约方大会下还有两个附属机构：科学技术委员会和履约审查委员会。科学技术委员会为缔约方大会提供科学技术方面的建议和信息，履约审查委员会负责审查履约情况，并提出进一步履约的建议。

缔约方大会

缔约方大会是《防治荒漠化公约》的最高决策机构，从 1997—2001 年，每年举行一次会议，从 2001 年来，缔约方大会每两年开一次会议。缔约方大会负责审议各缔约方递交的关于如何实施在《防治荒漠化公约》下做出的承诺的报告，然后在这些报告的基础上做出决定。它也有权对《防治荒漠化公约》做出修改或者通过新的附件。

到 2015 年，《防治荒漠化公约》共召开了 12 次缔约方大会。下面对最后 4 次大会的情况作一介绍。

《防治荒漠化公约》第 8 次缔约方大会于 2007 年 9 月 3—14 日在西班牙首都马德里议会大厦召开。会议开始时进展顺利，各国纷纷表示支持新起草的实施该公约的《实施公约 10 年战略计划和框架》（2008—2018 年）（以下简称《10 年战略计划》）。

大会通过了 29 项决定，其中 5 项是与履约审查委员会有关，8 项与科学技术委员会有关。代表们对通过的《10 年战略计划》特别重视，因为该决定使他们看到了将重点放在实施《防治荒漠化公约》上的希望。关于国家报告和科学技术委员会等决定是对《防治荒漠化公约》的实施机制的改革，也将进一步推动《防治荒漠化公约》的实施。

9 月 14 日，是会议的最后一天，首先通过了一系列决定，但关于秘书处预算的决定一直达不成协议。会议开到第二天清晨，由于日本的反对，这项决定最后没有得到通过。在无可奈何的情况下，主席宣布，大会决定当年联大期间在纽约召开一次《公约》缔约方特别会议，讨论这个决定。

同年 11 月 26 日在纽约联合国总部召开了《防治荒漠化公约》第 1 次缔约方特别会议，并通过了如下决定：《防治荒漠化公约》秘书处 2008—2009 年两年预算以欧元计算增长 4%，其中 2.8%的增长将由各成员国按比例分担，而第 8 次缔约方大会的主办国西班牙以自愿捐款方式承担其余的 1.2%。这个决定可以勉强维持《防治荒漠化公约》秘书处的运转，但扣除物价上涨等因素，批准的经费用来发工资后已所剩无几，很难有效地组织实施《防治荒漠化公约》的活动。《防治荒漠化公约》的实施将继续面临许多的困难。

《防治荒漠化公约》第 9 次缔约方大会于 2009 年 9 月 21—10 月 2 日在阿根廷布宜诺斯艾利斯举行。这是 2007 年通过《实施公约 10 年战略计划和框架》后的首次缔约方大会。

这次大会在下列问题上进行了讨论并通过了相关决定：履约审查委员会、科学技术委员会、“全球机制”和秘书处四年工作计划和两年工作方案；“全球机制”和秘书处；联合国联合调查处（Joint Inspection Unit）对“全球机制”的评估；科学技术委员会的运转；地区协调机制的安排；通讯战略，以及方案和预算。

在 2011 年 2 月在波恩召开的履约审查委员会第九次会议上，委员会主席诺布（左二）与欧盟代表团磋商

这次会议取得了一些积极的成果，包括通过了方案和预算的决定，使《防治荒漠化公约》的预算略有增加；决定制订用于确定全球土地退化程度的影响指标（impact indicators）和评估防治荒漠化活动开展程度的绩效指标（performance indicators）；决定履约审查委员会成为缔约方大会的一个长期附属机构；决定建立区域协调机制（regional coordination mechanism）。在“全球机制”问题上，缔约方大会没有取得一致意见。

中国代表贾晓霞在履约审查委员会第九次会议上发言

《防治荒漠化公约》第 10 次缔约方大会于 2011 年 10 月 10—21 日在韩国昌原举行。会议通过了 40 项决定，其中一项是决定将“全球机制”的管辖权由国际农业发展基金移交给《防治荒漠化公约》秘书处，从而解决了一个长期存在影响《防治荒漠化公约》执行的问题。大会还通过了要求《防治荒漠化公约》执行秘书积极筹备和参加 2012 年召开的联合国可持续发展大会。通过的关于预算的决定将秘书处的预算保持在原有的水平。

在第 10 次缔约方大会上，本书作者（右一）与国际可持续发展研究院（IISD）报告组的同事们与联合国助理秘书长、《防治荒漠化公约》执行秘书卢克·葛那卡嘉（中）合影

联合国助理秘书长、《防治荒漠化公约》执行秘书卢克・葛那卡嘉（左二），纳米比亚副总理马柯・哈乌斯库（左三）和第 11 次缔约方大会主席、纳米比亚环境与旅游部长乌阿赫库娅·海伦加（左四）等在第 11 次缔约方大会主席台上

《防治荒漠化公约》第 11 次缔约方大会于 2013 年 9 月 16—27 日在纳米比亚温得和克举行。大会通过了 41 项决定。大会决定建立一个科学政策工作组（Science Policy Interface，SPI）。工作组由科技委员会主席团成员和 15 名来自不同区域相关领域的科

学家组成，目的是对与荒漠化、土地退化和干旱有关的会议或网络产生的信息进行分析，并提出科学结论和建议；大会通过了关于科学知识交流网站（Scientific Knowledge Brokering Portal，SKBP）的决定。网站目的是促进在荒漠化、土地退化和干旱领域科学知识的管理，包括传统知识、最佳实用技术和成功经验。决定要求秘书处与其他组织加强合作，做好这个网站。代表们希望，通过上述两项措施使《防治荒漠化公约》成为全球在荒漠化、土地退化和干旱方面科学知识的权威。

大会决定将“全球机制”搬到波恩，和《公约》秘书处在一起办公，由秘书处管理，同时在罗马保留一个联络办公室。关于预算，大会决定保持零增长。

《防治荒漠化公约》第 12 次缔约方大会于 2015 年 10 月 12—23 日在土耳其安卡拉举行，大约 6 000 名代表出席。大会通过了 35 项决定。

缔约方大会通过的最重要的决议是关于实施 2015 年 9 月在联合国可持续发展峰会通过的《2030 年可持续发展议程》中确定的联合国可持续发展目标（Sustainable Development Goals，SDGs）的 15.3 子目标。根据该子目标，2030 年的目标是：防治荒漠化，恢复退化的土地和土壤，包括那些受到荒漠化、干旱和洪灾影响的土地，努力实现一个土地退化零增长的世界。缔约方大会决定把努力实现这一目标作为推动《防治荒漠化公约》实施的强有力的工具，并邀请各缔约方根据各自的国情和优先领域，制订实现土地退化零增长（Land Degradation Neutrality，LDN）的自愿目标。

关于资金问题，大会邀请发达国家缔约方和多边机构提高向受荒漠化影响缔约方和相关组织提供资金的充足性、及时性和可预见性。大会还讨论了建立一个独立的 LDN 基金的可能性，并要求“全球机制”协同《防治荒漠化公约》秘书处对此予以研究，提出方案，并向下次缔约方大会报告。全球环境基金宣布在其第 6 次增资期中将提高对土地退化重点领域的资金到 4.31 亿美元。全球环境基金和土耳其宣布将向受影响缔约方提供制订 LDN 目标所需要的资金。

秘书处和“全球机制”的方案和预算一直是每次会议争论的焦点。这次会议虽然在这个议程上的谈判也十分漫长，但比历次大会的谈判都要顺利一些。大会通过了《2016—2017 年方案和预算》。出现这一积极进展的原因，一是秘书处自己提出了一个预算实际零增长的方案，二是关于“全球机制”的争论已经在上次缔约方大会上得到解决。

第 12 次缔约方大会决定把 2030 年实现土地退化零增长作为《防治荒漠化公约》的最大目标，并提出了一系列的措施和方案以推动这一目标的实现，为今后 15 年《防治荒漠化公约》的实施开辟了新的方向。

在《防治荒漠化公约》第 12 次缔约方大会上，左起：纳米比亚环境与旅游部部长波汉巴・希菲塔，新任《防治荒漠化公约》执行秘书莫妮卡・巴布，加纳环境、科技与创新部部长马哈马・阿亚里加，土耳其林业与水务部副国务秘书洛特菲・阿卡，秘鲁自然资源战略发展部副部长加布里尔・阿考斯塔

履约状况

20 年来，《防治荒漠化公约》在艰难中前进。许多缔约国建立了履行《防治荒漠化公约》的国家机构，制订了有关法律法规。按照《防治荒漠化公约》的要求，许多国家制定了国家行动方案，非洲、亚洲、拉丁美洲和加勒比海地区、北地中海地区和中东欧地区还制订了区域行动方案。在这些国家和次区域或区域行动方案的框架下，开展了一些合作活动，例如在全球和地区范围内举行了一些讨论会和经验交流会，在一定程度上推动了全球荒漠化的治理。

但是，《防治荒漠化公约》的履行一直存在着严重的困难。

资金问题

《防治荒漠化公约》的实施，资金一直是最大的障碍。《防治荒漠化公约》规定，发达国家缔约方应向发展中国家缔约方提供实质性资金资源和其他形式的资助，缔约方大会决定全球环境基金是《防治荒漠化公约》的资金机制。由于荒漠化主要发生在发展中国家，荒漠化本身是一个国家和地区问题，发达国家对此一直没有像对气候变化等其他全球环境问题那么重视，也不愿意拿出足够的资金来帮助发展中国家。历年来，全球环境基金提供给它的活动和方案的资金一直较少。这个公约一直被称为三个“里约公约”中的穷妹妹。此外，在每次缔约方大会上，预算，包括中期和长期的预算，也是争论的焦点。日本等国家一直反对给《防治荒漠化公约》秘书处增加预算，发展中国家一直支持增加预算。在每次缔约方大会上，关于预算的决定总是最难通过的。第 8 次缔约方大会最后一天的会议开到第二天早晨，关于预算的决定还是没有通过。其他缔约方大会也往往要开到第二天上午，最后达成预算零增长或略有增加的妥协决定。即使是后者，增加的水平还往往不足以抵消物价上涨、欧元美元兑换率变化以及秘书处和“全球机制”职员工资增加造成的预算增加。所以，多年来《防治荒漠化公约》的实施困难重重，进展缓慢。《防治荒漠化公约》秘书处有限的一点经费，只能用作行政开支，很难还有经费用来支持发展中国家开展实质性的履约活动。

全球机制

“全球机制”是帮助缔约方大会促进实施《防治荒漠化公约》有关活动和方案进行集资的机制。长期以来，“全球机制”和《防治荒漠化公约》秘书处存在着很大的矛盾。“全球机制”单独集资，单独开展活动，与秘书处有很多重复。两机构的矛盾影响了《防治荒漠化公约》的履行。发展中国家一直主张将“全球机制”并入秘书处，以提高《防治荒漠化公约》的效率和效益，但遭到发达国家的反对。在多次缔约方大会上，双方在这个问题上一直争论不休，没有达成协议。第 10 次缔约方大会在这个问题上有了突破。大会决定将“全球机制”的管辖权由国际农业发展基金移交给《防治荒漠化公约》秘书处，第 11 次缔约方大会又决定将“全球机制”办公室搬到波恩，与公约秘书处一起办公，并由公约秘书处管理。这个多年未决的问题总算得到了解决。

区域协调机制

关于在区域一级是否要建立机构的问题，也一直是缔约方大会争论的一个焦点。长期以来，在地区没有正式《防治荒漠化公约》的派出机构，只在一些地区设有一个区域协调员，有的还有一二个项目官员。由于人手少，资金缺乏，很难发挥大的作用。在历次《防治荒漠化公约》缔约方大会上，发展中国家主张在各区域设立地区办事处，而发达国家因为担心增加预算而反对。在第 9 次缔约方大会上，双方达成妥协，决定在非洲、亚洲、拉丁美洲和加勒比海地区、北地中海地区和中东欧地区建立区域协调机制（The Regional Coordination Mechanisms），由秘书处和“全球机制”分别派员组成，负责所在区域《防治荒漠化公约》实施的协调。根据这个决定，在各区域建立了区域协调处，成员编制分属秘书处和“全球机制”。这是一个积极的进展。虽然机构是有了，但经费没有增加，《防治荒漠化公约》在地区一级的实施还会有很多困难。

荒漠化不但破坏土地资源，使其丧失生产力，使那里的人民失去生计，而且加剧全球气候变暖，破坏生物多样性，是一个重大的全球环境问题。由于资金短缺等原因，《防治荒漠化公约》履约困难重重，荒漠化治理成效甚微，全球土地资源仍在继续丧失，荒漠化仍在继续发展。

根据联合国组织的“2005 年生态系统评估”，全球 4%的碳排放是由于干旱地区的荒漠化造成的，恢复退化的土地可以提高土壤封存碳的能力，有利于减缓全球气候变化。

因此，《防治荒漠化公约》正在努力加强与气候变化法律文书之间的合作和协调，譬如通过清洁发展机制开展活动，取得需要的资金。

最重要的是要提高各国的政治意愿，开展广泛合作，将战略和计划变成行动，按照共同但有区别的责任的原则，发达国家向发展中国家提供充足的资金，以及相关的技术和能力。只有这样，《防治荒漠化公约》的履约才会有重大的突破，全球土地资源进一步退化的趋势才有可能遏制。

臭氧层保护法律体系*

20 世纪 70 年代初，科学家们发现，全球臭氧总量正在逐渐减少，而这种减少主要发生在大气平流层中的臭氧层。从 1977 年开始，南极上空的臭氧总量迅速减少，形成一个“臭氧空洞”，而且面积正在不断扩大。在北极上空和其他中纬度地区也都出现了程度不同的臭氧层耗损现象。

科学家研究发现，向大气中排放全氯氟烃（CFCs）和其他人造物质可以破坏臭氧层，从而妨碍它阻止太阳紫外线到达地球的能力。臭氧层能吸收绝大部分紫外线，使地球生物免受有害紫外线（UV-B 段紫外线）的危害。臭氧层的破坏将使到达地表的紫外线增加，从而危害人体健康，使白内障、皮肤癌和其他皮肤疾病发病率提高，并使人体免疫能力降低。过多的紫外线辐射还会破坏海洋生态系统，使浅海中的浮游生物数量减少，从而导致鱼类及贝类的产量减少。紫外线的增加也将影响农业生产，超过 50%的植物会受到紫外线的负面影响，与人的生活密切相关的豆类瓜果类作物会因过多紫外线的辐射而大量减产。同时，臭氧层破坏使更多的紫外线到达低层大气，导致对流层大气化学反应更为活跃，增加大量有害气体的产生，使城市空气质量下降。过量的紫外线还会使许多人工合成材料加速老化，社会的经济成本增加。

臭氧层剧烈耗损的状况引起了各国政府和人民的普遍担忧。在这种情况下，国际社会取得共识，应当立即采取共同行动，保护臭氧层，防止它的破坏对人体健康和生态系统的危害。

发展历程

1976 年 4 月联合国环境规划署理事会第一次讨论了臭氧层破坏问题。1977 年 3 月召开臭氧层专家会议，通过了《臭氧层世界行动计划》。1980 年联合国环境规划署理事会决定建立一个特设工作组来筹备制定保护臭氧层的全球性公约。经过几年努力，1985 年 3 月在奥地利首都维也纳召开的保护臭氧层外交大会上，通过了《保护臭氧层维也纳公约》（以下简称《维也纳公约》），同时开放签字。《维也纳公约》于 1988 年 9 月生效。

《维也纳公约》的目的是通过采取适当的国际间合作行动和措施，保护人类健康和环境免受足以改变或可能改变臭氧层的人类活动所造成的或可能造成的不利影响。为此

* 本文原载 2015 年 10 月 8 日《中国环境报》，题目是《臭氧层保护法律文书走过 30 年》，收入本书时内容有所增补。

目的，《维也纳公约》要求各缔约国加强合作，进行有系统的观察、研究和资料交换，以期更好地了解和评估人类活动对臭氧层的影响，并采取适当的立法、行政措施和政策，以便在发现其管辖或控制范围内的某些人类活动已经或可能改变臭氧层而造成不利影响时，对这些活动加以控制、限制、削减或禁止。

《维也纳公约》是一个框架性协议，没有确定消耗臭氧层物质的强制性减排指标。1987年9月在加拿大蒙特利尔举行的会议上通过了《关于消耗臭氧层物质的蒙特利尔议定书》（以下简称《蒙特利尔议定书》）。它是为实施《维也纳公约》，对消耗臭氧层物质进行具体控制的全球性协定。《蒙特利尔议定书》的宗旨是采取控制消耗臭氧层物质全球排放总量的预防措施，以保护臭氧层不被破坏，并根据科学技术的发展，顾及经济和技术的可行性，最终彻底消除消耗臭氧层物质的排放。

但是，1987年通过的《蒙特利尔议定书》没有体现共同但有区别的责任的原则，包含有不利于发展中国家的条款，且科学论证不够，规定的限控物质范围太小，难以达到防止臭氧层继续恶化的目的，遭到了许多国家的批评。《蒙特利尔议定书》于1989年1月1日生效，但直到当年5月，130个发展中国家中只有10个国家批准或加入《蒙特利尔议定书》，而且，《维也纳公约》缔约国也普遍认为《蒙特利尔议定书》存在明显缺陷，于是决定对它进行修改。在1990年6月在伦敦举行的《蒙特利尔议定书》第2次缔约方会议上，通过了《关于消耗臭氧层物质的蒙特利尔议定书》伦敦修正案。1992年哥本哈根、1997年蒙特利尔和1999年北京的会议上对《蒙特利尔议定书》作了进一步的修改和调整。修正后的《蒙特利尔议定书》加快了淘汰时间表，并引进其他控制措施，增加了新的受控物质种类。

经过上述修正后的《蒙特利尔议定书》下有5个附件，附件A、B、C、E是受控物质的清单，附件D是含有附件A所列受控物质的产品清单。附件A列入了2类共8种消耗臭氧层潜能值最大的物质。第1类为5种全氯氟烃，第2类为3种哈龙。修正后的《蒙特利尔议定书》规定发达国家在1996年淘汰CFCs和1994年淘汰哈龙，发展中国家在2010年淘汰这两类物质，还规定了其余消耗臭氧层物质削减和淘汰的时间表。修正后的《蒙特利尔议定书》在许多方面有了重大改进，基本反映了广大发展中国家的愿望和要求，并建立在更加科学的基础上。因此，保护臭氧层的步伐大大加快。伦敦修正案通过后，发展中国家纷纷批准或加入《维也纳公约》和《蒙特利尔议定书》。中国于1989年9月11日加入《维也纳公约》，1991年6月14日加入《蒙特利尔议定书》。

中国政府和其他发展中国家在1989年召开的《蒙特利尔议定书》缔约方第1次会议上提出了设立保护臭氧层国际基金的建议。1990年在英国伦敦召开的《蒙特利尔议定书》第2次缔约方会议上，正式通过了建立《蒙特利尔议定书》多边基金的决议，并将其写入《蒙特利尔议定书》伦敦修正案。基金的目标是帮助发展中国家在《蒙特利尔议定书》规定的期限内实现消耗臭氧层物质的淘汰。根据决议，多边基金主要由发达国家缔约方捐款，向发展中国家缔约方提供淘汰消耗臭氧层物质所需要的资金。基金每3年增资一次。多边基金的建立，体现了共同但有区别的责任的原则。过渡性多边基金于1991年开始运行，并于1992年12月成为正式基金。

运行机制

《蒙特利尔议定书》缔约方会议是多边基金决策机构，负责决定基金的政策和增资问题。缔约方会议下设多边基金执行委员会（简称执委会），其主要任务是：提出基金操作的政策和项目批准条件；监督政策实施和基金的运行；批准执行机构的工作计划；批准投资项目和其他淘汰活动并监督和评估多边基金项目的实施。多边基金执委会秘书处协助执委会进行日常工作的管理。

联合国开发计划署、联合国环境规划署、联合国工发组织和世界银行是多边基金的国际执行机构。他们的任务是帮助发展中国家缔约方准备国家方案，开展保护臭氧层项目的可行性研究和准备项目建议书，为项目开发和实施提供技术援助，并及时传递信息。

联合国环境规划署负责管理《维也纳公约》和《蒙特利尔议定书》秘书处（简称臭氧秘书处）以及多边基金秘书处。

《维也纳公约》缔约方大会和《蒙特利尔议定书》缔约方会议是这两个保护臭氧层法律文书的决策机构，迄今已经召开了10次《维也纳公约》缔约方大会和26次《蒙特利尔议定书》缔约方会议。这些会议主要讨论和决定下列问题：①对《蒙特利尔议定书》进行修改和调整，包括增加新的受控物质、引进其他受控物质和加快淘汰时间表等；②消耗臭氧层物质的越境转移监测、有益于环境的处理和替代品；③讨论和批准必要用途豁免和关键用途豁免；④多边基金增资和财务机制的评估；⑤审议履约情况、数据和报告等；⑥决定附属机构，如技术和经济评估委员会成员等。

《蒙特利尔议定书》缔约方会议可以对原来确定的削减和淘汰受控物质的时间表加以调整，譬如，2007年9月《蒙特利尔议定书》第19次缔约方会议达成加速淘汰含氢氯氟烃（HCFCs）调整案，确定了发达国家2010年、2015年和2020年的削减目标，和发展中国家2015年、2020年、2025年和2030年的削减目标，决定发达国家和发展中国家应分别于2030年和2040年全部淘汰HCFCs的消费和

中国代表团在《维也纳公约》第9次缔约方大会和《蒙特利尔议定书》第23次缔约方会议上

生产。HCFCs 是一种消耗臭氧层物质，但其消耗臭氧层的潜能值比 CFCs 要低，因此在淘汰 CFCs 阶段，曾把它用作替代品。后来发现，HCFCs 的消耗臭氧层的潜能值也是相当高的，因此缔约方决定逐步削减其生产和消费量，并最终加以淘汰。

2011 年 11 月在印度尼西亚巴厘岛召开《维也纳公约》第 9 次缔约方大会和《蒙特利尔议定书》第 23 次缔约方会议，印度尼西亚环境部部长 Balthasar Kambuaya 击鼓宣布会议高级别部分开幕

2014 年 11 月在法国巴黎召开《维也纳公约》第 10 次缔约方大会和《蒙特利尔议定书》第 26 次缔约方会议，《维也纳公约》大会主席 Nino Tkhilava（左三）和《蒙特利尔议定书》会议主席 Oleksandr Nastasenko（左四）等在主席台上

履约成就

从 1985 年通过《维也纳公约》至今，人类采取联合行动保护臭氧层已有 30 年的历史。《维也纳公约》和《蒙特利尔议定书》是最为成功的多边环境协议。它们已实现普遍会员制，即所有联合国成员国都加入了这两个法律文书。《维也纳公约》和《蒙特利

尔议定书》的执行率非常高，96种消耗臭氧层物质得到了控制。全氯氟烃、哈龙、四氯化碳和甲基氯仿是4种主要消耗臭氧层物质。它们的主要用途为制冷剂、发泡剂、清洗剂、灭火剂、加工助剂、试剂和溶剂等。到2010年1月1日，继发达国家10年前率先淘汰之后，发展中国家也全部淘汰了这4种物质。中国比《蒙特利尔议定书》规定的期限提前二年半于2007年7月1日淘汰了全氯氟烃和哈龙，并于2010年1月1日淘汰了四氯化碳和甲基氯仿。《蒙特利尔议定书》的实施，对保护臭氧层，保护全球环境发挥了重要作用。南极臭氧层空洞开始缩小，臭氧层有望修复。

在削减和淘汰消耗臭氧层物质的同时，还取得了减少相当于110亿吨CO_2当量温室气体排放的额外利益，为保护全球气候做出了贡献。

《蒙特利尔议定书》多边基金向197个缔约方中的147个国家提供削减和淘汰消耗臭氧层物质的资金。到2010年，中国从多边基金累计获得资金8亿美元，实施了400多单个项目和18个行业计划，为3 000多家企业提供了资金支持，为完成第一阶段的履约目标提供了强有力的保障。

保护臭氧层宣传海报

《维也纳公约》和《蒙特利尔议定书》取得成功，主要有下列原因：①各国普遍认识到臭氧层破坏对于人体健康和生态系统的巨大危害，因而有保护臭氧层的共同的政治意愿；②各国政府、民间组织、企业和其他利益相关者通力合作，采取共同行动；③科学为正确的决策提供了依据，技术的发展为淘汰消耗臭氧层物质提供了可能；④《蒙特利尔议定书》多边基金为发展中国家提供资金，为履约目标的实现提供了强有力的保障。

现在，各缔约方正在努力，按照《蒙特利尔议定书》缔约方会议确定的时间表，继续削减和淘汰列入《蒙特利尔议定书》附件中的消耗臭氧层物质。

氢氟碳化物问题

《蒙特利尔议定书》的谈判一直比较顺利，气氛也比较和谐。但自2009年以来，各国在氢氟碳化物（HFCs）问题上一直存在着重大分歧，至今没有达成协议。HFCs是一种消耗臭氧层潜能值极低的一种物质，因此用它作为HCFCs的替代品。但是，人们发现，HFCs是一种全球变暖潜能值（GWP）极高的物质，引起了国际社会的广泛关注。2009年11月召开的《蒙特利尔议定书》第21次缔约方会议第一次对这个问题进行了讨论。一部分国家认为，HFCs是在淘汰消耗臭氧层物质过程中产生的，主张《蒙特利尔议定书》采取淘汰HFCs的措施。另外一些国家反对。他们的理由是《蒙特利尔议定书》的任务是削减和淘汰消耗臭氧层物质，而HFCs不是消耗臭氧层物质，因而不在《蒙特利尔议定书》职责范围内，它应由《气候变化框架公约》来做。此外，他们认为，迄今还没有合适和可行的HFCs的替代品。在《蒙特利尔议定书》第21次缔约方会议上，密克罗尼西亚联邦和毛里求斯联合提出了一个修改《蒙特利尔议定书》使它包括HFCs的提案。在《蒙特利尔议定书》第22次缔约方会议上，美国、墨西哥和加拿大提出了类似的提案。这两个提案遭到了另一些国家的反对。在2014年11月17—21日在法国巴黎举行的《维也纳公约》第10次缔约方大会和《蒙特利尔议定书》第26次缔约方会议上，各国在HFCs的问题上又展开了激烈的争论，但仍然没有达成协议。这种情况在臭氧法律文书谈判过程中是罕见的。

2015年6月22—24日在美国华盛顿举行的第7轮中美战略与经济对话。双方在多边进程下就HFCs问题交换了意见，同意共同并与其他国家合作，通过利用包括《蒙特利尔议定书》的专长和机制在内的多边方式来逐步削减HFCs的生产和消费，同时继续把HFCs包括在《联合国气候变化框架公约》及其《京都议定书》有关排放计量和报告的范围内。双方强调《蒙特利尔议定书》的重要性，包括作为下一步通过建立一个不限成员名额的接触小组，来审议包括对第五条发展中国家的资金和技术支持、成本有效性、替代品的安全性、环境效益及修正案在内的所有相关问题。美方同意开展工作，以解决议定书第五条国家在《蒙特利尔议定书》下削减HFCs的关切。这为在《蒙特利尔议定书》框架下关于HFCs谈判僵局的打破创造了条件。

2015年11月2日，联合召集人夏应显（左）和帕特里克·麦金纳尼（右）主持了接触小组的会议

《蒙特利尔议定书》第27次缔约方会议于2015年11月1—5日在阿拉伯联合酋长国迪拜举行。此前，《蒙特利尔议定书》不限名额工作组第36次会议于10月29—30日复会。经过艰苦谈判，会议同意成立一个关于管理HFCs的可行性和方法的接触小组，并就其《职责范围》达成了一致。缔约方会议对此进行了讨论，同意不限名额工作组的意见，决定成立接触小组，并选举中国代表夏应显和澳大利亚代表帕特里克·麦金纳尼（Patrick McInerney）为召集人。该小组在缔约方会议期间进行多次会议，对《蒙特利尔议定书》关于HFCs的修正案进行了初步的谈判。小组各方提出了四个不同的修正案。

会议通过了一个关于 HFCs 问题的决定，内容包括：缔约方决定为在 2016 年在《蒙特利尔议定书》下达成一项关于 HFCs 的修正案开展工作，首先在接触小组协商，解决面临的挑战；缔约方同意在 2016 年召开一系列不限名额工作组和其他会议，包括一次缔约方特别会议，讨论《蒙特利尔议定书》关于 HFCs 的修正案问题。

第 27 次缔约方会议在 HFCs 问题上取得了重大进展。各方在修改《蒙特利尔议定书》，将减少和淘汰 HFCs 纳入《蒙特利尔议定书》的管理轨道方面已经达成共识，但在转换费用、技术转让和知识产权等问题上发达国家和发展中国家之间还存在重大分歧。要达成协议，各方仍需继续做出努力。

化学品和危险废物法律体系*

为了保护人体健康和环境免受有毒化学品和危险废物的危害，国际社会在 1989—2001 年先后达成了《关于控制危险废物越境转移及其处置的巴塞尔公约》（以下简称《巴塞尔公约》）《关于在国际贸易中对某些危险化学品和农药采用事先知情同意程序的鹿特丹公约》（以下简称《鹿特丹公约》）和《关于持久性有机污染物的斯德哥尔摩公约》（以下简称《斯德哥尔摩公约》）。这三个公约是国际化学品和危险废物法律体系中比较重要的多边环境协议。

巴塞尔公约

《巴塞尔公约》于 1989 年 3 月 22 日通过，1992 年 5 月 5 日生效。它的主要目标是保护人体健康和环境免受危险废物和其他废物的有害影响。受该公约控制的废物称为危险废物，它们主要是各种工业和制造业流程的一些副产品，以及从家庭收集的其他废物和燃烧过程中产生的飞灰。

《巴塞尔公约》的目的有两个方面：一是控制危险废物和其他废物的越境转移；二是对缔约国领土范围内产生的危险废物和其他废物进行有益于环境的管理，包括对这些废物的处置。《巴塞尔公约》下的控制危险废物和其他废物转移的立法基础是事先知情同意程序。在危险废物和其他废物出口以前，出口国必须通知进口国和废物过境国有关当局，或者要求产生这些废物的单位或出口商经过该国有关当局通知进口国和废物过境国有关当局。他们必须提供危险废物越境转移的情况，以及其他相关信息，包括出口商和进口国废物处置者之间签订的合同。出口国有关当局在收到进口国和过境国有关当局的书面同意的通知以前，有义务不允许这种废物的出口。出口国还有义务制定一个关于废物转移情况的文件。如果出口废物的运输和处理没有按照原来签订的协议进行，或者属于非法转移的话，它有义务将这些废物重新进口回国。

《巴塞尔公约》主要原则有以下几项：危险废物的越境转移应当减少到最低的限度，并且要给它们进行有益于环境的管理；危险废物的处理和处置应当在尽量接近产生这些废物的地方进行；应当在源头最大限度地减少危险废物的产生。

为了实现这些原则，《巴塞尔公约》要控制危险废物的越境转移，监测和预防非法运输，为危险废物的有益于环境的管理提供援助，促进在这个领域的缔约方的合作，以

---

* 本文原载《环境保护》杂志 2015 年第 17 期，题目是《国际化学品和危险废物法律体系梳理》。

及为危险废物的管理提供技术指南。

1995年9月18—24日在瑞士日内瓦召开的《巴塞尔公约》第3次缔约方大会通过了一个《巴塞尔公约》修正案，叫《禁止修正案》（Ban Amendment），禁止附件7缔约方（欧盟、经济合作发展组织成员国以及列支敦士登）为了最终处置和回收利用向非附件7国家出口危险废物。《修正案》规定，它在3/4《巴塞尔公约》缔约国批准后生效。《修正案》遭到了一些工业集团以及澳大利亚和加拿大等国的强烈反对。现在，在《修正案》生效是在它被通过时《巴塞尔公约》缔约国数量的3/4还是目前缔约国数量的3/4问题上存在着分歧。目前《修正案》尚未生效。

1999年12月6—10日在瑞士巴塞尔召开的《巴塞尔公约》第5次缔约方大会通过了《危险废物越境转移及其处置所造成损害的责任和赔偿议定书》(以下简称《议定书》)。《议定书》的目标是建立一套综合赔偿制度，迅速充分赔偿因危险废物和其他废物越境转移及其处置，包括此类废物非法运输造成的损害。《议定书》规定，它将在20个缔约国批准、接受、同意或加入90天后生效。现在尚未达到这个数字，因此没有生效。

缔约方大会是《巴塞尔公约》的决策机构，每两年召开一次会议，审议和评估《巴塞尔公约》的执行情况并通过《巴塞尔公约》的修正案和议定书，为秘书处提供指导和通过预算等事项。到2014年，共召开了11次缔约方大会。

鹿特丹公约

《鹿特丹公约》于1998年通过，并于2004年2月24日生效。《鹿特丹公约》主要目标是促进缔约方在某些危险化学品的国际贸易中共同承担责任和进行合作，以保护人体健康和环境免受危害，并通过关于这些化学品的进出口的国家决策程序促进关于这些化学品的特性的信息交流，从而为它们有益于环境的使用做出贡献。

适用于《鹿特丹公约》的危险化学品是公约缔约方禁止或严格限制的对健康或环境有害的农药和工业化学品。某些类别的化学品，如麻醉剂、放射性物质、药物、食品和食品添加剂、废物或化学武器不包括在该公约范围内。《鹿特丹公约》附件三列入了从属于事先知情同意程序的化学品清单。

在《鹿特丹公约》下建立了一个国际控制制度。根据这个制度，缔约国要出口《鹿特丹公约》控制的某种化学品的时候，它必须事先通知进口国。只有收到进口缔约国有关当局的同意意见或者默许以后才能出口。如果发出通知90天内不予答复即为默许。每个缔约方必须保证列入公约附件3的化学品在没有取得进口国的明确的同意的情况下，不能出口该种化学品。当一缔约国首次向另一缔约国出口某种在出口缔约方禁止的或者是严格限制的化学品的时候，出口缔约国必须向进口缔约国提供相关的信息。在以后每年第一次向该国出口这种化学品时，还要提供相关信息。

缔约方大会是《鹿特丹公约》最高决策机构。缔约方大会每两到三年开会一次。缔约方大会负责审议和评估缔约方递交的执行《鹿特丹公约》情况的报告，然后在此基础上通过进一步执行的相关决定；缔约方大会负责审议秘书处的工作方案和预算；缔约方大会也有权对《鹿特丹公约》做出修正以及对附件3增加新的化学品。缔约国可以建议某种在他们国家被禁止或严格限制的化学品列入《鹿特丹公约》控制名单，即附件3。在缔约方大会下有一个公约化学品评审委员会。化学品评审委员会负责审议缔约方提出的关于将一种新的化学品列入附件3的信息，并向缔约方大会提出是否将这种化学品列入公约附件3的建议，由缔约方大会讨论决定；缔约方大会也有任务制订确定违约的程序和机构设置。

《鹿特丹公约》生效以来，国际贸易中对某些危险化学品和农药事先知情同意程序在一定程度上得到了执行，对保护人体健康和环境发挥了积极的作用。

斯德哥尔摩公约

《斯德哥尔摩公约》于2001年通过，并于2004年5月17日生效。《斯德哥尔摩公约》的目标是保护人类健康和环境免受持久性有机污染物的危害。它的主要目的是消除或者持续不断地最大限度地减少有机污染物的排放。

《斯德哥尔摩公约》下有3个附件：附件A是要禁止的化学品；附件B是限制的化学品；附件C是要最大限度地减少的非故意的化学品的排放。《斯德哥尔摩公约》起初总共列入了12种有机污染物、8种农药、2种工业化学品和2种无意产生的副产品，后来不断有所增加。

根据《斯德哥尔摩公约》，缔约方有义务采取措施消除或者减少列入附件的化学品的有意地生产和使用、无意地生产和使用产生的排放，以及采取立法措施，防止具有有机污染物特性的新的农药和工业化学品的生产和使用。

缔约方也有义务制定以有益于环境的方式管理堆存的持久性有机污染物的战略；废物的处理要消除持久性有机污染物的成分，或将它们转变成不再具有持久性有机污染物的形态；并与《巴塞尔公约》合作，确定有益于环境的处置方法。

《斯德哥尔摩公约》附件中的化学品的贸易，只有是为了对持久性有机污染物进行有益于环境的处置的情况下才能进行，只能出口至《斯德哥尔摩公约》规定有特权的缔约方。向《斯德哥尔摩公约》非成员国出口公约附件中规定的化学品，只有在提供环境和健康不受危害的年度承诺书和符合公约规定的废物处置条款的情况下才能进行。《斯德哥尔摩公约》也规定了某些用途对控制措施可以享有豁免权，譬如为了实验室的研究或者一些产品中的无意的微量污染。秘书处有一个登记表，列出了在附件A和附件B下享有特别豁免权的缔约方名单。缔约方大会负责决定缔约方寻求这种特殊权利的审批程序。

在《斯德哥尔摩公约》生效以后两年之内，缔约方必须制订国家执行计划，对持久性有机污染物进行确认和定性，以及解决它们的排放问题。缔约方对现有的和新的污染源的治理应当采用最佳可行技术和环境保护措施。

如果一缔约方要求将某一种化学品列入附件 A、附件 B 或附件 C 中，它可以向秘书处提出，然后由审议委员会对缔约方提出的化学品的危险程度进行评估。缔约方大会根据审议委员会提供的评估报告讨论决定。缔约方大会可以决定列入新的化学品并确定它相应的控制措施。根据预防的原则，缺乏充分的科学根据并不妨碍对缔约方提出列入的新化学品的建议进行审议。

《斯德哥尔摩公约》还就信息交流、信息公开、公众意识和教育、研究发展以及监测等方面做出了规定。《斯德哥尔摩公约》要求发达国家向发展中国家开展能力建设提供技术援助，以完成《斯德哥尔摩公约》规定的义务。缔约方要做出适当的安排，向发展中国家或者经济转型国家提供技术援助和促进技术转让。

根据《斯德哥尔摩公约》规定，发达国家要向发展中国家提供新的和额外的资金，使他们能够完成《斯德哥尔摩公约》下的义务。全球环境基金是《斯德哥尔摩公约》的财务机制。

关于新化学品问题，《斯德哥尔摩公约》要求缔约方采取立法和评估措施，以防止具有《斯德哥尔摩公约》下的持久性有机污染物特性的新的农药或者新的工业化学品的生产和使用。

三个公约的协调和合作

上述三个关于化学品和危险废物的公约生效以来，在国际社会的共同努力下，履约工作取得了一定的进展。三个公约的目的都是为了控制和减少化学品和危险废物对人体健康和环境的危害，但因为机构设置等方面的问题，在执行中存在着不少问题。《巴塞尔公约》和《斯德哥尔摩公约》由联合国环境规划署管理，《鹿特丹公约》由联合国环境规划署和联合国粮农组织联合管理。三个公约各有一个联合国环境规划署管理的秘书处，设在日内瓦；粮农组织有一个管理《鹿特丹公约》工作的秘书处，设在罗马。各秘书处之间缺乏充分的合作和协调。三个公约各有独立的缔约方大会，是公约的决策机构。他们之间也同样缺乏必要的合作和协调，这样，就影响了公约的执行和效率。

为解决这个问题，于 2010 年 2 月在印度尼西亚巴厘岛召开了三个公约缔约方大会第 1 次同期特别会议。会议通过了一个一揽子协调增效决议，内容包括三个公约的联合活动和服务、预算周期的统一、联合审计、联合管理和审核安排等。会后，联合国环境规划署管理的三个公约秘书处合二为一，成立了联合秘书处，仍然设在日内瓦。粮农组织管理《鹿特丹公约》的秘书处继续保留，仍在罗马。秘书处根据第一次特别缔约方大会的决定，开展了一些联合活动，一定程度上促进了三个公约之间的合作和协调，同时，行政管理经费也有所减少。

《巴塞尔公约》第 11 次缔约方大会、《鹿特丹公约》第 6 次缔约方大会和《斯德哥尔摩公约》第 6 次缔约方大会和三个公约缔约方大会第 2 次同期特别会议于 2013 年 4 月 28—5 月 10 日在瑞士日内瓦举行会议。

在大会主席台上，左起：联合国环境规划署环境法和公约司司长凯特，三个公约执秘威利斯，联合国副秘书长、联合国环境规划署执行主任施泰纳，瑞士联邦主席洛伊特哈德，联合国粮农组织总干事达席尔瓦，鹿特丹公约共同执秘卡姆潘侯拉，全球环境基金首席执行官石井菜穗子

会议主要讨论协调增效安排的执行情况，包括三个公约的联合活动开展情况，促进三个公约合作和协调的进展，并确定新的协调增效领域。缔约方同时也讨论了各个公约各自有关的问题。

代表们在深夜讨论将 HBCD 列入附件 A 的问题

《斯德哥尔摩公约》缔约方大会取得的一个最重要的成果是通过了一项决定，将六溴环十二烷（HBCD）列入公约附件 A。这是列入公约的第 23 种受控可持久有机污染物。另一个成果大会通过了两个决定，强调了对含有可持久有机污染物的产品环境标记的重要性。

《巴塞尔公约》缔约方大会通过了《有益于环境的管理框架》，它对有益于环境的管理做出了解释，对包括废物的预防、最少化、再利用、循环、回收和最终处置等方面提出了一套完整的技术路线和框架。它将提高《巴塞尔公约》的履约效率。

《鹿特丹公约》缔约方大会上，化学品评审委员会提出了将谷硫磷、五溴二苯醚商用混合物、八溴二苯醚商用混合物、全氟辛烷磺酸及其他三种与其相关的化学品列入附件 3 的建议，得到大会同意。化学品评审委员会还建议将百草枯和温石棉列入，但因各国存在分歧，大会没有通过。

本书作者（左三）与中国代表团团长李蕾（左四）和代表团全体成员在会场合影

这些会议总共通过了 40 多项决定，在促进各公约的合作和协调，推动履约方面取得了一定的进展。

资金短缺一直是妨碍三个公约有效执行的一个重要因素，也是历次缔约方大会争论的一个主要问题。在三个公约中，只有《斯德哥尔摩公约》有正式的资金机制，即全球环境基金。在会上，发展中国家强调向他们提供履约所需要的可预见的、充足的和可持续的资金。最后各公约通过了各自资金问题的决定。《斯德哥尔摩公约》缔约方大会通过的决定要求全球环境基金为实施该公约提供所需要的充足的资金，并在其职责范围内寻找如何为化学品和废物管理集资的途径；在其他两个公约下通过的决定要求秘书处通过开展三个公约的联合活动，筹措资金，还要求全球环境基金和其他一些组织在开发技术援助项目和活动时考虑这两个公约的有关条款，开辟资金渠道。总之，在资金问题上未取得进展。

《巴塞尔公约》第 12 次缔约方大会、《鹿特丹公约》第 7 次缔约方大会和《斯德哥尔摩公约》第 7 次缔约方大会于 2015 年 5 月 4—15 日在日内瓦举行。这些会议的谈判主要集中在与各公约有关的具体问题上，譬如在《斯德哥尔摩公约》和《鹿特丹公约》

下列入新化学品的问题，以及在《巴塞尔公约》下通过电子废物和可持久有机污染物废物的技术指南。三个公约也召开了联席会议，讨论履约、预算、财政和技术支持等共同的问题。

会议没有就《斯德哥尔摩公约》和《鹿特丹公约》下的遵约机制和某些化学品列入附录的问题取得一致意见，但在其他问题上通过了 50 项决定。

关于三个公约的协调，《斯德哥尔摩公约》和《巴塞尔公约》的协调有了进一步的发展，取得了明显的效益，而同《鹿特丹公约》的协调，因管理体制等方面的原因，还存在不少问题。

濒危野生物种国际贸易法律文书*

国际贸易造成对野生动植物物种的过度开发和利用，是世界范围内许多物种迅速灭绝的重要原因之一。为了应对这种状况，20 世纪 60 年代初期，由国际自然与自然资源保护联盟（IUCN）牵头，开始了关于缔结一项保护濒危野生物种国际贸易法律文书的谈判。经过 10 年的努力，《濒危野生动植物物种国际贸易公约》（The Convention on International Trade in Endangered Species of Wild Flora and Fauna，CITES）于 1973 年 3 月通过并开放签署，并于 1975 年 7 月 1 日生效，目前共有 187 个缔约方。CITES 秘书处现在设在日内瓦，由联合国环境规划署管理。

CITES 管控制度

CITES 的目的是为了保证野生动植物物种的国际贸易不构成对这些物种生存的威胁。CITES 有三个附录，其管理对象就是这三个附录中的物种。

附录 1 纳入了所有受到和可能受到贸易的影响而有灭绝危险的物种，目前共有 890 多个，包括老虎、大象、犀牛、熊、海龟等。对这些物种必须加以特别严格的管理，以防止它们进一步受到灭绝的威胁，其标本的贸易一般是禁止的。

附录 2 纳入了目前虽未濒临灭绝但对其贸易如不严加管理以防止不利其生存的利用就可能变成有灭绝危险的物种，以及为了使上述某些物种的贸易能得到有效的控制而必须加以管理的其他物种，目前共有 32 000 多个物种，包括陆龟、穿山甲、河马、高鼻羚羊、蟒蛇、海马、砗磲等，其国际贸易受到严格限制。

附录 3 纳入了任一缔约方认为属其管辖范围内应进行国内管理以防止或限制其开发利用而需要其他缔约方合作控制贸易的物种，目前共有 160 多种，包括部分国家的龟鳖类，其出口受到一定限制。CITES 对上述物种的国际贸易管理，特别是允许进出口许可证的核发，规定了共同标准和程序，并允许各缔约方采取比 CITES 更为严厉的国内措施。

每次缔约方大会的一项重要议程就是讨论 CITES 附录的修改，迄今已经修改了很多次。缔约方大会还通过了两个关于 CITES 其余部分的修正案。第一个修正案是对财务条款的修正，于 1979 年在德国波恩通过，于 1987 年 4 月 13 日生效；第二个修正案是对区域经济一体化组织加入 CITES 条款的修正，于 1983 年在博茨瓦纳哈博罗内通过，但迄今尚未生效。

---

* 本文原载 2015 年 5 月《中华环境》杂志，题目是《濒危物种不能倒在贸易路上》。本文经修改并增加了最新进展的内容后，载 2016 年第 1 期《世界环境》杂志。

缔约方大会是 CITES 的决策机构，每二至三年召开一次会议。缔约方大会审议保护列在附录中的动植物物种的进展状况，研究修改附录中物种的动议，研究缔约方、附属委员会、秘书处和其他方面递交的文件和报告，提出提高公约效率的措施，并通过预算、决议和决定。CITES 下的常务委员会给秘书处提供履约的政策指导，监督秘书处预算的管理，执行缔约方大会交给的任务，起草将由缔约方大会讨论的决议和决定。缔约方大会下设的科学委员会，包括植物委员会和动物委员会就科学事项提出咨询意见。

CITES 规定缔约方要制订相关的国家法律，并建立一个管理机构和一个科学机构。管理机构主要负责依照 CITES 和本国相关法律法规规定的标准和程序，为进出口 CITES 附录物种及其制品核发允许进出口证明书；科学机构主要负责就具体进出口活动向管理机构提供科学咨询。这两个国家机构通过与海关、公安和其他相关部门合作负责 CITES 履约。缔约方要保留 CITES 物种贸易的记录，并每年一次递交给 CITES 秘书处。秘书处将全球附录所列物种贸易的数据汇编成册。

缔约方可以向缔约方大会提出在附录中增加保护物种的建议。建议书应包括关于这种物种种群和贸易趋势方面的科学和生物学数据。由缔约方大会表决，2/3 以上赞成即可列入。对已经列入附录的物种，根据国际贸易对一种物种数量影响的情况，缔约方大会可以决定是否将它转移到另一附录，或从附录中删除。

在 CITES 附录下已有 5 000 种动物物种和 28 000 种植物物种得到了保护。缔约方通过进出口证明书的制度管理濒危物种的国际贸易。进出口附录 1 物种或其制品，必须事先取得进口国 CITES 管理机构核发的允许进口证明书和出口国管理机构核发的允许出口证明书后才能办理。进出口附录 2 和附录 3 物种或其制品出入境的，必须事先取得出口国 CITES 管理机构核发的允许出口证明书，凭允许出口证明书接受进出口国海关查验。包括中国和欧盟在内的一些国家，还采取了更为严格的国内措施，要求凭出口国的允许出口证明书来办理允许进口证明书，凭允许出口证明书以及允许进口证明书接受进口国海关查验。

未获得允许进出口证明书而实施进出口的，有关濒危物种或其制品将予以没收，涉案单位或者个人依照案发地所在国的法律予以追究行政或者刑事责任。

最近 10 年缔约方大会成果

CITES 第 1 次缔约方大会于 1976 年 11 月在瑞士伯尔尼召开，以后每二至三年召开一次会议。下面对最近 10 年召开的缔约方大会作一简要介绍。

第 13 次缔约方大会

第 13 次缔约方大会于 2004 年 10 月 2—14 日在泰国曼谷举行。代表们讨论了一系列问题，包括 50 项修改附录的建议。大会批准将白木、沉香木类、大白鲨和苏眉鱼列入附录 2，将伊洛瓦底江海豚从附录 2 提升到附录 1。关于非洲大象保护，纳米比亚提出的象牙年度配额要求没有批准，但允许开始在严格控制下的传统象牙雕刻品的销售。代表们也通过了一个减少国内没有监管的象牙市场的行动计划。纳米比亚和南非各批准了每年五头为狩猎比赛的黑犀牛配额，斯威士兰批准开始严格控制的白犀牛狩猎。此外，大会还通过了与联合国粮农组织和《生物多样性公约》协调的决议。履约问题在会上也得到了广泛的重视。

第 14 次缔约方大会

第 14 次缔约方大会于 2007 年 6 月 3—15 日在荷兰海牙举行。代表们讨论了一系列问题，包括 CITES 2008—2013 战略愿景；履约指南；年度出口配额管理；亚洲大型猫科动物、鲨鱼和鲟鱼物种的贸易和保护。代表们同意，在国际捕鲸委员会禁令存在的情况下，对鲸鱼种群不再进行定期审议。14 次大会批准将细角和居维叶瞪羚和懒猴列入附录 1，将巴西木材、锯鳐和鳗鱼列入附录 2，修改关于非洲象的规定，允许博茨瓦纳、纳米比亚、南非和津巴布韦一次性象牙销售，以后停止进一步象牙贸易 9 年。在这次大会上，媒体的注意力聚焦在关于象牙贸易和非洲象保护的谈判上，许多报道强调非洲象生境国在这个问题上的一致是这次会议的一项重大成果。

第 15 次缔约方大会

第 15 次缔约方大会于 2010 年 3 月 13—25 日在卡塔尔多哈举行。会议共审议了 68 个议题和 42 项修改附录的建议。15 次大会通过了一系列针对缔约方、秘书处和公约附属机构的决议和决定，内容包括：亚洲大型猫科动物、犀牛、大叶桃花心木，和马达加斯加植物物种。会议决定将下列物种列入附录：斑点蝾螈、五种树蛙、麒麟甲虫、花梨木，以及几个马达加斯加的植物物种等。

第 16 次缔约方大会

第 16 次缔约方大会于 2013 年 3 月 3—14 日在泰国曼谷举行。会议通过了 55 项在附录中列入新物种的动议，包括鲨鱼、蝠鲼、海龟和木材等；九项动议被拒绝（里海雪鸡、藏雪鸡、咸水鳄、暹罗鳄、南美淡水魟鱼、金帝王魟、血雉和两种淡水龟）；提议国收回了三项动议（南方白犀牛和两种非洲大象）；另有三项动议（黄额盒龟、琉球地龟和安南叶龟）没有考虑。16 次缔约方大会还通过了关于预算、打击野生动植物犯罪和《战略愿景》等方面的决定。代表们对这次大会取得的成果表示满意，有的代表认为这是 40 年来最成功的一次缔约方大会。

泰国总理英拉·西那瓦（左四）、联合国环境规划署执行主任阿希姆·施泰纳（左二）和其他参加 CITES 第 16 次缔约方大会的贵宾合影

履约状况

由于国际社会的共同努力，CITES 的履约工作取得了明显的成绩。首先，各缔约方根据要求，先后建立了履约管理机构和科学机构。例如，中国建立了濒危物种进出口管理办公室，设在国家林业局，作为我国的履约管理机构，还建立了濒危物种科学委员会，设在中国科学院动物研究所，为我国的履约工作提供科学咨询。这种机构保证了 CITES 履约工作顺利进行。

按照规定，为履行 CITES 规定的义务，各缔约方应制定相应的国家法律。我国已经建立了完善的履约法律体系，先后颁布了《野生动物保护法》《野生植物保护法》《濒危野生动植物进出口管理条例》等保护濒危野生动植物的专项法律法规。在我国的《刑法》《森林法》《渔业法》和《海关法》中，也有相应的履行 CITES，保护濒危野生动植物的条款。例如，我国《刑法》第 151 条规定，未取得允许进出口证明书，携带、邮寄和运输 CITES 附录1和附录2物种或其制品出入我国国境的行为，最高可处以无期徒刑，并处罚款

2014 年初，江苏省破获一起特大购销濒危野生动物案，收缴熊掌、穿山甲等濒危野生动物及其制品 4 460 余件。图为法官和办案民警在现场察看缴获的冷藏野生动物

或者没收个人财产。近10年来，我国已有数十人因走私猎隼、象牙、穿山甲、虎豹皮被判处无期徒刑。在国内，每年都会查获大量我国公民走私濒危物种及其制品案件。

CITES下得到保护的物种也越来越多，迄今已有5 000种动物物种和28 000种植物物种被列入了附录。如何平衡物种保护与国际贸易以及保护与生计之间的关系是CITES面临的重大挑战。40年来，高经济价值物种一直是CITES工作的重心。在关于象牙、红木和鲟鱼等物种的谈判中往往有激烈的辩论，但最后都达成了协议，将它们列入附录而得到了保护，说明CITES有能力做出有重大经济影响的决定。

姚明宣传大象保护的海报

最近几年召开的缔约方大会反映缔约方关于CITES职责的观点发生了变化。在早些时候的大会上，关于木材问题总有非常激烈的争论，但在16次缔约方大会上，许多高经济价值的木材品种被列入了附录，说明缔约方一致认为CITES有责任管制木材的贸易。将具有高经济价值的海洋物种，包括远洋白鳍鲨、锤头鲨、鼠鲨和蝠鲼列入，也反映了这一趋势。有人认为，16次缔约方大会通过这些决议的最后一次全体会议那天是“CITES 40年历史上对海洋生物最有意义的一天”。

与其他多边环境协议的协调

CITES与其他有关国际组织和多边环境协议的合作和协调也取得了进展。在16次缔约方大会讨论鲨鱼类海洋物种是否列入附录时，有代表认为，它们应该由地区渔业组织（RFMOs）来管理，但遭到另一些代表的反对。他们说RFMOs在这方面工作做得很少，而CITES才有能力对它们加以管理。最后大家同意列入，并同意加强与RFMOs的合作和协调；在具有高经济价值热带木材方面的行动，CITES与国际热带木材组织

（ITTO）开展了密切的合作；与联合国粮农组织的交流也日益加强；16次缔约方大会还通过了多个关于加强与其他多边环境协议，特别是与生物多样性有关协议之间协调的决定，譬如加强CITES植物委员会与《生物多样性公约》及其《全球植物保护战略》之间合作的决定。CITES与《保护迁徙野生动物物种公约》（CMS）都有将动物物种列入附录的做法，因此它们的合作和协调十分重要，以保证两个公约的行动不发生冲突。为此，两个公约制定了一个《2015—2020 CMS-CITES联合工作方案》。这些与其他多边环境协议之间的合作和协调，有利于避免矛盾和冲突，减轻各公约的负担，提高效率，推动全球野生动植物物种的保护。

分歧和问题

多边环境协议的谈判中一般采用协商一致的原则对谈判的问题做出决定，但根据CITES缔约方大会议事规则，它可采用表决的方式做出决定。在历次缔约方大会上，争论比较多的是关于在附录中增加物种或将一种物种从一个附录转移到另一个附录的问题。在各缔约方对提出的动议通过协商不能达成一致的情况下，可采用表决的方式决定，如2/3以上赞成即可列入或转移。按照议事规则，这种表决采用秘密投票的方式进行，但有些国家认为这种秘密方式缺乏透明度，会鼓励一些发展中国家为得到资助国的双边援助而按他们的愿望投票。因此，在第16次缔约方大会上，美国等国家将自己投票的情况公布于众。而另一些国家认为秘密投票是一种民主的体现，各国可以按照本国的意愿而不受区域或利益集团的影响独立决定自己的投票。但这个问题上的分歧并没有影响缔约方大会对问题做出决定。

CITES历次缔约方大会上另一个争论的问题是关于批准一次性销售象牙的规定。对此各国代表一直存在着不同的看法。有的代表认为这个措施可以筹措资金用来支持大象的保护，另一些代表认为这会刺激消费，鼓励偷猎和黑市交易，从而危害大象的保护。CITES第16次缔约方大会仍然没有解决这个长期存在的问题。

从全球范围来看，履约工作还存在不少问题，例如，有不少缔约方迄今没有按照CITES要求制订国家法律，因此履约工作十分薄弱。在16次缔约方大会上，许多代表要求采取更为严格的履约措施，包括停止与没有采取履约行动的缔约方的贸易等。

调查表明，目前野生动植物的非法贸易是仅次于贩毒、贩卖假冒商品和贩卖人口的全球第四大非法贸易。由于这种非法贸易，最近几年非洲大象等物种的捕杀有上升的趋势，全球野生动植物物种正在继续减少。CITES的履约工作仍然十分艰巨。

国际湿地保护法律文书*

1971年2月，在伊朗拉姆萨尔召开了湿地及水禽保护国际会议，在会上通过了《国际重要湿地特别是水禽栖息地公约》（The Ramsar Convention on Wetlands of International Importance Especially as Waterfowl Habitat），简称有《国际湿地公约》《拉姆萨尔公约》或《湿地公约》（以下简称《湿地公约》）。该公约是在国际自然与自然资源保护联盟（IUCN）组织下谈判达成的一项政府间协议。

按照《湿地公约》定义，湿地是指天然或人工的、永久或暂时的沼泽地、泥炭地及水域地带，带有静止或流动的淡水、半咸水及咸水水体，包含低潮时水深不超过6米的海域，包括河流、湖泊、沼泽、近海与海岸等自然湿地，以及水库、稻田等人工湿地。

湿地被称为“地球之肾”，是生物多样性最为丰富的生态系统之一。湿地是能提供经济和社会重要性资源的具有高生产率的生态系统。由于在全球生态系统中发挥的生态功能，它们给人类带来了重大的利益。人们可以从湿地获取鱼类、稻米、木材、薪柴、芦苇和药材等资源而直接受益，也可以通过其洪水控制、营养物质循环、水土流失控制，阻挡风暴和地下水补充等功能而间接受益。湿地提供的最重要的资源是各种生命赖以生存的水。湿地也可用来开展娱乐活动，如观察野生动物和钓鱼等。它们也是一种旅游资源，供人们欣赏美景。它也具有碳汇的功能，在气候变化的减缓和适应中发挥作用。

在全球范围内，由于工农业生产和房地产开发等人类活动，以及水文系统的变化，使湿地面积不断缩小，湿地生态系统受到严重威胁。因此，履行《湿地公约》，保护湿地，是人类面临的一个十分迫切的任务。

《湿地公约》主要内容

《湿地公约》目的是通过国家行动和国际合作，保护和可持续地利用湿地，为在全世界实现可持续发展做出贡献。《湿地公约》于1975年12月21日生效。它为保护和合理地使用湿地及其资源提供了一个框架。

根据《湿地公约》，缔约方主要有下列义务：①在加入《湿地公约》时至少指定一个湿地列入《国际重要湿地名录》（《拉姆萨尔名录》），并加强其保护，并在以后继续指定其领土范围内别的湿地列入此名录；②缔约方应将湿地保护纳入其国家土地使用规划中，促进其领土范围内湿地的合理使用；③建立湿地自然保护区，在湿地研究、管

* 本文原载2015年6月22日《中国环境报》，题目是《国际湿地公约走过44年》，收入本书时有所增补。

理和守护方面开展培训；④与其他缔约方就履约事宜进行磋商，特别在跨境湿地、共有水体和物种方面。

缔约方大会是《湿地公约》的决策机构。它每三年召开一次会议，其任务是：审议缔约方递交的关于前三年履约状况的国家报告，讨论履约情况和经验；审议《国际重要湿地名录》上的湿地状况，通过有关湿地保护的技术和政策指导方针和进一步改善湿地保护和管理的决议；讨论和通过三年《工作计划》和多年《战略计划》；接受国际组织的报告，促进国际合作活动；讨论和通过公约秘书处预算。

《湿地公约》下的常务委员会代表缔约方大会在大会闭会期间根据缔约方大会的决议管理公约。科学技术审议委员会是 1993 年建立的《湿地公约》的一个附属机构。它为缔约方大会、常务委员会和秘书处提供科学技术方面的指导。

《湿地公约》秘书处设在瑞士格兰德 IUCN 总部。秘书处成员在法律上是 IUCN 的职员。联合国教科文组织（UNESCO）是《湿地公约》加入文书的保管者，但《湿地公约》不是属于联合国的一个多边环境法律文书。

四个非政府组织，包括 IUCN、世界野生生物基金会（WWF）、国际鸟盟和湿地国际是《湿地公约》的伙伴组织。它们合作推动《湿地公约》的执行。

发展历程

1980 年 11 月在意大利卡利亚里召开了第 1 次缔约方大会，规定了国际重要湿地标准。

1982 年 12 月在法国巴黎联合国教科文组织总部召开了缔约方特别大会，通过了对《湿地公约》文本的修正，即《巴黎议定书》。该议定书于 1986 年 10 月生效。这是《湿地公约》的第一次修改，规定了《湿地公约》修改程序以及把英文、法文、德文、俄文和西班牙文定为正式语言。

1984 年 5 月在荷兰格罗宁根召开了第 2 次缔约方大会，制定了《湿地公约》实施框架。

1987 年 5 月底至 6 月初在加拿大里贾纳召开了缔约方特别大会以及第 3 次缔约方大会，对《湿地公约》第 6、7 条进行非实质性修改，规定了缔约方大会的权力，建立了常委会和执行局（即秘书处）。但此项修正条款直到 1994 年 5 月 1 日才生效，因为在 1987 年通过的决议中规定了自愿原则。大会还修改了国际重要湿地标准和建立湿地合理利用工作组。

1990 年 6 月底到 7 月初在瑞士蒙特勒召开了第 4 次缔约方大会。大会通过了《蒙特勒记录》（Montreux Record）。这是一个记录《国际重要湿地名录》中那些因为人类活动干扰生态系统已经退化或可能退化湿地的登记簿，是《拉姆萨尔数据库》的一部分。列入《蒙特勒记录》的湿地将优先采取积极的国内和国际行动加以保护。

1993 年 6 月在日本钏路，1996 年 3 月在澳大利亚布里斯班，1999 年 5 月在哥斯达黎加先后召开了《湿地公约》第 5 次至第 7 次缔约方大会。

2002 年 11 月在西班牙巴伦西亚召开了《湿地公约》第 8 次缔约方大会。会议重点讨论湿地的供水功能以及文化和生计方面，通过了 40 项决议，内容包括：湿地和农业；气候变化；文化问题；红树林；水的配置和管理，以及世界大坝委员会报告等。大会还批准了《湿地公约》的《2003—2005 年工作计划》和《2003—2008 年战略计划》。

2005 年 11 月在乌干达坎帕拉召开了《湿地公约》第 9 次缔约方大会，通过了 25 项决议，内容包括：履行《拉姆萨尔明智使用概念》的科学和技术补充指南；《湿地公约》参与关于水的多边进程；《湿地公约》在自然灾害的预防和气候变化减缓和适应中的作用；湿地和脱贫；湿地的文化价值；禽流感。大会还通过了《湿地公约》的《2006—2008 年工作计划》，并对《2003—2008 年战略计划》进行了审议。在非正式部长对话会上通过了《坎帕拉宣言》，强调《湿地公约》在应对湿地生态系统的不断丧失和退化中的作用。

2008 年 11 月底至 12 月初在韩国昌原召开了《湿地公约》第 10 次缔约方大会，通过了 32 项决议，内容包括湿地与气候变化；湿地与生物燃料；湿地与采掘业；湿地与脱贫；湿地与人体健康和福利；促进作为湿地的水稻田的生物多样性；促进保护水鸟飞行路线的国际合作。大会还通过了《2009—2015 年战略计划》。

2012 年 6 月在罗马尼亚布达佩斯特召开了《湿地公约》第 11 次缔约方大会，通过了 22 项决议，包括：拉姆萨尔公约秘书处的主管机构；旅游；休闲和湿地；气候变化和湿地；农业—湿地相互作用、水稻田和虫害控制。大会还通过了《2009—2015 年战略计划》的调整。

2015 年 6 月 1—9 日在乌拉圭埃斯特角城举行第 12 次缔约方大会。这次会议的主题是“湿地，为了我们的未来”。会议通过了 16 项决议，内容包括：《2016—2024 年战略计划》；为《湿地公约》提供科学技术咨询和指导的新框架；宣传教育、参与和意识提高方案（CEPA Programme）；泥炭地；灾害危险的减少；《拉姆萨尔公约》湿地城市的认证。人们认为这是一次成功的会议，它为《湿地公约》与其他多边环境协议和国际机制的协调和合作，以及对实际履约工作制定了路线图。

第 12 次缔约方大会主席、乌拉圭住房、领土规划和环境部副国务秘书乔治·罗克（左四）和《湿地公约》秘书长克里斯托弗·布里格斯（左五）等在第 12 次缔约方大会主席台上

履约成就

出席第 12 次缔约方大会的代表在一项决议通过后欢呼

《湿地公约》是一个框架性的多边环境法律文书，没有强制性惩罚条款。缔约方通过各自国内的行动和国际合作，来实现湿地的保护。40 年来，它在保护全世界的湿地中发挥了积极的作用，其主要成就如下：

（1）《湿地公约》现有 168 个缔约方，已经列入《国际重要湿地名录》的共有 2 189 个湿地，占地约 2 亿 900 万公顷，其中列入《蒙特勒记录》的湿地有 48 个。这些湿地在《湿地公约》框架内得到了保护。

（2）40 年来，《湿地公约》的范围大大地扩展了。开始时，保护和合理使用湿地主要是为保护水禽栖息地，现在已经扩展到与湿地有关的许多领域，不仅关系到人体健康，而且涉及气候变化、生物多样性保护、生物燃料和脱贫等全球议程上的重要问题。

（3）在全球和区域召开了许多研讨会和技术交流会，交流湿地保护的信息和经验，推动了各国湿地的保护。

（4）制订和出版了《湿地保护指南》《拉姆萨尔手册》（第三版）《拉姆萨尔工具包》（包括关于湿地管理和保护技术的 9 本小册子）和《合理利用湿地手册》等指导性文件。这些指南和手册对各国的湿地保护发挥了积极的作用。

（5）与联合国环境规划署《生物多样性公约》《濒危野生动植物种国际贸易公约》《保护迁徙野生动物物种公约》、联合国千年生态系统评估、联合国教科文组织人与生物圈计划等发展了紧密的合作关系。

（6）通过《湿地公约》下的活动，提高了各国对湿地重要性的认识，并将湿地保护同脱贫和可持续发展相联系，从而加大了保护的力度。

分歧和问题

但是《湿地公约》履行中还是存在着一些问题，主要有以下几个方面：

（1）对湿地重要性的认识：从全球范围来看，对湿地保护还没有引起人们足够的重视。主要原因是一些国家对湿地的重要性认识不足，继续将湿地用于工农业和房地产开发，因此湿地仍在继续遭到破坏。多数多边环境协议的缔约方大会有一个高级别部分，邀请部长级官员参加。但《湿地公约》没有这样的安排。这也是各国对这个公约重视不够的原因之一。

《湿地公约》第 12 次缔约方大会通过了一个《宣传教育、参与和意识提高方案》。它将有利于提高各国对湿地重要性的认识，从而推动《湿地公约》的执行。

（2）秘书处主管机构问题：《湿地公约》是唯一的一个不属于联合国管理的多边环境法律文书，IUCN 一直是《湿地公约》秘书处的主管机构。从第 9 次缔约方大会开始，各国在继续保持原来的安排，还是改由联合国来管理秘书处的问题上一直存在着分歧。这个问题成为第 11 次缔约方大会的一个主要议题。一些国家主张由联合国环境规划署作为秘书处的主管机构。他们的主要理由是，这样做符合里约+20 峰会做出的加强联合国环境规划署的决定，有利于提高《湿地公约》的政治地位和知名度，有利于与《生物多样性公约》等多边环境协议之间的协调。但更多国家还是主张秘书处由 IUCN 管理。他们说，INCN 作为秘书处的主管机构，40 年来一直工作得很好，如果改变这样的安排，将要耗费大量人力财力，而且势必会失去原有的管理知识和能力，影响《湿地公约》的履行。经过讨论和协商，最后大会决定保持由 IUCN 主管秘书处的安排，并要求常务委员会成立一个工作组，来研究缔约方提出的问题，包括：将所有联合国语言作为缔约方大会的正式语言；采取措施，提高《湿地公约》的知名度；在缔约方大会上增加一个高级别部分；加强与联合国环境规划署和其他多边环境协议合作和协调等。

（3）资金问题：《湿地公约》自己没有独立的资金机制。由于它不是联合国管理的一个多边环境协议，很难取得联合国所属资金机制，例如全球环境基金的资金，因此经费比其他多边环境协议更加困难。最近几年，由于全球金融危机，发达国家对《湿地公约》的捐款减少，造成更大的困难。第 11 次缔约方大会通过的秘书处预算是零增长。由于物价上涨等因素，预算实际是减少了。这势必会影响《湿地公约》的履行。

第 12 次缔约方大会通过的关于集资和伙伴关系的决议，强调通过将《湿地公约》的目标和其他多边环境协议的目标相联系，利用其他资金机制，例如全球环境基金、清洁发展机制等，开展《湿地公约》下的活动。该决议还强调从私人部门集资。

（4）与其他多边环境协议的协调：湿地与气候变化和生物多样性等全球环境问题密切相关，因此《湿地公约》同《生物多样性公约》和《气候变化框架公约》等全球环境协议的合作和协调十分重要。虽然在这方面已经采取了一些行动，但这种合作和协调仍然十分不足。《湿地公约》在气候变化和生物多样性丧失等全球环境问题上的职责如何界定，和其他法律文书如何分工，至今仍有许多问题。

第 12 次缔约方大会通过的《2016—2024 年战略计划》和有关决议，强调与《生物多样性公约》《气候变化框架公约》和《防治荒漠化公约》等加强联系和协调。例如将湿地管理纳入《国家生物多样性战略和行动计划》，强调湿地对气候变化的减缓和适应中的作用，将湿地保护与 2015 年后发展议程，特别是可持续发展目标相联系，以此提高《湿地公约》的地位，促进它的履行。

中国履约状况

中国 1992 年加入《湿地公约》。此后，从国家到地方湿地保护与履约管理机构逐步建立，为湿地保护提供了组织保障。1992 年，国务院授权原林业部代表中国政府负责履行《湿地公约》。2005 年 8 月，“国家林业局湿地保护管理中心”即“中华人民共和国国际湿地公约履约办公室”成立。2007 年，经国务院批准，成立了由国家林业局担任主任委员单位，16 个部委局共同组成的“中国履行《湿地公约》国家委员会”。此后，各地湿地保护管理专门机构也相继成立。

中国政府认真履行《湿地公约》规定的义务，采取了一系列措施保护和恢复湿地。湿地保护立法工作全面推进。一系列有关自然资源和生态环境保护的法律法规先后颁布实施，其中《森林法》《野生动物保护法》《水法》《环境保护法》《海洋环境保护法》《渔业法》等法律法规及实施条例，为湿地保护和利用发挥了作用。2013 年国家林业局发布了《湿地保护规定》。14 个省（区）也出台了省级湿地保护条例。

出席第 11 次缔约方大会的中国代表团在会场交谈

中国制订了湿地保护的规划和计划。2000 年，国务院 17 个部门联合颁布《中国湿地保护行动计划》。2003 年，国务院批准《全国湿地保护工程规划（2002—2030 年）》。2004 年，国务院办公厅发出《关于加强湿地保护管理的通知》。2005 年，国务院批准了《全国湿地保护工程实施规划（2005—2010 年》，提出以工程措施对重要退化湿地实施抢救性保护。

全国已建立湿地类型自然保护区 553 处，国家湿地公园 145 处，以湿地自然保护区、湿地公园为主的湿地保护网络体系初步形成，湿地保护面积达到 1 820 万公顷，占全国自然湿地总面积的 50.3%。现已有 46 块湿地列入《国际重要湿地名录》，总面积 405 万公顷。主要江河源头及其中下游河流和湖泊湿地、主要沼泽湿地得到抢救性保护，局部地区湿地生态系统得到有效恢复，湿地保护面积大幅增加。

迁徙野生动物物种法律文书*

栖息地生境的缩小、迁徙路线上的捕杀以及觅食地生态系统退化等威胁，使迁徙野生动物物种不断减少甚至灭绝。国际社会认识到了这种威胁，决定采取联合行动，保护这类物种。这样，在联合国环境规划署主持下，开始了缔结一项保护迁徙野生动物物种法律文书的谈判，并于1979年通过了《保护迁徙野生动物物种公约》（The Convention on the Conservation of Migratory Species of Wild Animals，CMS）。它于1983年11月1日生效。CMS 规定，各国必须保护在其管辖范围内或通过其管辖范围的迁徙野生动物物种。它的目标是保护陆地、海洋和空中整个分布区内的迁徙物种。CMS 的内容及其两个附录可以不断进行增补和修改。

CMS 目前共有120个缔约方，中国、美国、加拿大、俄罗斯和日本等国尚未加入。CMS 秘书处设在德国波恩，由联合国环境规划署管理。

缔约方大会是 CMS 的决策机构，每三年召开一次会议。缔约方大会常务委员会在大会闭幕期间在政策和行政方面提供指导。缔约方大会下设的科学委员会对大会就科学事项以及研究和保护的优先领域提出咨询意见。

CMS 的管控机制

CMS 有两个附录，列入了通过该公约保护的迁徙野生动物物种的名录。

附录 1 列入了那些被确定为在整个分布区或大部分分布区濒临灭绝的野生动物物种。列入附录1中的迁徙物种生境国家的缔约国必须采取下列严格的保护措施：保护并在可行和适当的地方恢复那些对消除该物种灭绝危险有重要意义的物种栖息地；预防、消除、补偿严重妨碍或阻止该物种迁徙的各种活动或障碍的负面影响，或将其减少到最低限度；在可行和适当的范围内，预防、减少或控制正在危及或有可能进一步危及该物种的各种因素，包括严格控制外来物种的引进，控制或消除已经引进的外来物种。除公约规定允许的特殊情况外，列入附录1中的迁徙物种生境国的缔约国应禁止猎取该附录中的动物物种。

附录 2 列入了那些处于不利保护状态或通过国际合作其保护状态将明显改善的物种。对附录2的物种，可以缔结和管理迁徙野生物种的全球或地区协定。缔约方可以为保护附录中的迁徙动物物种开展联合研究和监测，以及其他合作活动。

---

* 本文原载2015年第5期《世界环境》杂志，原题是《保护迁徙野生动物物种公约36年》。

布哈拉鹿　草原鸟

中欧大鸨　安第斯火烈鸟

太平洋岛屿鲸类　赛加羚羊

西伯利亚白鹤　西非大象

CMS 下保护的迁徙野生动物物种

为保护附录 2 中的野生动物物种，迄今已达成了 7 个地区性协定和 19 个谅解备忘录。七个协定是为了保护欧洲蝙蝠，地中海、黑海和毗邻大西洋海域的鲸类，波罗的海和北海的鲸类，瓦登海的海豹，非洲—欧亚迁徙水鸟，信天翁和海燕，以及大猩猩及其栖息地。19 个备忘录是为了保护西伯利亚白鹤、细嘴鹬、非洲大西洋海岸的海龟、印度洋和东南亚的海龟、中部欧洲的大鸨、布哈拉鹿、水莺、西非非洲象种群；赛加羚羊、太平洋岛屿区域的鲸类、儒艮、地中海僧海豹、红头鹅、南美洲南部的草原鸟类、安第斯火烈鸟、南安第斯鹿、迁徙鲨鱼、非洲和欧亚大陆猛禽。这些协定和备忘录对所有这些物种栖息或越境的国家开放，无论它们是否是 CMS 的缔约国。地区协定大部分都有独立的缔约方会议，有的还有自己的咨询委员会和常务委员会。

在 CMS 下还通过了关于中亚迁徙路线、萨赫勒—撒哈拉羚羊、黑嘴端凤头燕鸥、黑脸琵鹭、勺嘴鹬、马达加斯加池鹭；白翅侏秧鸡和小火烈鸟的 8 个行动计划。

此外，还提出了关于误捕欧亚干旱地区哺乳动物和波斑鸨的 3 项倡议，以及 3 项保护特殊物种的倡议，包括中亚迁徙路线、中亚哺乳动物，以及萨赫勒—撒哈拉巨型动物。

缔约方可以提出在附录 1 和附录 2 中增加保护物种的建议，由缔约方大会讨论通过后列入。

根据 CMS，附录 1 和附录 2 所列迁徙物种生境缔约国应在每次常规缔约方大会前 6 个月通过秘书处向大会递交关于他们履约所采取的措施。

缔约方大会

缔约方大会审议履约的进展状况，通过预算、决议和建议，对两个附录进行修改，以及决定将来的优先活动领域等。下面对 2002 年以来 CMS 历次缔约方大会的成果作一简要介绍。

第 7 次缔约方大会

第 7 次缔约方大会于 2002 年 9 月 18—24 日在德国波恩举行。会议决定附录 1 增加 20 个物种，附录 2 增加 21 个物种。鳍、塞鲸、抹香鲸和大白鲨被同时列入了附录 1 和附录 2。会议通过了关于迁徙鸟类触电、海上石油污染、风力涡轮机、影响评价和误捕的决议。会议还通过了关于下列问题的决定：南极小须鲸、布氏鲸和侏儒鲸的未来行动；改善棱皮龟保护状况；保护儒艮的协议；美国太平洋迁徙路线计划；中亚—印度水鸟迁徙路线倡议。

第 8 次缔约方大会

第 8 次缔约方大会于 2005 年 11 月 20—25 日在肯尼亚内罗毕举行。会议讨论了下列问题：审议 CMS 执行情况；可持续利用；到 2010 年大大降低生物多样性丧失速度的目标；改善附录 1 物种保护现状的措施，包括猛禽、迁徙鲨鱼和海龟；对附录 1 和附录 2 修正的建议；CMS 2006—2011 战略计划；CMS 信息管理计划；以及财政和行政安排。会议决定附录 1 增加 11 个物种，附录 2 增加 16 个物种。附录 1 和附录 2 均列入了姥鲨、布哈拉鹿和真海豚。会上还签署了关于西非大象和赛加羚羊的 2 个谅解备忘录。

第 9 次缔约方大会

第 9 次缔约方大会于 2008 年 12 月 1—5 日在意大利罗马举行。会议在附录 1 中增加了 11 个物种，包括海豚种群、西非海牛和猎豹，但不包括在博茨瓦纳、津巴布韦和纳米比亚的种群，因为《濒危野生动植物国际贸易公约》中已将它们列入了。非洲野狗，赛加羚羊和一些海豚种群被列入了附录 2。经过艰苦谈判，灰鲭鲨、鼠鲨和北半球的白斑角鲨种群也被列入了附录 2。将猎隼列入附录 1 的建议没有被采纳，但通过了一项决议，确定了关于该物种未来的工作方向，除非它的保护状况有了重大改善，会议建议在第 10 次缔约方大会上将它列入。

第 10 次缔约方大会

第 10 次缔约方大会于 2011 年 11 月 20—25 日在挪威卑尔根举行。会议共通过了 27 项决议，内容包括：协调和合作；CMS 未来状况展望；预算和增强全球环境基金的介入；野生生物疾病和迁徙物种；陆地迁徙物种；全球鲸类工作方案；鸟类飞行路线保护政策。会议在附录 1 列入了猎隼、红脚隼和远东毛腿鸻，在附录 2 中列入了山盘羊和食米鸟，并在附录 1 和附录 2 中都列入了巨型蝠鲼。

第 11 次缔约方大会

第 11 次缔约方大会于 2014 年 11 月 4—9 日在厄瓜多尔基多举行。900 名代表参加了会议。会议通过了 35 项决议，内容包括：要求秘书处准备一个将亚洲狮列入附录 2 的建议，提交给第 12 次缔约方大会讨论；气候变化和迁徙物种工作方案；中亚哺乳动物倡议；可再生能

第 11 次缔约方大会主席台上

源和迁徙物种；加强 CMS 大家庭与民间社团之间的关系；非洲—欧亚地区迁徙陆地鸟类行动计划；海洋废物管理；南太平洋蠵龟单种群行动计划；在边境内外与破坏野生动物罪行和错误斗争行动计划；在 CMS 法律体系内加强协调和共同服务。根据缔约方提出的建议，大会决定将 31 种新的物种列入附录。

履约状况

《保护迁徙野生动物物种公约》生效至今已 30 余年，附录 1 已列入了 100 多种物种；针对附录 2 物种，已达成了 7 个地区协定和 19 个谅解备忘录。各缔约国按照 CMS 的规定，不同程度地制订了相应的法律，采取了许多保护陆地、海洋和空中迁徙动物物种的措施，取得了一定的成效。

CMS 第 11 次缔约方大会的口号是："该是行动的时候了!"各缔约方对此也做出了积极的反映。大会将 31 种物种增加到了附录中，创造了历史的新高，反映了缔约方对保护迁徙野生动物物种的新的承诺。大会还通过了《中亚哺乳动物行动方案》(The Central Asian Mammals Initiative），为迁徙物种分布区国家保护迁徙物种提供了一个新的合作模式。第 11 次缔约方大会通过了强调探索 CMS 系统内部和与其他公约协调重要性和利益的决议，例如关于野生动物犯罪的决议和合作和协调的决议。这些都是积极的进展。

但从总体来看，行动还是不够，全球迁徙动物物种仍在不断减少。造成这种情况的一个原因是一些大国为了自身的利益，至今仍然没有加入 CMS。此外，CMS 系统内外协调的不足和履约机制的缺乏是造成这种状况的另一个原因。

CMS 内外的协调

《2006—2014 年战略计划》要求与相关多边环境协议和主要合作伙伴开展合作活动，以实现共同的目标。它也要求加强 CMS 下各机构内部的协调，以提高效率。

为执行《2006—2014 年战略计划》规定的任务，已或多或少采取了一些协调的措施。在 CMS 内部，加强了各协定和文书之间的合作。根据第 10 次缔约方大会通过的 10.9 号决定和《保护非洲—欧亚大陆迁徙水鸟协定》（AEWA）常务委员会提出的建议，进行了一项关于合并 CMS 和 AEWA 两个秘书处共同服务的分析。两秘书处的某些共同的服务，包括通讯和宣传已经开始进行合并的试验，但其他事项，如设立两公约共同的执行秘书职务等，尚待下次 CMS 缔约方大会和 AEWA 缔约方会议决定。有人认为，在履约层面上的协调更为重要，但目前比较薄弱。

与其他多边法律文书之间的协调也十分重要。根据《2015—2020 年 CMS-CITES 联合工作方案》，CMS 第 11 次缔约方大会通过了一项关于继续加强与《濒危物种国际贸易公约》（CITES）之间合作的决议。因为两公约都有将动物物种列入附录的做法，它们之间的协调十分重要，以保证两个公约的行动不发生冲突。现在存在这种冲突的情况，例如，CMS 将礁蝠鲼列在附录 1，即禁止任何捕捞或采样；而 CITES 则将它列在附录 2，允许为科学目的采集它的样品。这就使缔约方在执行中造成困难。这说明在各有关公约间加强协调，以实现更大的效益和统一的重要性。

履约机制问题上的争论

许多多边环境协议都有一个审议履约执行状况的机制，例如调解纠纷以及研究和回应缔约方反映的履约中的困难的机制。CMS 是少数没有这种机制的多边环境协议之一。它只有一个国家报告机制，没有履约机制。在 CMS 第 11 次缔约方大会上，有的缔约方递交了一份决议草案，建议建立一个会议间过程来研究履约机制的问题，包括成立一个工作组起草一个文件，递交 CMS 第 12 次缔约方大会讨论。但这一建议遭到了一些代表的反对。反对者主要是担心这将给 CMS 带来新的财政负担。在会上辩论预算的时候，分歧集中在“实际零增长”还是“名誉零增长”上。总之，CMS 财政状况很难有能力建立一个新的机制。另外一些代表说，他们建议的过程并不会给秘书处带来新的财政负担。若干缔约国提出愿意为建立一个履约机制进行研究提供资金。最后各方达成妥协，在这个问题上通过了一项决议。该决议要求秘书处提出一个关于研究履约机制的工作组的职责范围的建议，递交给第 44 次常务委员会会议讨论，并要求常委会审议在这个问题上的进展，并向 2017 年召开的第 12 次缔约方大会报告。有人认为，这样一个妥协方案使履约机制的建立至少拖延几年。

关于汞的水俣公约的谈判*

《环境经济》编者按

《关于汞的水俣公约》是2012年里约+20峰会后国际社会达成的第一个多边环境法律文书，意义重大。经历了2次不限名额工作组会议的前期筹备和5次政府间谈判委员会会议的艰难谈判，成果来之不易。

本文作者曾经参加过2次不限名额工作组会议和3次政府间谈判委员会会议，为会议撰写报告，掌握了大量一手材料。《关于汞的水俣公约》经过了怎样的谈判过程？谈判中各国争议点在哪里？达成了什么协议？本文进行了全面梳理。

汞文书制定历程

联合国环境规划署理事会决议　成立不限名额工作组

2007年2月，联合国环境规划署第24届理事会在肯尼亚内罗毕召开。与会代表讨论了汞排放的问题，会上通过了一项决定，成立不限名额工作组。工作组由政府和利益相关方代表组成。决定目的是评估控制汞排放的志愿措施和缔结新的国际法律文书，以解决汞问题带来的全球性挑战。

为什么国际社会关注汞的问题？汞，俗称水银，自然环境中广泛存在，一旦释放到空气、土壤和水源中，具有持久性，是一种在全球范围产生影响的重金属。汞释放到环境中有两种方式：一是通过岩石的风化及人类活动释放，人类活动包括工业、采矿、森林砍伐、废弃物燃烧和矿物燃料的燃烧等；二是从许多添汞产品中释放。这些产品包括牙科汞合金、电器（例如开关、荧光灯）、实验室和医疗设备（例如气压计、体温计）、电池、美白霜等。汞对人体健康和环境造成巨大的危害，汞的暴露可影响胎儿神经系统的发育，损害大脑和神经系统，还可导致成人的心脏疾病。

不限名额工作组讨论　提出三个不同国际合作方案

关于汞的不限名额工作组于2007年在泰国曼谷和2008年在肯尼亚内罗毕召开了两

* 本文原载2015年总第135-136期《环境经济》杂志，题目是《汞文书谈判，协议是怎样达成的？——关于汞的水俣公约的谈判》。

次会议。在这两次会议上，各国代表提出了三个不同的解决汞问题的国际合作方案：一是缔结一项独立的国际法律文书；二是缔结一项从属于现有国际公约的议定书，譬如从属于《关于可持久有机污染物的斯德哥尔摩公约》的议定书；三是制定一个控制汞排放的国际行动计划，采取志愿措施控制汞污染。

联合国环境规划署理事会讨论不限名额工作组方案　成立政府间谈判委员会

2009 年 2 月，在肯尼亚内罗毕召开了第 25 届联合国环境规划署理事会和全球部长级环境论坛。在这次会议上，各国对不限名额工作组提出的三个不同方案进行了讨论，决定在继续推动联合国环境规划署业已开展的“全球汞伙伴关系方案”的同时，成立一个政府间谈判委员会。要求委员会在 2010—2013 年，谈判制订一项关于全球汞问题的具有法律约束力的国际文书。会议要求政府间谈判委员会针对各类汞排放源，研究汞排放的现状及发展趋势，分析和评估替代、控制技术，以及措施的成本效益等。这项文书的目的是在全球采取行动，限制甚至最终淘汰汞的开采和使用。

政府间谈判委员会五轮谈判

第一轮：瑞典斯德哥尔摩讨论文书的主要组成部分

2010 年 6 月 7—11 日，汞文书政府间谈判委员会第 1 次会议在瑞典斯德哥尔摩举行。各国代表就汞文书的主要组成部分交换了意见，主要包括公约的目标和结构，能力建设、技术和资金机制，公约执行机制，汞的供应、需求和贸易，汞废物和储存，汞的大气排放，公众意识的提高和信息交流。会议要求秘书处根据这次会议的讨论，起草一份具有法律效力的文书，递交第 2 次会议进行讨论。

在汞文书政府间谈判委员会第 1 次会议会场合影，左起：中国代表团团长、环保部国际司副司长张磊，本书作者，外交部应对气候变化办公室副主任郭晓峰

第二轮：日本千叶对文书进行第一轮谈判

2011 年 1 月 24—28 日，汞文书政府间谈判委员会第 2 次会议在日本千叶举行。各国代表根据秘书处起草的文件，继续讨论汞文书可能的主要组成部分。会议对这个文件进行了第一轮谈判，并要求秘书处根据这次谈判的结果起草一个新的谈判案文。

第三轮：肯尼亚内罗毕　深入审议和修改文书草案

2011 年 10 月 31—11 月 4 日，汞文书政府间谈判委员会第 3 次会议在肯尼亚首都内罗毕举行。代表们对秘书处起草的汞文书的草案文本进行了深入的审议，提出了各种不同的方案，并要求秘书处根据这次会议谈判的结果编写一个新的文书草案。

在汞文书政府间谈判委员会第 1 次会议上，《地球谈判报告》（ENB）报告组成员与联合国环境规划署化学品部主任巴肯合影，左起：塔拉诗、梅拉尼、巴肯、杰西卡、本书作者

第四轮：乌拉圭特拉斯角城　汞的储存等分歧有所缩小，履约机制等分歧较大

2012 年 6 月 27—7 月 2 日，汞文书政府间谈判委员会第 4 次会议在乌拉圭的特拉斯角城举行。在这次会议上，代表们对第 3 次会议讨论过的文书草案进行了进一步的谈判。关于汞的储存、废弃物和污染的场地的条款谈判取得了较大进展，有关信息和报告条款的分歧有所缩小。但在一些主要方面，包括履约机制、资金和技术转让以及产品和工艺的控制措施三个方面依然存在着较大分歧。会议要求谈判委员会主席根据这次会议的谈判情况，就有分歧的条款提出可能的折中方案，提交下次会议进一步谈判。

第五轮：瑞士日内瓦　重点谈判政策和技术问题，各方妥协达成协议

2013 年 1 月 13—19 日，汞文书政府间谈判委员会第 5 次会议在日内瓦召开。代表们根据谈判委员会主席准备的方案，就几个复杂的政策和技术问题进行了谈判。这些问题包括：汞的大气排放和向水体、土壤的释放，汞的健康影响，以及添汞产品和工艺的淘汰和减少的日期。在序言、资金和履约机制这三部分条款存在着比较大的分歧。在会议的最后一天，代表们就这三方面的文本达成了妥协，取得了一致意见。这样，这次会议最后完成了《关于汞的水俣公约》的谈判。

在会议《关于汞的水俣公约》达成一致意见以后，汞文书政府间谈判委员会主席罗格列斯激动得将手中的大会报告稿抛向空中

日本熊本外交大会《关于汞的水俣公约》通过并开放签字，中国会上签署2013年10月3—11日，《关于汞的水俣公约》外交大会在日本熊本市召开。《关于汞的水俣公约》在这次大会上得到通过并开放签字。来自140个国家的1 000多名代表出席，91个国家和欧盟在文书上签署。《关于汞的水俣公约》的重点领域包括：禁止新的汞矿的开发，淘汰现有的汞矿，大气排放的控制措施，以及对于添汞产品和工艺的淘汰和控制。

在政府间谈判委员会第五次会议期间，中国代表夏应显（中）与英国代表约翰·罗伯茨（右一）等磋商

中国政府代表团参加了此次外交大会，代表团由环境保护部、外交部、工信部等单位派出人员组成。中国签署了《关于汞的水俣公约》，并在大会上发言。中国表示，中国政府签署《关于汞的水俣公约》标志着中国的政治承诺，虽然在未来汞的履约方面将面临巨大压力，中国将以签约为契机，与国际社会共同努力，采取更加严格有效的控制措施和手段，减少汞的生产、使用和排放。同时，中国还呼吁发达国家为发展中国家积极提供资金和技术，支持发展中国家做好前期履约准备工作，以推动各国批约，同时应在今后履约中为发展中国家提供资金和技术援助，以帮助广大发展中国家切实实现《关于汞的水俣公约》的目标。

在外交大会主席台上，左起：联合国副秘书长、环境规划署执行主任施泰纳，日本环境大臣石原伸晃，环境规划署化学品部主任卡斯腾，环境规划署法律官员长井正治，大会报告员

中国代表团在达成《关于汞的水俣公约》的5次政府间谈判中，积极主动，在重点议题谈判上发挥了积极建设性作用，为《关于汞的水俣公约》的成功达成做出了重要贡献，得到了各方高度评价。

泰国曼谷　为履约准备，全球环境基金安排资金1.41亿美元

2014年11月3—7日，汞文书政府间谈判委员会第6次会议在泰国曼谷举行。会议讨论的主要问题包括财务机制、豁免、监测汞供应和贸易的技术指南、报告、缔约方大会的议事规则等。全球环境基金首席执行官在会上宣布，在GEF第6次增资中已决定安排1.41亿美元用于《关于汞的水俣公约》下的项目。会议还同意建立一个财务问题特别专家工作组，工作组的任务是确定具体国际项目，帮助发展中国家争取所需要的资金。会议还就贸易通知格式、豁免登记格式和秘书处保留的豁免登记簿格式取得了一致意见。会议在报告和缔约方大会的议事规则两个议题下没有取得实质性的进展。

中国政府代表团团长、环境保护部总工程师万本太代表中国政府在《关于汞的水俣公约》上签字

2016年3月10—15日，汞文书政府间谈判委员会第7次会议在约旦举行。会议目的是为《关于汞的水俣公约》生效及其第1次缔约方大会作准备。大会讨论的主要问题包括汞的进出口程序、财务机制的运作以及缔约方大会议事规则和财务规则草案等。代表们还讨论了一系列问题的指南，包括汞和汞化合物储存及供应源的鉴定，以及控制排放的最佳可用技术和最佳环境实践等。会议取得的主要成果包括：就鉴定汞和汞化合物储存和供应源以及进出口表格填写的指南草案达成了一致；初步通过了《制订减少、可能情况下消除手工和小规模采金与加工业中汞的使用指南》草案；关于排放，初步通过了控制排放的最佳可用技术和最佳环境实践、对缔约方实施排放控制措施的支持、相关排放源标准制订和排放清单编制的指南草案；向GEF理事会提交了一个《关于汞的水俣公约与GEF理事会谅解备忘录》和向GEF建议的关于公约实施中资金和活动的指南。会议取得了一定的进展，但是要使公约得以顺利实施，还有很多工作要做。会议请主席团考虑在第1次缔约方大会前召开政府间谈判委员会第8次会议。

汞文书谈判中的分歧和协议

2013 年 1 月，各国代表在日内瓦完成了《关于汞的水俣公约》的谈判。《关于汞的水俣公约》以水俣命名，意在纪念 20 世纪五六十年代在日本水俣发生的严重的汞污染事件，警醒各方对汞污染问题予以重视。

从 2007 年提出这一议题，到最后通过《关于汞的水俣公约》，开放签字，长达 6 年的艰难谈判，到底各国分歧和利益点是什么？最后达成了什么协议？下面主要从 9 个方面来梳理谈判过程。

第一，《关于汞的水俣公约》的目标。谈判过程中，特别是对于添汞产品和工艺是控制、减少还是淘汰，各方有不同的看法。一些国家代表团强调，应当给予缔约方决定其优先措施的自主权。特别是一些发展中国家提出他们的特殊需要和发展权，强调共同但有区别的责任的原则。还有一些代表团表示，由于汞对人体健康和环境造成很大危害，《关于汞的水俣公约》应当有更宏大的目标，不能类同于业已存在的联合国环境规划署全球汞伙伴方案。最后，大家同意《关于汞的水俣公约》的目标是“保护人体健康和环境免受汞和汞化合物人为排放和释放的危害”。对于添汞产品和工艺是控制、减少还是淘汰，应根据具体情况在每一条款中做出不同的规定。

第二，关于资金问题。发展中国家强调，根据共同但有区别的责任原则，为更好地保证发展中国家履行《关于汞的水俣公约》的义务，发达国家应当向发展中国家提供所需的新的和额外的资金。他们提出，建立一个类似《蒙特利尔议定书》多边基金的独立的资金机制，发达国家反对建立任何新的独立的资金机制，主张利用现有的资金机制。

各国同意确立一个提供充足的、可预测的和及时的财政资源的机制。这一机制旨在支持发展中国家缔约方和经济转型缔约方履行其依照《关于汞的水俣公约》承担的各项义务。该机制包括：①全球环境基金（GEF）信托基金；②一项旨在支持能力建设和技术援助的专门国际方案。《关于汞的水俣公约》强调，全球环境基金信托基金应当提供新的、可预测的、充足的和及时的财政资源，用于支付为执行缔约方大会所商定的、旨在支持《关于汞的水俣公约》的执行工作而涉及的费用。《关于汞的水俣公约》中关于资金的条款，基本上满足了发展中国家的要求。

第三，关于技术转让和能力建设。发展中国家在谈判过程中一直坚持，发达国家要向他们提供技术和能力，包括控制和淘汰添汞产品和工艺的技术和能力。开始谈判阶段，发达国家对此并不持积极支持态度。

通过的《关于汞的水俣公约》在这两个问题上达成了如下协议：缔约方应协同合作，在其各自的能力范围内，向发展中国家缔约方，尤其是最不发达国家或小岛屿发展中国家缔约方，以及经济转型缔约方提供及时和适宜的能力建设和技术援助，以协助它们履行《关于汞的水俣公约》所规定的各项义务；发达国家缔约方和其他缔约方在其能力范围内，酌情在私营部门及其他相关利益攸关方的支持下，应向发展中国家缔约方，尤其是最不发达国家和小岛屿发展中国家以及经济转型缔约方，推动和促进最新的环境无害化替代技术的开发、转让、普及和获取，以增强它们有效执行《关于汞的水俣公约》的能力。

第四，关于原生汞矿开采活动。一些国家主张禁止原生汞矿的开采，并尽早关闭现有的原生汞矿。中国和吉尔吉斯斯坦是全球两个仅有的进行原生汞矿开采的国家，因此对此问题特别关注。中国主张针对汞的消费，而不是供应处理这个问题。巴基斯坦支持中国的立场，说发展中国家现在还不能禁止汞的供应。吉尔吉斯斯坦说汞矿为其 20 000 人提供就业，现在关闭汞矿有很大困难。

各国最后达成了如下协议：每一缔约方均不得允许进行《关于汞的水俣公约》对其生效之际未在其领土范围内进行的原生汞矿开采活动；每一缔约方应只允许《关于汞的水俣公约》对其生效之际业已在其领土范围内进行的原生汞矿开采活动自《关于汞的水俣公约》对其生效之日后继续进行最多 15 年。在此期间，源自此种开采活动的汞应当仅用按照《关于汞的水俣公约》规定的方式生产添汞产品，采用《关于汞的水俣公约》规定的生产工艺，按《关于汞的水俣公约》规定的方式对汞进行处置，而且所采用的作业方式不得导致汞的回收、再循环、再生、直接再使用或用于其他替代用途。

第五，关于大气排放问题。大气排放，特别是矿物燃料的燃烧引起的大气排放，一直是谈判过程中争论的一个重要问题。一些国家主张规定具有法律约束力的强制性措施，确定汞大气排放的限值。主席案文中原来列入了一个附件，规定了不同点源的汞或汞化合物的排放限值。中国和印度等国主张采用自愿措施，反对确定排放限值。

各国同意推迟限值的确定工作，在以后条件成熟时再予以考虑。通过的《关于汞的水俣公约》规定，拥有相关大气排放源的缔约方应当采取措施，控制汞的排放，并制订一项国家计划，设定为控制排放而要采取的各项措施及其预计指标、目标和成果。对于新排放源，每一缔约方均应要求在实际情况允许时尽快、但最迟应自《关于汞的水俣公约》开始对其生效之日起 5 年内使用最佳可得技术和最佳实用技术，以控制并于可行时减少排放。

第六，采用汞齐法从矿石中提取黄金的手工和小规模采金与加工业造成的污染问题。采用汞齐法从矿石中提取黄金的手工和小规模采金与加工业是造成汞污染的一个重要来源。一些国家主张《关于汞的水俣公约》规定强制性措施，另一些国家主张采用自愿措施，例如制订国家行动计划，还有的主张两种措施相结合，减少和淘汰这一行业中汞的使用和排放。

通过的《关于汞的水俣公约》规定，其领土范围内存在这种手工和小规模采金与加工活动的每一缔约方均应采取措施，减少并在可行情况下消除此类开采与加工活动中汞和汞化合物的使用及其汞向环境中的排放和释放。《关于汞的水俣公约》附件 C 要求有关缔约国制订并实施一项国家行动计划，包括国家目标和减排指标，并要求采取行动停止下列活动：整体矿石汞齐化；露天焚烧汞合金或经过加工的汞合金；在居民区焚烧汞合金；以及在没有首先去除汞的情况下，对添加了汞的沉积物、矿石或尾矿石进行氰化物沥滤。《关于汞的水俣公约》要求有关缔约国制定实施国家行动计划的时间表。《关于汞的水俣公约》还要求缔约方推动研究可持续的无汞替代方法，以及利用现行的信息交流机制推广知识、最佳环境实践，以及在环境上、技术上、社会上和经济上切实可行的替代技术。

第七，关于添汞产品和使用汞的生产工艺的控制和淘汰问题。对添汞产品和工艺的控制方面，代表们同意用列表的方式来控制添汞产品的生产和工艺的使用。但是究竟采用哪种列表方式，代表们意见不一致。一种方式叫作肯定列表法（positive list），就是表中只列出主要的添汞产品和工艺的控制措施和淘汰日期。还有一种叫否定列表法（negative list），规定禁止所有的添汞产品和工艺的用途，只列出允许存在的特殊用途的产品。美国、中国、澳大利亚和新西兰等国主张采用肯定列表法；欧盟、挪威和菲律宾等主张否定列表法；拉美和加勒比集团等主张采用肯定和否定混合列表法。

通过的《关于汞的水俣公约》中包括附件 A 和附件 B。附件 A 采用了肯定和否定混合的列表方式，规定了主要添汞产品的淘汰日期和控制规定，同时列出了 6 类允许存在的特殊用途的产品。该附件第一部分的是一些只有危害没有利益的添汞产品，包括从紧凑型荧光灯到非电子测量仪器等一系列产品，决定到 2020 年予以淘汰，而不是逐步减少。将这些产品列入淘汰的清单中，将给人们发出一个关于这些产品危险性的重要信号。这样就可以推动这些产品的提前减少和淘汰。《关于汞的水俣公约》规定，如果缔约方提出要求，可以给予两个每次 5 年的延缓期。附件 A 第二部分对牙科汞合金的控制措施做出了规定，没有规定淘汰日期。

附件 B 规定了使用汞和汞化合物的生产工艺的淘汰日期和控制规定，采用的是肯定列表法，该附件第一部分规定了氯碱生产和使用汞或汞化合物作为催化剂的乙醛生产分别于 2025 年和 2018 年淘汰；第二部分对氯乙烯单体的生产，甲醇钠、甲醇钾、乙醇钠或乙醇钾以及使用含汞催化剂进行的聚氨酯生产的控制措施做出了规定。

由于汞的用途非常广泛，有形形色色的添汞产品以及各类使用汞和汞化合物的生产工艺，对此，选择控制还是淘汰，采用强制性措施还是自愿措施，在谈判中有很多争论。对此，通过的《关于汞的水俣公约》根据具体情况在每一条款中作出了不同的规定。

第八，关于含汞化合物硫柳汞的问题。硫柳汞是一种含汞的有机化合物，长期以来一直被广泛用于疫苗的防腐剂等多种用途。世界卫生组织反映，硫柳汞在疫苗中使用量比较少，比较安全，防疫中必须要使用，反对将此列入《关于汞的水俣公约》加以控制。而一些民间组织认为，硫柳汞是含汞的产品，对人体健康是有害的，应当加以禁止。后来经过广泛的谈判，最后这一化合物没有列入《关于汞的水俣公约》中加以控制。

第九，牙科汞合金的问题。牙科汞合金的问题争论较大，甚至在牙科行业也有不同的意见。一些组织指出，含汞的材料用来补牙存在很大的危险性，应予淘汰。还有一些组织认为，用于补牙的汞合金对于治疗蛀牙等牙齿疾病发挥了很大的作用，应当允许它的存在。另外，对于有没有替代品也有不同的看法。在这种情况下，各国最后同意按照《斯德哥尔摩公约》控制 DDT 的做法，也就是说，是控制而不是完全禁止牙科汞合金的使用。据此，《关于汞的水俣公约》附件 A 第二部分规定了九项减少牙科汞合金使用的措施。

最后，各国决定成立一个履行与遵约委员会，作为《关于汞的水俣公约》缔约方大会的一个附属机构，其任务是对《关于汞的水俣公约》的履行与遵守情况进行审议，并向缔约方大会提出建议。

《关于汞的水俣公约》是一个关于化学品的法律文书，它与《巴塞尔公约》《鹿特丹公约》和《斯德哥尔摩公约》三个公约同属化学品和危险废物法律体系。2013 年 4 月底 5 月初，在日内瓦举行的三个公约缔约方大会第 2 次同期特别会议上，代表们提出了要将《关于汞的水俣公约》纳入已经开始的化学品和危险废物公约的协调增效过程。

《关于汞的水俣公约》是 2012 年召开的“里约+20 峰会”以后国际社会通过的第一个多边环境协议，对于控制全球汞污染，保护人体健康和环境，具有十分重要的积极意义。

根据《关于汞的水俣公约》，它应自第 50 份批准、接受、核准或加入文书交存之日起生效。到 2016 年 3 月，共有 128 个国家签署了《关于汞的水俣公约》，有 25 个国家批准、加入或接受了《关于汞的水俣公约》，《关于汞的水俣公约》离生效还有很长的距离。

2016 年 4 月 28 日，我国全国人民代表大会常务委员会做出批准《关于汞的水俣公约》的决定。

环境外交的形势、特点和作用*

自 1972 年在斯德哥尔摩召开的联合国人类环境会议以来，环境领域的外交活动不断发展。近几年来，随着全球环境问题的日益严重和国际政治与经济形势的重大变化，环境问题已一跃成为国际关系中的一个重大课题，环境外交已成为外交的一个重要分支和多边外交工作的一项重要内容。目前，全球环境外交活动规模日益扩大，已成为国际社会关注的一个热点。认真总结环境外交工作中的形势、特点和作用以及存在的问题，对于进一步做好环境外交工作，发展我国的对外关系，促进我国的环境与发展事业，推动我国的改革开放，将具有十分重要的意义。

一、环境外交发展概况

20 世纪五六十年代，在工业发达国家中，环境污染达到了十分严重的程度，直接威胁到人们的生命和安全，成为重大的社会问题，特别是当时发生了一些严重的污染事件，如 1952 年伦敦的烟雾事件，60 年代日本的水俣病事件等，激起了广大人民的不满。在这样的历史背景下，1972 年 6 月在斯德哥尔摩召开了联合国人类环境会议，开始了全球范围的环境保护运动。这次会议唤起了人们对全球面临的环境危机的认识，开始了全球范围的环境保护运动。中国派代表团出席了会议，并做出了积极的贡献。这次会议可以说是环境外交史上第一个重大的国际行动。它产生了《联合国人类环境会议宣言》和《斯德哥尔摩行动计划》两个文件。斯德哥尔摩会议以后，国际社会又缔结了一系列的国际环境条约和协定，例如《濒危野生动植物物种国际贸易公约》《联合国海洋法公约》《国际防止船舶污染公约》《防止倾倒废物及其他物质污染海洋的公约》《保护世界文化和自然遗产公约》《保护臭氧层维也纳公约》《关于消耗臭氧层物质的蒙特利尔议定书》以及《控制危险废物越境转移及其处置的巴塞尔公约》等。20 年来，仅中国批准或加入的国际环境条约和协定就多达 50 多个。通过缔结和实施国际协议和条约来协调国与国之间的关系，是外交工作的一种重要手段。环境领域大量国际协议的缔结，说明环境领域的国际活动已具有外交的特点并已成为外交工作的一项重要内容。

1983 年第 38 届联合国大会通过了 38/161 号决议，成立了以挪威首相布伦特兰夫人为主席的世界环境与发展委员会，该委员会是由来自 21 个国家环境与发展领域的著名人士、专家学者组成的，他们经过近三年的考察研究，写出了《我们共同的未来》的长

* 本文是作者在 1993 年第 8 次使节会议上的书面发言。

篇报告。该报告系统地阐述了人类面临的重大经济、社会和环境问题，以“可持续发展”为基本纲领，从保护环境资源以满足当代和后代的需要出发，提出了一系列实现可持续发展的行动建议和政策目标。联合国大会在其第 42 次会议上通过了该报告。该报告产生了广泛的影响。与此同时，有关防止全球气候变化、臭氧层破坏、生物多样性减少、有害废物越境转移等全球环境保护活动此起彼伏，一浪高过一浪。这种形势促使联合国大会第 44 次会议通过了 44/228 号决议，决定 1992 年召开联合国环境与发展大会。

联合国环境与发展大会于 1992 年 6 月在巴西首都里约热内卢举行。这次会议筹备时间之长、级别之高、规模之大，为联合国历史上所罕见。从 1989 年联合国大会做出决议，到会议召开，前后共筹备了两年半时间，先后召开了 5 次筹备委员会会议。这次会议开放签字的《气候变化框架公约》和《生物多样性公约》的谈判也用了两年多的时间。这次会议有 183 个国家的代表团和 70 个国际组织的代表出席，102 位国家元首或政府首脑到会讲话。中国对这次会议非常重视，李鹏总理出席了首脑会议，宋健国务委员率中国代表团参加了部长级会议，代表团成员中有 9 位部长或副部长级的官员，19 位司、局长级官员，共 60 多人。这在中国参加国际会议史上是空前的。

这次大会是在全球环境持续恶化、发展问题日趋严重的情况下召开的。会议围绕环境与发展这一主题，在维护发展中国家主权和发展权、资金和技术等问题上，进行了艰苦的谈判，最后通过了《里约环境与发展宣言》《21 世纪议程》和《关于森林问题的原则声明》三项文件。《气候变化框架公约》和《生物多样性公约》在会议期间开放签字。这些文件和公约有利于保护全球环境和资源，要求发达国家承担更多的义务，同时也照顾到发展中国家的特殊情况和利益，会议成果具有十分积极的意义。

二、环境问题成为外交中一个热点的原因

据不完全统计，自 1989 年以来，全球每年国家级以上的环境保护国际会议多达 500 次以上。各联合国机构、各种国际组织和各国政府，都将环境保护作为其工作的一项重要内容。各种国际金融机构，如世界银行和亚洲开发银行，纷纷将环境保护作为其信贷和投资的重点领域。经过发展中国家的艰苦努力，建立了全球环境基金（GEF），专门向发展中国家提供赠款，用于解决全球环境问题的项目。各国政治首脑们也纷纷举起了环境保护的旗帜。美国新任总统克林顿在竞选中攻击布什政府的环保政策，承诺在上任后将加强环保工作。在他就职以后，立即宣布美国将签署《生物多样性公约》。副总统戈尔被人们称为环境主义者，著有专门论述环境的《地球的平衡》一书。各种由于污染问题而引发的国际争端也不断出现。环境问题已成为外交工作中的一个热点。造成这种形势主要有以下三个原因：

（一）环境问题具有全球性质，影响到全球的生存和发展，因此必须采取共同的行动。在 20 世纪六七十年代，当斯德哥尔摩会议召开的时候，人类活动造成的对环境的

影响还仍局限于国家之内、部门之内（如能源、农业和贸易等）和有关的大领域之内（如环境、经济和社会）。这些限制现已瓦解。主要由于发达国家工业革命以来对环境的破坏造成的环境危机，已具有全球的性质。大气污染及由此形成的酸沉降、地球变暖、臭氧层破坏、有害有毒废物的越境转移、海洋污染、淡水资源的短缺和污染、土地退化和沙漠化、森林破坏、生物多样性的减少等，都已成为全球性的人类面临的共同挑战。全球环境退化已达到了惊人的地步。每年有 700 万～800 万公顷具有生产力的土地变为无用的沙漠；每年 1 600 万公顷的森林消失；酸沉降破坏了许多国家的森林、湖泊以及艺术和建筑遗产，它还使大片土壤酸化已达到不可恢复的地步；矿物的燃烧将大量二氧化碳排入大气之中，造成全球气候变暖。全球平均气温比工业革命前提高了 0.7 摄氏度。在气候变化问题上虽然存在着科学上的不肯定性和种种争议，但 CO_2 等温室气体造成气候变暖这一事实却是不容置疑的，它将对生态环境和农业生产构成严重的威胁。氯氟碳化物（CFCs）和其他耗竭臭氧物质正在消耗着地球臭氧保护层，它将使人和牲畜的癌症发病率急剧提高，海洋食物链遭到破坏、农业和畜牧业受到危害。这里我仅举出了若干例子，说明全球环境问题的严重性。由于这些问题的全球性质，全人类必须采取共同的行动，才能有效地抑制生态环境急剧恶化的趋势，并进一步采取措施，恢复已经恶化的环境，给我们的后代留下一个清洁、美丽、资源丰富的地球。

（二）国际政治形势发生了重大变化。随着东欧的巨变和苏联的解体，国际政治格局发生了重大变化，东西方关系有所缓和，结束了长期存在的冷战状态。在这种背景下，环境问题一跃而成为国际关系中的重要议题。在西方社会，公众环境意识近 10 多年来有了很大的提高，保护环境的呼声日益高涨，对这些国家执政者产生了很大的压力，为了适应潮流，缓和矛盾，在国民中树立一个良好的形象，这些国家的执政党和在野党及其政要都高举环保的旗帜，在西方世界形成了一个环保浪潮。而在东方世界，人们的环境意识也正在觉醒。主要由西方国家造成的全球环境问题，对他们的生存和发展构成了严重威胁。发展中国家中的一些有识之士近几年不断大声疾呼，要求制止发达国家向发展中国家的污染转移，要求改革不合理的造成全球环境退化的国际经济秩序和贸易条款，要求生存权、发展权和对自己的资源拥有的主权。为此，他们需要通过环境外交来保护自身的利益。

（三）经济的发展也提出了对环境保护的新要求。工业发达国家在其工业化过程中曾采用的大量浪费资源、从国外廉价地索取资源、大量排放污染的发展模式再也难以继续下去了，必须寻找新的出路，这个出路只有在保护环境、节约使用环境资源中才能找到。同时，他们也认识到，开发环境保护的产品和产业，是大有利润可图的。据估计，目前全球环保产业的需求量达 3 000 亿美元，到 20 世纪末，可望达到 6 000 亿美元。环保产业正在成为新的产业革命的重要领域。对于发展中国家来说，发展经济也遇到了来自环境的压力。环境污染和生态破坏，损害了经济发展赖以支撑的物质基础。他们不具备发达国家在工业化过程中那种对资源的浪费，特别是对别国资源廉价索取的条件，因此必须找到一条切实可行的发展道路，即既保护环境和资源基础，又能保证经济增长的持续发展的道路。

三、环境外交的特点

（一）在一个相当长的时期，环境外交将继续是国际关系中的一个热点。由于解决全球环境问题的艰巨性，在以后很长的一段时间内，上述三个使环境外交成为国际关系热点的因素将不会消失。环境外交将是国际领域中的一个长期议题。1992 年的联合国环境与发展大会使环境外交达到了高潮，此后已进入了一个持久的稳定发展时期。我们应该充分认识这种形势，迎接频繁的各种环境外交的挑战。

（二）环境外交中充满了矛盾和斗争。这种矛盾主要反映在发达国家和发展中国家之间。双方在国家主权和发展权问题上、环境责任和资金问题上以及技术转让等问题上，都存在着尖锐的矛盾和利益的冲突。在两年多的联合国环境与发展大会的筹备过程中，这些问题一直是争论的焦点。这些问题上的矛盾和冲突，迄今没有解决。

（三）规模大，活动频繁。环境外交所涉及的国家、国际组织之多和参加人数之多，是传统的军事、政治外交所不可比拟的。由于环境问题的复杂性和广泛性，处理一个环境问题需要许多次的外交活动才能完成，有的甚至需要无休止地谈判和协商，这就决定了环境外交活动的频繁性。例如，为签署《气候变化框架公约》，政府间气候变化谈判委员会（INC）举行了 5 次正式会议才达成协议，而配合此谈判成立的政府间气候变化专业委员会（IPCC）则举行了几十次的会议。现在该公约已经签署，但尚未生效。为推动它的生效和实施，还要举行许多次的会议。

（四）环境外交与经济、人口、军事、外贸、能源等问题交织在一起。一方面，环境问题同经济活动、军事活动、人口增长、贸易往来以及能源的使用等方面都有着密切的关系，环境问题的解决必须与其他问题结合起来进行；另一方面，环境外交已成为一些强国追逐其政治、经济和科技目的的武器。环境外交活动也正日益深刻地影响着各国的产业结构、进出口贸易和经济以及社会发展方向。例如，由于《关于消耗臭氧层物质的蒙特利尔议定书》的签署和实施，各国的冷冻、清洗和发泡等行业都必须进行重大的技术改造，它也将同时极大地影响冰箱、冷冻设备、塑料制品、电子仪器等产品的进出口贸易。

（五）环境外交中对于环境问题的讨论，已超过一般性的议论和发表原则宣言和声明的阶段，进入了国际立法的阶段。通过谈判，达成国际协议，并在此基础上，制订具体的议定书、实施准则、规范和标准等。这种以法制的形式实现全球环境保护目标的手段将越来越多地被采用。《气候变化框架公约》和《生物多样性公约》刚刚签署，《荒漠化公约》的谈判已经开始，可以说明这一特点。

（六）多边环境外交和双边环境外交相结合。目前环境外交活动不仅在多边范围内进行，双边的环境外交活动也十分活跃。许多国家之间已经签订了有关保护迁徙性野生动物物种、防治跨境河流和湖泊的污染、合理开发利用水资源和开展环境科学技术合作等方面的条约和协定。我国已与美国、加拿大、蒙古、朝鲜等国签署了环境保护方面的合作协议或备忘录。随着形势的发展，环境问题将很可能成为引起国际争端的一个重要因素，这种争端只能通过谈判、协商和缔结条约等方式予以解决。

四、中国在全球环境外交中的独特作用

近几年的环境外交活动中，中国发挥了积极的作用，得到了国际社会的好评。中国是一个拥有 11 亿人口的大国。任何全球环境问题没有中国的参与，是不可能解决的。中国在全球环境外交中发挥了独特的作用：

（一）中国开辟了一条具有中国特色的环境保护道路。我们已建立起从中央到地方的完整的环境保护机构，颁布了一系列环境保护的法律、法规和标准，将环境保护列为我国的一项基本国策，制定了三大政策和八项制度。10 多年来，在国民生产总值增长 1.36 倍的情况下，环境质量状况基本保持了稳定状态，没有出现经济翻番环境污染也翻番的严重局面。除此之外，中国在植树造林、生态农业等方面，也取得了举世瞩目的成就，在国际上产生了广泛的影响。

（二）中国制订了关于全球环境问题的原则立场，概括起来是：经济发展必须与环境保护相协调；保护环境是全人类的共同任务，但是发达国家负有更大的责任；加强环境领域的国际合作，要以尊重国家主权为基础；保护环境与发展经济，离不开世界的和平与稳定；处理环境问题，应当兼顾各国现实利益和世界长远利益。中国在联合国环境与发展大会筹备过程和联合国环境与发展大会上，始终坚持这些原则，维护了我国和发展中国的利益。联合国环境与发展大会通过的一些主要文件中，这些原则基本上得到了反映。中国对全球环境问题所持的积极态度和原则立场，得到了国际社会，特别是发展中国家的普遍称赞。

（三）在联合国环境与发展大会筹备过程中，中国与 77 国集团密切配合，出现了“77 国集团加中国”的合作方式。中国与 77 国集团一起协商，共同提出立场文件和决议草案，成为南北双方谈判的基础。这种由联合国环境与发展大会筹备过程开始的“77+1”的合作形式，在以后的外交活动中必然进一步加以应用和发展。这种形式对于加强发展中国家的内部协商和团结，维护发展中国家的利益，促进南北对话，无疑是十分有益的。

五、进一步加强环境外交工作

如上所述，在很长一段时期内，环境外交将继续成为多边外交工作的一个热点。环境外交对于振兴中华，全面开创社会主义现代化建设的新局面有着重要的作用和影响。

如果我们将环境外交工作做好了，它将促进我国的环境保护工作，有利于扩大改革开放，引进资金和技术，有利于中国国际地位的提高，有利于打破不合理的国际经济、政治秩序，维护我国、广大发展中国家和全人类的利益。我们应当进一步加强我国的环境外交工作，为此，特提出下列粗浅的看法。

（一）加强环境外交的机构和队伍建设。为了加强环境外交工作，应加强和完善从事环境外交的机构。外交部国际司应设立专门从事环境外交工作的处；国家环境保护局目前的外事办公室的设置已远远不能适应工作的需要，应予加强，编制应扩大；应在纽约和日内瓦我国常驻联合国代表团和一些主要国家的我国大使馆内设立专门从事环境外交工作的外交官；设在内罗毕的我常驻联合国环境规划署代表处应予加强，编制应适当扩大。同时，应大力培养出一批既懂外交，又具有环保专业知识，熟练地掌握外语，特别是英语的环境外交专业人员。

（二）加强环境外交工作的组织、协调和管理。我国的外交工作，是在党中央和国务院的领导下进行的，环境外交工作也应如此。由于环境外交既有外交工作的特点，又有环境工作的特点，从事环境外交的机关和人员应不但包括外交部、驻外领使馆、驻联合国代表团等专门外交机关和外交部部长、大使等专职外交人员，还应包括国家环境行政机关及其工作人员，在必要的时候，也可吸收其他机关及其工作人员参加。外交部和国家环境保护局应在党中央和国务院的统一领导下，做好环境外交的组织协调工作，统一立场，统一政策，统一行动，防止多头对外，口径不一。

（三）加强对环境外交的理论研究。环境外交学是一门综合了环境科学、外交科学、未来学和发展学等学科的科学。国际上已出现了一批环境外交的专著，我国在这方面的研究还刚刚起步。应组织专人对环境外交从理论和实践以及两者的结合上加以研究。对全球环境外交中的一些热点问题，如臭氧层保护、气候变化、生物多样性保护、有毒有害废物的越境转移、森林问题、沙漠化防治、公海、南极和外层空间等方面的问题，都应进行更为深入的研究。这种研究应既包括国际和国内的现状及发展趋势，也应包括我国的方针和对策以及在环境外交中的立场。

（四）加强关于我国与周边国家环境关系的研究。上面已经提到，环境问题很可能成为引起国际争端的一个重要因素。在一系列全球环境问题上，各国间，特别是发达国家和发展中国家之间，已暴露出许多矛盾和冲突。此外，环境问题也将成为双边关系的一个重要内容。日本和韩国已不断通过新闻媒体，宣传中国大气污染影响了这两个国家，造成了那里的酸雨。因此，我们应很好研究与周围邻国之间的环境关系和环境影响，搞好环境状况调查评价和传输机理的研究，在此基础上制定外交谈判的对案。

京都会议向何处去*

1997 年 12 月 1—12 日将在日本京都召开《联合国气候变化框架公约》第 3 次缔约方大会。各国对此会议均十分重视，将派阵营强大的代表团出席会议，许多国家将由环境部长率团与会，还将有一些国家元首和政府首脑出席。随着会议的临近，各国之间目前正开展大量的双边和多边的磋商。

成因看虽有分歧　人为因素不能否认

对于气候变暖问题，多数科学家认为，气候变暖趋势是肯定的。在过去 100 年中，全球平均气温上升了 1 摄氏度。在以后 100 年中，气温上升速度将加快。1988 年联合国成立了政府间气候变化专业委员会（IPCC）。该委员会于 1990 年产生了其第一个报告，认为在今后 100 年中，若大气中二氧化碳浓度提高一倍，全球平均气温将上升 1.5～4.5℃，它将带来海平面上升和严重的旱涝灾害，并影响全球水和粮食的供应。该委员会于 1995 年发表了它的第二份报告。该报告认为：全球气候变暖已经开始，在 21 世纪，全球将升温 1.8～6.3℃，人类若不采取果断而又坚决的措施，将引起海平面上升、两极冰帽溶化、野生动植物丧失、人体疾病的增加、农作物的减产和森林破坏等严重后果。

也有一些科学家认为，在过去的 100 年中地球仅升温 1 摄氏度，属正常自然，这可能是由于太阳光照射强度变化造成的。有的科学家认为，人类排放的二氧化碳有大约一半被海洋、微生物和植物所吸收而不进入大气圈，因此二氧化碳的排放不可能带来多么严重的后果。而且，20 年来卫星探测的结果并不像地面测量结果那样说明地球正在升温。此外，究竟气温上升会带来什么样的后果，许多专家认为仍存在科学上的不确定性。

除少数科学家以外，人们普遍认为，气候变暖是由于温室气体的排放。各国政府也已普遍接受此观点，并为此目的，在联合国环境与发展大会上签署了《联合国气候变化框架公约》。近几年来，各国就制订一项限制温室气体排放的议定书进行了广泛而深入的协商和谈判，但各国在此问题上的立场差异甚大。随着《联合国气候变化框架公约》第 3 次缔约方大会的临近，各国相继重申或修正各自在此问题上的立场。

---

* 本文原载 1997 年 11 月 29 日《中国环境报》。

做“贡献”时何踊跃 尽责任时却退却

根本的分歧存在于发达国家和发展中国家之间。发达国家认为，发展中国家温室气体的排放量正在增加，必须也要像发达国家一样制订具有法律约束力的限控指标，并采取相应的限控措施。美国总统克林顿1997年10月22日公开宣称，除非发展中国家同意削减其污染（温室气体）浓度，否则美国不会在京都签署任何国际协定；发展中国家则一直坚持，目前全球气候变化是由于发达国家长期大量排放温室气体的结果，从现实和历史角度看，发达国家应为此承担主要责任，他们应率先采取行动，控制温室气体的排放。大多数发展中国家正处在发展的初级阶段，温室气体人均排放量低，没有义务制订限控指标。据美国《华盛顿邮报》报道，77国集团于1997年10月21日提出，发达国家到2020年温室气体排放量应在1990年的基础上削减35%，发展中国家不承担制定和实施削减指标的义务。小岛屿国家要求发达国家于2005年在1990年基础上削减20%。

发达国家之间由于各自利益不同，在此问题上也存在很大的分歧。欧盟国家在发达国家阵营中表现最为激进，提出到2010年在1990年基础上削减15%；美国和加拿大立场类似。克林顿宣布美国到2012年温室气体排放量稳定在1990年的水平上，以后再进行削减，但未提具体指标。加拿大最近宣布的方案是到2010年稳定在1990年水平上。日本作为此次京都会议东道国，很希望各方达成协议，从而签署一项国际协定，因此提出了一折中方案，即到2010年在1990年的水平上削减5%，该方案遭到欧盟的批评。

西方国家最近几年先后提出了联合履约、共同实施的活动（AIJ）和排污交易等措施。发展中国家始终未接受联合履约的方案，因为发达国家企图通过联合履约，减少其在国内应尽的削减义务，并诱使发展中国家接受承诺限控指标，这自然遭到了广大发展中国家的反对。但是，对于共同实施的活动这一方案，许多发展中国家已有条件地予以接受，有些国家已开始实施一些项目。发展中国家的条件就是发达国家不应推卸其在国内应承担的义务，更不得以此为借口迫使发展中国家承担削减义务。

保护全球气候 发达国家要拿出诚意

尽管各国对京都会议都很重视，各方能否达成协议，签署一项温室气体排放限控国际协议现在尚不能肯定。发展中国家和发达国家之间存在的根本性分歧不可能解决，发展中国家不可能接受发达国家要他们承诺具有法律约束力的强制性减排指标的要求。发达国家内部的分歧也难以解决，欧盟最近重申它不会从其立场后退。美国国会宣称，国会不会批准一项按欧盟或日本方案制订的国际协议。据外电报道，1997年11月3日在波恩举行的最后一次为京都会议准备的谈判在各关键问题上均未取得任何实质性进展。关键在发达国家方面。如果他们能拿出诚意，达成一项温室气体排放限控国际协议的可能性还是存在的。在一些具体方案上，如共同实施的活动等方面，也可能会有所进展。

我国是一个人口大国，也是环境大国。我国二氧化碳排放总量目前仅次于美国，占世界第2位。各国特别是发达国家均把目标对准我国。企图迫使我国接受制订和实施限控指标的义务。最近一期的美国 National Journal 杂志刊载署名文章，称中国“我行我素”，还说，“若中国在 10 年内不控制其污染的排放，它将超过美国成为世界上最大的温室气体排放国。中国、印度、墨西哥、巴西和其他发展中国家的迅速发展将使世界工业化国家难以单独实现对全球变暖趋势的控制。”因此，在京都会议和其他国际环境论坛上，美国和其他发达国家将会继续给中国和其他发展中国家施加压力。为此，发展中国家应坚持联合国环境与发展大会制定的“共同但有区别的责任”的原则，在控制全球变暖的问题上，发达国家应负主要责任。应坚持“人均”的原则。美国和德国的二氧化碳人均排放量分别是我国的 7.6 倍和 4 倍，我们不能与发达国家承担同样的义务。发达国家应提供资金和技术，支持发展中国家为保护气候所做出的努力。若要使保护气候取得大的进展，必须同保护臭氧层一样，建立一个用于支持发展中国家的保护气候专项基金。

“环境八大国”与全球环境与发展合作*

美国世界观察研究所发表的《1997年世界状况报告》，评述了里约联合国环境与发展大会以后世界在全球环境与发展合作领域取得的进展和存在的问题。报告特别指出，全球环境形势是由世界上一部分国家主宰着，即：“环境八大国”，他们是：世界上人口最多的中国、世界上经济最强大同时二氧化碳排放量居世界第一位的美国、具有世界上最丰富生物多样性资源的巴西，其余是德国、日本、印度、印度尼西亚和俄罗斯。“环境八大国”的提法引起了世界环境界的广泛关注。

《1997年世界状况报告》指出，从政治体制来说，八个国家从社会主义到资本主义各异，从发展历史来说，从几十年到几百年不等，但从环境影响的角度来看，他们却共存于同一阵营中。里约会议以后这些国家的种种表现，实际上是全球环境与发展合作的写照。八国总体上占世界人口的56%，经济产出的59%，碳排放量的58%，森林总量的53%。八个国家中，四个工业化国家凭借其强大的经济实力、高水平的物质消耗和技术垄断，部分支配着世界的经济形势；而四个发展中国家则由于其众多的人口、快速增长的经济和丰富的资源而对世界产生着不可估量的影响。由于这八个环境大国同时也在世界经济、政治舞台上扮演着主要角色，并在很大程度上影响着邻国及其盟国的有关政策，因此他们更有资格领导世界走向一个更为可持续发展的未来。

报告对八国在全球环境与发展合作领域的表现作了具体的分析。美国曾在冷战时期在全球环境问题上发挥了带头作用。美国的《大气法》和《水法》在各国中堪称先驱。美国于1972年支持联合国成立了联合国环境规划署，并于1987年与其他各国一道制订了具有历史意义的保护臭氧层的《蒙特利尔议定书》。但是，到里约会议时，美国的这种地位逐渐消失了。人们看到的是，美国在里约会议后一直未能批准《生物多样性公约》和《联合国海洋公约》，在减缓气候变化问题上与其盟国相抵触，并大幅度减少对许多联合国环境机构的财政援助。与此相反，德国在里约会议之后，在全球环境问题上采取了更为积极的态度。它已开始实施一些世界上最为严格的环境标准和环境政策；作为欧洲联盟的主要成员，德国在若干国际环境条约谈判中发挥着带头作用，在1995年成功主办了《联合国气候变化框架公约》第一次缔约方大会。世人在里约会议上对日本寄予了很大希望。日本国内在环境保护方面取得的进步确实令世人瞩目，但在全球环境舞台上并未发挥带头作用。相反，众所周知，日本一再抵制国际上对捕鲸和从原始森林进口热带木材的限制。

由于国内政治和经济动荡，俄罗斯目前困难重重，它已在很大程度上失去对未来生

* 本文原载1998年1月3日《中国环境报》，作者是夏堃堡、白长波。

态发展趋势的控制。广大的西伯利亚地区污染肆虐，丰富的生物资源日渐减少；极具危险性的核反应堆仍在继续运行；许多工业部门还在生产和利用耗竭臭氧层物质氟氯碳（CFCs），这实际上是违反其政府已经签署的臭氧协议。“有了面包、住房和衣服之后我们才会考虑到生态”，这是目前俄罗斯人的一般心态。

《1997年世界状况报告》分析认为，尽管发展中国家在执行环境法律方面还做得不够，但他们已经走过了一个漫长的路程而最终认识到了所面临的威胁的严重性。里约会议之前，许多第三世界领导人相信他们有能力处理好自己的环境问题。现在，他们认识到全球气候变化、生物多样性减少等也威胁着他们的发展前景。比如，海平面上升将会淹没大片地区，仅中国和孟加拉就将有14 000万人流离失所，热带和亚热带国家的农业生产也将因气候变化的影响而减产，并因此需增加粮食进口；另外，自然生态系统的破坏将减少淡水供应，减少由生态旅游带来的国民收入。正是由于认识到了上述问题，许多发展中国家已采取步骤重新调整其发展战略。八个国家中，巴西已成功地减缓了亚马孙地区的森林破坏速度，同时也大大降低了人口增长率。印度强化了其环境保护工作，并将在利用可再生能源方面在世界处于领先地位。

中国在全球环境与发展合作中将扮演越来越举足轻重的角色。到1995年，中国的煤炭、粮食、肉类等的消耗均已经超过美国，是世界上第二大二氧化碳排放大户。为此，中国制定了一部最详尽而大胆的《中国21世纪议程》。但是，政府在环境法的执行方面较弱，因此问题仍在于能否将书于纸上的承诺转变为政策变革。

综上所述，《1997年世界状况报告》指出，目前已到了八个环境大国领导世界致力于全球可持续发展大业的时候了。通过建立官方之间的非正式沟通和减少羁绊各种国际谈判的南北分歧，八个环境大国可以推动全球采取有效措施实施全球环境与发展合作的具体方案。为此，他们共同面临的一个严重挑战是各国应把注意力放在共同利益上，在为实现可持续发展的事业中，穷国与富国、南方与北方的命运息息相关。“环境八大国”的提法值得我们深思和研究。首先，它进一步确定了我国的环境大国地位，与我国近年来环境外交中的立足点及出发点较为一致。我应借此历史契机，一方面更努力地做好国内的环保工作，另一方面更积极地参与全球环境与发展合作，显示我国良好国际形象，扩大我国影响。其次，谨防因“环境八大国”的提法混淆发达国家与发展中国家对全球环境问题所负的不同责任。从历史和现实的角度看，目前人类面临的全球环境问题主要是由发达国家造成的，这是各国在里约会议上达成的共识，比如，美国和德国二氧化碳人均排放量分别是中国的7.6倍和4倍，美国一个儿童的粮食浪费量是印尼和巴西的两倍多，相同的例子和事实不胜枚举。因此在全球环境与发展领域合作中，必须坚持“共同但有区别的责任”的原则，在上述八大国中也应执行该原则。最后，“环境八大国”的提法将从理论上奠定全球环境问题主要国家间沟通和交流的基础，这必将带动全球环境与发展合作朝着积极的方向发展，八国应顺应历史发展的需要，加强相互间的交流和合作，促进南北对话和沟通，为实现全球可持续发展做出努力。

齐心协力　缚住苍龙*

——国际控制持久性有机污染物的最新进展

各种化学品在促进经济发展和人类福利改善的同时，也给人类的生存环境和人体健康带来了巨大的危害。为控制和消除化学品造成的危害，国际社会已经和正在采取许多的行动。今年3月在布鲁塞尔召开的关于在国际贸易中对某些化学品和农药采用事先知情同意程序的具有法律约束力的国际文书政府间谈判委员会第5次会议上，各国就《关于在国际贸易中对某些危险化学品和农药采用事先知情同意程序的公约》草案达成了协议。1998年9月该草案提交给鹿特丹召开的外交大会讨论通过，并开放签字。这是人类控制化学品危害的重大进展。在此基础上，将于1998年6月29—7月3日在蒙特利尔召开关于持久性有机污染物（POPs）的政府间谈判委员会第1次会议，着手谈判缔结一项控制持久性有机污染物的法律文书。

持久性有机污染物是难以通过光、生物或化学降解的有机化合物。它们往往以卤化物的形式存在，其特点是低水溶性和高脂溶性，使其易于在脂肪组织内生物积累。它们也具半挥发性，使它们能够在大气中远距离传输。

持久性有机污染物以多种形式存在，有天然的，也有人造的，其中包括第一代的有机氯农药，例如狄氏剂、DDT、毒杀芬和氯丹，以及若干工业化学产品或副产品，例如多氯联苯（PCBs）、二噁英和呋喃等，许多这类化合物被大量长期使用，而且仍继续被使用。它们能在环境中生物积累和倍增。有的这类化合物，例如PCB能在环境中存在许多年代，浓度并能增大至7万倍之多。由于这类化学物质的持久性和半挥发性以及其他特性，使它们在世界各地广泛存在，甚至在从未用过这类物质的地区也出现，例如公海、沙漠、南极和北极。

持久性有机污染物可分为两大类，即多环芳烃和卤代烃。后一类包括若干氯化物，它们是最难降解的，它们被广泛地生产、使用和排放。这些氯化衍生物是卤代烃中持久性最强的。

人类可通过环境、饮食和职业事故等途径接触持久性有机污染物。这些污染物对人体健康有极大的危害。实验室和环境影响研究表明，它们可造成内分泌混乱、生殖系统和免疫系统破坏、神经行为失常和癌症等。最新的研究还表明，这些污染能造成婴儿和儿童免疫功能的降低和感染的增加、发育异常、神经功能的损坏以及癌症和肿瘤的增加

---

* 本文原载1998年8月4日《中国环境报》，作者为夏堃堡、张磊。

等。由于持久性有机污染物的难降解性和远距离传输的特点以及对人体健康的极大危害，它们已被国际社会视为一个必须立即采取行动的全球环境问题。

1995 年 5 月召开的联合国环境规划署 18 届理事会通过了 GC18/32 号决议，该决议强调了减少和消除持久性有机污染物排放的必要性，并邀请化学品良好管理组织间规划署（IOMC）协同化学品安全国际规划（IPCS）和化学品安全政府间论坛（IFCS）开始对持久性有机污染物进行评估，并指定先从其中 12 种化合物（多氯联苯、二噁英、呋喃、狄氏剂、艾氏剂、异狄氏剂、氯丹、六氯苯、七氯、灭蚁灵、DDT 和毒杀芬）着手工作。联合国环境规划署 GC18/32 号决议还邀请 IFCS 对国际应采取的行动提出建议和提供必要的信息。

1995 年 12 月，IPCS 在 IOMC 的总框架内，组织专家写出了一份持久性有机污染物的评估报告，该报告包括以下几个部分：①持久性有机污染物的特性和环境行为；②持久性有机污染物的化学和毒理学；③持久性有机污染物的环境归宿和传输；④持久性有机污染物的用途、来源和替代物；⑤对 12 种持久性有机污染物的具体分析。该报告得出结论：充分证据表明，持久性有机污染物对环境和人体健康有巨大危害，必须对其在全球的生产、使用和分布情况进行精确全面的调查，以便采取国际行动，有效地在全球消除这些物质。

1996 年 6 月，国际化学品安全论坛在马尼拉召开会议讨论持久性有机污染物问题。该会议得出结论；已有充分证据表明需要采取国际行动，包括一项全球法律文书以减少 12 种持久性有机污染物的排放对人体健康和环境的危害。IFCS 建议联合国环境规划署理事会和世界卫生大会（World Health Assembly）做出决定，立即采取国际行动，通过采取减少或消除 12 种持久性有机污染物的情况下，最终停止生产和使用这些物质的措施，保护人体健康和环境。

1997 年 2 月，联合国环境规划署 19 届理事会通过了 GC19/13 号决议，该决议对 IFCS 的结论和建议表示赞同。理事会在决议中要求联合国环境规划署协同其他有关国际组织筹备建立关于持久性有机污染物的政府间谈判委员会并召集会议着手谈判。该决议还要求联合国环境规划署立即采取行动，贯彻 IFCS 的另外的一些建议，其中包括开发和分享信息，对已实施的策略的成功情况进行评估和监测、替代品的开发和推广、PCB 的鉴定和调查、现有的销毁能力、二噁英和呋喃污染源的鉴定及管理等。

在 IFCS 下建立了一个特别工作组。该工作组将协助政府间谈判委员会为谈判过程做准备，促进 IFCS 建议的实施，促进信息的交换以及组织区域研讨会等。

联合国欧洲经济委员会在《远距离越境空气污染公约》执行机构下建立了一个持久性有机污染物特别工作组。该工作组自 1996 年 5 月开始进行工作，迄今已召开了多次会议，起草了一份《持久性有机污染物议定书》初步草案。该草案规定了应淘汰和限制使用以及限制排放的持久性有机物的种类和时间表以及保证有关规定得以执行的各种措施等。

关于制订一项有关持久性有机污染物的法律文书的政府间谈判即将开始。该文书的谈判将直接涉及各国利益。各国必将从保护各自利益出发。确定各自立场。

持久性有机污染物是一个全球性环境问题，和其他全球环境问题一样，发达国家应负主要责任。因此，有关国际法律文书中应有相应的技术转让和资金机制的条款，以保证在文书的实施过程中以优惠和减让性条件向发展中国家转让技术，并向发展中国家提供实施文书所需的额外资金。

在南亚洪灾专家会议上的开幕词*

女士们、先生们：

首先，请允许我代表联合国环境规划署对会议的召开表示热烈的祝贺！这是南亚洪灾预测、管理和减缓项目第一次专家会议。由于下列原因，联合国环境规划署和联合国人居中心决定开展这个项目。

尽管人类为减少自然灾害付出了巨大的努力，自然灾害每年在数量和严重程度上仍不断地增加。1999 年，水灾猖獗于亚洲、非洲、东欧和拉美的 20 多个国家。在最近几个月中，就发生了土耳其的地震、印度的飓风、委内瑞拉的水灾和泥石流。他们给这些国家带来了生命财产巨大损失。有证据表明，人类活动正极大地改变着生物圈的现状。矿物燃料的燃烧向大气排放大量的二氧化碳，造成了地球的变暖。这种温室效应可能造成了更加严重和更加频繁的厄尔尼诺和拉尼娜现象（El Nino/La Nina）。世界气候的变化造成了极端的气候现象，产生了更多的水灾、旱灾、飓风和森林火灾。我们今天的生产和生活方式正在改变着人类环境，使自然灾害更加具有破坏性，使受灾害影响的人们受到更大的危害。森林开发、生境破坏和其他不可持续的生产生活方式是造成自然灾害史无前例的破坏力的原因。我们必须在国家、次区域、区域和全球做出努力，减少自然灾害的危害。

南亚地区是一个易受灾害危害的地区。自然灾害特别是水灾经常袭击这个地区。最近几年来，这些国家先后都发生了严重的水灾。中国 1998 年发生了特大洪水，去年 10 月印度的超级飓风也造成了水灾。这些灾害带来了严重的社会经济影响。自然生态系统的破坏加剧了自然灾害频率和强度及其影响的严重性。无计划的人类居住方式也加剧了他们的破坏力。在不同的国家，有造成水灾和严重影响的不同的具体原因，但也有共同的原因。在印度，红树林的破坏造成了飓风的巨大破坏力。在中国，长江上游的森林被破坏，使 1998 年的洪水更具破坏力。根本原因是一样的，就是生态系统的破坏。

这些国家的人民在与洪水的斗争中已积累了许多的经验。联合国环境规划署和联合国人居署希望建立这样一个论坛，通过它这些国家可以交流减缓和管理洪水的经验并在此基础上建立一种合作机制。这就是这个项目的目的，也是这次会议的目的。

我们希望这次会议以后，各参加国将准备国家报告。这些报告将在第 2 次专家会议上进行讨论。它们也将成为各国交流经验的基本文件。国家报告应包括下列内容：

* 这是作者 2000 年 1 月 24—25 日联合国环境规划署和联合国人居中心在印度新德里联合举行的南亚洪灾减缓、管理和控制第 1 次专家会议上的开幕词。参加会议的有中国、印度、尼泊尔、孟加拉和越南五国的专家。原稿是英文。

（1）国家洪灾的形势，并从环境和人居角度分析造成洪灾影响的因素；

（2）与洪灾有关的环境和人居管理机构，以及利益相关者；

（3）评估国家具有的减少和管理洪水灾害的能力、知识、经验和技术；

（4）为洪水预报、管理和减缓在人居和环保领域的需求。

作为联合国系统在环境领域的主要机构，联合国环境规划署在洪水灾害的预防、防范和应对的环境方面发挥着重要的作用。环境应急是联合国环境规划署的一项重要工作。我们愿意帮助受到自然灾害危害的国家评估自然灾害的环境影响和破坏，并提供预报、管理和减缓洪水危害的技术援助。

祝会议取得成功！

在联合国庆祝世界荒漠化日群众集会上的讲话*

女士们、先生们：

我很荣幸代表联合国环境规划署执行主任克劳斯·特普菲尔在庆祝世界荒漠化日这样一个重大活动上讲话。

自从《联合国荒漠化公约》通过以来，已经5年过去了。自那以后，许多《联合国荒漠化公约》的缔约国制订了国家行动计划，以开展防治荒漠化和旱灾的活动。许多非洲国家也已经签署和批准了这一公约，其中有15个国家在2000年已经递交了国家行动方案。上个月，肯尼亚政府批准了《国家防治荒漠化行动方案》。这一方案，将在今天这一活动上正式启动。该方案将提高公众对于土地和土地资源可持续性的重要性的认识，为防治荒漠化采取进一步的行动奠定基础。在世界的许多国家，已经采取了许多的行动和措施，来逆转土地退化和荒漠化恶化的趋势，譬如通过植树造林恢复退化的草原、湿地和山地生态系统等措施。最近肯尼亚开始了一个植树造林的运动。所有这些都说明，我们正在向着执行《联合国荒漠化公约》的正确方向前进。

尽管有了这些进展，但是迄今为止，还没有明显迹象表明土地退化速度已经降低。

几个星期前，联合国环境规划署发布了《全球环境展望》第3卷（GEO3）。该卷《全球环境展望》估计，全球土地表面受到荒漠化影响的地区大约占全球地表面积的1/3到1/2，全世界每6人中有一人受到荒漠化的影响。全球3.23%的可利用土地受到了严重影响，生产力已经降低。高度退化的土地中，有一半以上发生在非洲，即全世界900万公顷受影响的土地中，500万公顷是在非洲。荒漠化已经影响了46%的非洲，其中55%的地区处于高度威胁之中。整个非洲有48 500万的人口受到了影响。在非洲，与土地有关的主要问题包括：日益加剧的土地退化和荒漠化；不正确的和不充分的土地租赁制度（这是造成土地退化的一个重要原因）；土地肥力的下降；土壤污染；缺乏良好的土地管理和保护制度和措施；在土地租赁制度方面的性别歧视；以及将土地的天然生态系统转变为农业或城市发展等用途。这些数字和事实说明，在世界上，特别在非洲存在的严重形势。我们必须采取创造性的政策和有效的措施，制定行动方案，采取行动，应对土地退化。许多国家已经颁布的行动方案必须立即紧急地加以实施。

《联合国荒漠化公约》是将重点放在非洲发生的土地退化和由此引起的农村地区贫困的第一个国际协议。联合国环境规划署是联合国系统内主管全球环境事务的机构。它将继续帮助各国特别是发展中国家和非洲国家制订和实施应对土地退化的行动计划和

* 本文是作者2002年6月18日在肯尼亚巴林哥举行的联合国庆祝世界荒漠化日群众集会上的讲话，原稿是英文。

政策，以及开展这方面的项目。我们的主要目标是加强受影响国家在同土地退化斗争中所需要的人才、科技、组织、机构和资源方面的能力。联合国环境规划署现正在实施一个名为“巴林哥湖地区土地和水综合管理”的全球环境基金项目。这是联合国环境规划署帮助非洲国家应对土地退化的一个例子。巴林哥湖地区是一个具有丰富的生物多样性的地区。这个项目将加强该地区管理土地可持续性的能力。这个项目是通过推广最大限度地减少土地资源退化的水土管理技术，来提高该地区这方面的能力。这个项目的实施，将使这些生物多样性极其丰富的地区的土地得到保护，使当地公众和行政当局提高生态保护的能力。

作者在联合国庆祝世界荒漠化日群众集会上讲话

此外，联合国环境规划署还与肯尼亚政府合作，开展了一项对肯尼亚 1999 年和 2000 年发生的严重自然灾害的环境影响评估。这个评估以后，我们提出了采取行动的措施。我本人是这个项目的负责人，领导和参加了这个项目的实施。联合国环境规划署和肯尼亚政府正在继续合作，开展一项对旱灾的环境影响进行更加详细研究的项目。这项研究的结果将产生一系列减少未来旱灾影响的政策建议。这项工作将为减少肯尼亚的土地退化做出贡献。

我们认为，防治荒漠化必须要采取下面的一些政策措施。

要采取协调和统一的行动来应对荒漠化的挑战。极端的气候灾害是土地退化的原因之一。2002 年联合国“世界荒漠化日”的主题是“促进发展替代生计，应对荒漠化”。生计的改善和可持续同自然资源基础的恢复是密切相关的。可持续的土地使用方式，将有益于环境的保护和人们生计的改善。我们必须发展可持续的林业、农业和畜牧业制度和管理方式。这样一些制度和方式将提供经济上可行的、环境友好的、社会和文化上能被人们接受的方式，用来代替破坏自然资源，威胁旱地生态系统的可持续性和恢复能力的做法。

《联合国荒漠化公约》指出，土地退化同贫困是密切相关的。要解决这一问题必须要有资源使用者的参与。在可能情况下，要为他们提供替代的生计。土地保护规划的成功，取决于若干因素，包括社会经济条件方面的因素。改善环境资源的分配以及经济机会的分配，是关键的因素。和平和政治稳定对提高资源和食品的安全也是至关重要的。改进技术推广服务，使人们能取得适宜和廉价的技术。农村信用服务和市场支持以及打破贸易壁垒这样一些措施，是可持续的农业发展和土地资源保护的十分重要的要求。

土地退化和荒漠化是非洲，当然也是肯尼亚的一个非常严重的问题。我们必须在更多的土地变成荒漠以前采取紧急的行动。联合国环境规划署承诺，在保护土地资源这一生死搏斗中，它将同世界各国和联合国内外各国际组织紧密合作。联合国将继续支持肯尼亚政府和肯尼亚人民履行《联合国荒漠化公约》中所做出的努力。让我们一起行动，给地球一个机会。谢谢！

在第二次东非灾害管理大会上的讲话*

女士们、先生们：

我代表联合国环境规划署执行主任克劳斯·特普菲尔博士，对第 2 次东非环境管理大会的召开表示祝贺。特普菲尔博士正在亚洲执行一项重要的使命，不能出席本次会议，我谨代表他做这个报告。

灾害管理是联合国环境规划署一个十分重视的重要问题。对非洲的支持是联合国环境规划署的一个优先的领域，因此我认为这是一次非常重要的会议。

世界越来越受到自然灾害的危害。水灾、旱灾、飓风、地震、滑坡和森林火灾等自然的或因人类活动引起的灾害，正在以日益增加的频率和严重程度在全世界发生。化学品的泄漏和溢油这样一些技术类的事故，尽管人们已经做出了巨大的努力，但是也没有得到遏制。在世界的许多地方正在发生的一些武装冲突也引发了环境的紧急事件。所有这些灾害给我们带来了巨大经济和生命财产的损失和环境的负面影响，特别是在发展中国家。

环境紧急事件在可预见的未来还将继续发生。随着生态系统的退化、迅速的工业发展和日益增多的化学品的使用，人们越来越重视对环境紧急事件的及时和有效的应对。而且，包括自然和技术因素造成的紧急事件的数量也在日益增加。同时，在许多发展中国家，工业发展的速度大大超出了政府建设必要的应对这种灾害的基础设施的能力。这样就造成了非常严重的脆弱性和对国际支持的强大的依赖。

非洲是一个容易受到灾害危害的大陆。水灾、旱灾、饥饿、疾病、冲突、难民、技术灾害等，在非洲大陆上已成为非常普通的事情。我们必须采取共同行动来应对这些问题。联合国环境规划署正在做出努力帮助非洲国家减少灾害。在最近几年，由联合国环境规划署在灾害的预防、防备、评估、缓解和应对方面对非洲国家提供了一些支持，下面我举一些例子。

（一）联合国环境规划署和联合国人居中心派出了一个联合考察组到莫桑比克对这个国家的 1—3 月发生的严重的水灾对环境和人居的影响进行评估，并提出了减缓灾害和预防洪水的措施的建议。这个考察组提出了七项环境和人居方面的建议书。这些建议已经被列入了莫桑比克应对洪水的国家计划。2000 年 5 月在罗马召开了一次集资的会议，筹集到了开展莫桑比克减缓灾害和预防洪水项目的资金。

（二）2000 年 3 月 15 日联合国环境规划署应几内亚政府的要求和联合国人居中心和

* 本文是作者 2000 年 12 月在肯尼亚内罗毕举行的第 2 次东非灾害管理大会上的讲话，原文是英文。

联合国难民高专署联合发布了《几内亚难民环境影响报告》。在 1999 年 11 月 18—12 月 8 日，这几个组织首先一起对现有的一些文件资料进行研究，然后又派了一个联合调查组到几内亚进行调查。这个报告已经于 2000 年 3 月 10 日报送联合国秘书长。这个报告对于在塞拉利昂和利比里亚发生的武装冲突引起了大量的难民涌入几内亚的南部造成的环境影响进行了初步的分析，并提出了解决这一问题的方法。

（三）在 2002 年 9 月 14—15 日在内罗毕联合国环境规划署总部召开了一次非洲难民定居和流动环境影响的预防和减缓的讨论会。这次会议是由联合国环境规划署发起，联合国难民高专署和联合国人居中心等联合国机构，捐助国家和民间组织的代表参加了会议。他们在会上交流了关于难民的定居和流动造成的环境影响的工作方面的经验，讨论了各组织如何加强协调，并讨论了如何做好这些工作的一些方法。联合国环境规划署将实施一个非洲难民定居和流动造成的环境影响和减缓的项目。

（四）从 2000 年 9—11 月，联合国环境规划署派了一个考察组同肯尼亚政府合作，对肯尼亚发生的旱灾对环境的影响做了初步的评估，提出了旱灾对环境造成影响的原因，并提出了如何采取应对行动的建议。我们已经编写好了一个报告，并将在本周星期四举办一次讨论会，进行审核。作为一个后期行动，联合国环境规划署将支持肯尼亚，首先做一个基线调查，调查内容包括土地使用方式、森林和植被覆盖、脆弱地区森林破坏率等方面的一些环境现状的基线，以便为制定一项灾害管理的国家方案和行动计划提供基础。

联合国环境规划署在灾害管理方面有下列基本观点。

预防应当是我们工作的核心。我们大家都知道，预防比治理更加省钱而且有效率。许多的技术性的灾害，比如像化学品的泄漏、溢油、核辐射、交通事故等是可以通过采取预防的措施来加以避免的。对自然灾害来说，它们的发生是由于自然因素和人为因素共同造成的。我们应当采取措施，预防和减少能够造成灾害和影响的人为因素。联合国环境规划署已经制定了一个《关于预防、防备、评估、缓解和应对紧急事件的战略框架》。联合国环境规划署的灾害管理方案的根本目的，是采取预防的战略和现实的措施来减少人类生命财产的损失和对环境的破坏。

这个方法的成功取决于公众对于自然和人为灾害对社会造成的危险的认识的提高，以及教育人们对现有的预防和应对自然灾害的措施的价值的认识。联合国环境规划署通过它的环境法和清洁生产来配合这方面的工作。

非常有必要对大规模的环境退化和气候变化使人类社会面临的日益严重的脆弱性进行评估，实行综合和合理的环境管理，并为将要出现的威胁提出预警，并采取防范和应对措施。联合国环境规划署通过它早期预警和评估的规划来做这方面的工作。联合国环境规划署现在开发了一个水灾的环境脆弱性的评估方法。这个方法可应邀提供给有关国家。

在环境应急方面，联合国环境规划署同联合国人道主义协调办公室密切合作。在管理这方面的目的，是为了保证及时、有效地对遭受环境灾害的国家提供援助，使他们能够应对和减缓这些灾害所造成的环境影响。最近召开的联合国环境规划署第 21 次理事会要求加强联合国环境规划署和联合国人道主义事务办公室在环境应急方面的合作。我们和人道主义事务办公室有一个联合的环境处，这个处可以应有关国家邀请，向遭受环境灾害的国家提供紧急援助。任何国家假如遭受巨大的环境灾害，它可以向该处提出援助要求。在提出要求以后，将派专家对灾害的形势进行评估，根据需要人道主义事务办公室将组织一个联合国灾害和评估协调组到这个国家，这个协调组将同驻在该国的联合国灾害管理组合作，对灾害的形势做出评估，并协调国际援助。

国家的法律制度和机构安排对于灾害管理是至关重要的。联合国环境规划署第 21 次理事会通过了一个决定，要求各国政府制定和加强环境紧急事件管理方面的法律和机构安排，以更加有效地应对环境紧急事件。各个国家应当制定国家灾害管理方案，联合国环境规划署和联合国人居中心正在帮助肯尼亚制定这样一个方案。该方案的实施肯定会对各国的减灾工作做出贡献。还没做这项工作的国家，应当做这件事。在制定这样一个方案中，环境的因素应得到充分的考虑。

灾害的严重性的根源是贫困。因此，减灾是减少灾害对人类生命财产和环境影响最根本的手段。如果非洲国家要摆脱自然灾害的危害和痛苦，它们必须发展经济，减少贫困，以加强它们减灾的能力。

祝这次会议取得成功！谢谢！

联合国在可持续发展领域的行动*

首先感谢人事部、国家环保总局和中国环境科学学会邀请我参加这次会议。

我在这里主要向大家介绍联合国在可持续发展方面采取的行动，并对中国西部可持续发展提出一些建议。

可持续发展

（一）定义：可持续发展是既满足当代人的要求，又不对后代人满足其需求的能力构成危害的发展。

（二）指标：为了帮助决策者制定可持续发展的战略和政策，及确定重点的领域，必须制定监测可持续发展进展情况的可持续发展指标。1995 年，联合国可持续发展委员会会议决定制定可持续发展指标。此后，联合国组织开发了包括一个含 134 个指标的指标体系和有关的评价方法，并在一些国家进行了应用和实验。在此基础上，对这些指标进行了修改，现确定了 58 个指标，可供各国使用。这些指标不仅包括了衡量福利状况的经济指标，而且包括了社会的、环境和体制等方面的指标。现以环境指标为例：

<table>
<tr><th colspan="3">环境指标</th></tr>
<tr><th>领域</th><th>子领域</th><th>指标</th></tr>
<tr><td rowspan="3">大气</td><td>气候变化</td><td>温室气体排放量</td></tr>
<tr><td>臭氧层耗竭</td><td>臭氧层耗竭物质消费量</td></tr>
<tr><td>大气质量</td><td>城市大气污染物浓度</td></tr>
<tr><td rowspan="7">土地</td><td rowspan="3">农业</td><td>耕地面积</td></tr>
<tr><td>化肥使用量</td></tr>
<tr><td>农药使用量</td></tr>
<tr><td rowspan="2">森林</td><td>森林覆盖率</td></tr>
<tr><td>木材采伐量</td></tr>
<tr><td>荒漠化</td><td>受荒漠化影响的土地面积</td></tr>
<tr><td>城市化</td><td>城市正式和非正式住区面积</td></tr>
<tr><td rowspan="3">海洋和海岸</td><td rowspan="2">海岸带</td><td>海水中藻类量</td></tr>
<tr><td>沿海人口</td></tr>
<tr><td>渔场</td><td>年产量</td></tr>
</table>

* 本文是作者代表联合国环境规划署在 2004 年 2 月在广西桂林由人事部、国家环保总局和中国环境科学学会联合举办的中国西部发展战略研讨会上的讲话，原稿题目是《可持续发展与中国西部发展战略》。

环境指标		
领域	子领域	指标
淡水	水量	年地表水及地下水量
	水质	水体中的生物耗氧量
		淡水中的粪大肠杆菌量
生物多样性	生态系统	有选择的关键生态系统的面积
		保护区面积
	物种	有选择性的关键微生物的分布量

联合国在可持续发展领域的行动

一、关于可持续发展的三次重要国际会议

1972 年在瑞典斯德哥尔摩召开的联合国人类环境会议、1992 年在巴西里约热内卢召开的联合国环境与发展会议和 2002 年在南非约翰内斯堡召开的可持续发展世界首脑会议是国际可持续发展进程中具有里程碑性质的重要会议。这 3 次会议对推动全球可持续发展发挥了积极的作用。

二、联合国千年发展目标

2000 年 9 月，在联合国首脑会议上，190 个国家的首脑通过了《联合国千年发展目标》，包括消灭极端贫穷和饥饿；普及小学教育；促进男女平等并赋予妇女权利；降低儿童死亡率；改善产妇保健；与艾滋病毒或艾滋病、疟疾和其他疾病作斗争；确保环境的可持续能力；全球合作促进发展。这些目标被置于全球议程的核心。所有目标完成时间是 2015 年。

在上述每个目标下还有具体的目标。譬如第 7 条确保环境的可持续能力大目标下，有 3 个子目标：①将可持续发展原则纳入国家政策和方案，扭转环境资源的流失；②将无法持续获得安全饮用水的人口比例减半；③到 2020 年使至少 1 亿贫民窟居民的生活有明显改善。

2000 年 3 月 25—27 日，联合国将在北京举行“千年发展目标大会”，总结中国在实施千年发展目标中取得的进展，及提出进一步实施千年目标方案。

三、全球协议

为了促进企业参与全球性的可持续发展行动，联合国启动了一个名为“全球协议”的项目，该项目目的是各国企业和联合国联合起来，实施在环境、劳动和人权方面的九个原则。“全球协议”主要是促进企业为应对全球化的挑战，实现可持续发展而承担责

任，并采取行动。在9个原则中，有3个与环境相关：企业应支持对环境问题采取预防原则、采取行动为保护环境承担更大的责任以及鼓励有益于环境技术的开发和应用。

联合国环境规划署是“全球协议”网络中5个联合国核心成员之一。现在很多企业已经加入了“全球协议”。我们呼吁中国的企业，包括国有企业和私人企业都参加“全球协议”并实施其原则。中国企业联合会和中国改革与发展论坛负责组织中国企业参与“全球协议”的活动。

四、联合国环境规划署可持续生产与消费项目

促进可持续生产和消费模式是联合国环境规划署的重点领域。联合国环境规划署在法国巴黎设有技术、工业和经济司，在日本设有国际环境技术中心。他们为促进可持续生产和消费做了大量工作。为促进可持续生产，联合国环境规划署主要目标是推广清洁生产。清洁生产是从资源开发和产品消费的整个过程中，采用先进的和有益于环境的技术，最大限度地提高资源的效率，减少资源的消耗，减少人类生产活动对环境的危害。清洁生产可应用于任何产业和工艺中，适用于产品本身和社会服务中。1998年10月，联合国环境规划署组织通过了《国际清洁生产宣言》，这是一个承诺实施清洁生产战略和方法的自愿的公开宣言。中国国家环保总局和部分中国企业已经在此宣言上签字。联合国工发组织和联合国环境规划署合作，帮助中国发展清洁生产，建立了由国家环保总局管理的国家清洁生产中心。

联合国环境规划署还制定了“全球可持续消费和生产的10年方案”。最近联合国环境规划署正在实施一个项目，帮助亚洲人数日益增加的中产阶级实行可持续消费。该项目的第一阶段到2005年完成，主要目的是帮助亚洲国家提高人们可持续消费的认识并增强政府促进可持续消费的能力，推动从欧洲向亚洲的知识和经验的推广。

关于西部可持续发展战略的建议

一、把消除贫困作为西部可持续发展的首要目标

按照联合国千年发展目标，至2015年全球贫困人口将减少一半。按中国的标准，中国目前贫困人口是2 800多万，而按联合国标准，即每天收入1美元以下的人口有1亿左右。这些人口大部分集中在西部。所以要实现联合国的“千年发展目标”，缩减贫富差距应是中国的重要措施之一。为实现消除贫困的目标，主要应增强西部地区可持续发展的能力。

二、推行可持续生产和可持续消费模式

中国政府目前正在大力推行循环经济。这是一项非常正确的政策。要大力推广清洁

生产的技术，最大限度地减少资源的消耗和污染的产生。要大力开发和推广清洁的新能源和可再生能源。水电是一种清洁能源，但是在水电开发中要注意环境影响评价，不能由于水电开发而造成生态破坏和其他环境问题。美国著名学者 Lesley Brown 提出要在中国大力发展风能。对此建议应予高度重视。通过风能的建设，既可满足能源的需求，又可解决环境的问题，应对其技术进行大力开发和研究。

随着中国富裕阶层人口的增加，引导可持续消费也应引起我们足够的重视。私人汽车越来越多，汽车工作的开展促进了国内生产总值的增加，这是好事，但在西部开发中我们更应注意发展公共交通，限制过度消费。联合国环境规划署执行主任特普菲尔曾说过，如果每两个中国人拥有一辆汽车，与美国现在汽车的拥有率相同，全球钢铁和石油将很快会消耗殆尽，将造成全球性环境灾难。尽管中国短期内不会出现这种情况，但对此警告我们应高度重视。西部地区面临着一个避免发达国家和中国东部部分发达地区先污染后治理，先破坏后恢复的历史机遇。

三、加强生态保护

森林破坏、草原退化、土地荒漠化和生物物种破坏现象在中国西部地区格外突出。生态环境的恶化威胁着中国西部地区可持续发展的潜力。因此加强生态保护，推进生态功能保护的建设非常重要。最近，由联合国环境规划署负责执行、国家环保总局负责实施的“长江流域自然保护与洪水控制项目”已得到全球环境基金的批准，主要目的是推动长江中上游地区生态功能的保护与建设。联合国、其他国际组织和发达国家援助机构对中国西部地区的生态保护可以发挥一定的作用。但真正要解决中国西部生态问题，主要依靠中国政府和人民自己的努力。

四、进一步加强国际合作与交流

要进一步加强国际合作与交流。在大力引进外资的同时，应更重视引进有益于环境的先进技术。这是中国西部实现可持续发展的必要措施。

五、大力发展教育事业

在西部地区实施可持续发展，首先要提高当地人民的文化知识水平。因此增加教育投入，培养和引进人才应作为重要的措施来抓。目前西部地区存在的问题是对基础设施建设的重视超过对教育的重视。应特别加强义务教育，应将义务教育扩大到高中，并在教材中纳入可持续发展的内容。

联合国环境规划署与城市环境保护*

当前世界正在经历着一个全球化的过程。这个过程的积极方面是推动了世界各国经济的交流和合作，促进了包括中国在内的一些地区和国家的经济发展和人民生活的改善。但与此同时，全球化增加了人类活动对环境的压力。自 1972 年斯德哥尔摩联合国人类环境会议以来，全世界在环境保护中取得了很大成绩，然而对全世界 60 多亿人口的绝大多数人来说，可持续发展仍然是一种理论。世界环境仍在继续恶化。从世界整体来看，城市环境问题依然十分严重，有 9.2 亿城市居民仍居住在贫民窟，10 多亿人还没有安全的饮用水，24 亿的人没有充分的卫生设施。

联合国环境规划署是联合国系统内从事环境保护的主要机构，其主要使命是通过宣传、鼓励及能力建设等，领导全球环境保护活动和鼓励建立环境保护的伙伴关系，在不危及下一代利益的前提下，提高各国人民的生活质量。联合国环境规划署的工作大多与城市环境保护工作有关。

联合国环境规划署的主要工作有三个方面：①促进多边环境协议的缔结和执行。联合国环境规划署组织和推动缔结了保护臭氧层的《维也纳公约》和《蒙特利尔议定书》《生物多样性公约》《关于控制有害废物越境转移的巴塞尔公约》以及关于化学品的《斯德哥尔摩公约》和《鹿特丹公约》等多边环境协议。联合国环境规划署还与其他联合国机构一起，组织和推动了《气候变化框架公约》和《京都议定书》以及《防治荒漠化公约》等多边环境协议的缔结。联合国环境规划署正在全球、地区和国家一级开展活动，促进这些国际环境协议的实施。在中国，联合国环境规划署同国家环保总局和其他各政府部门以及地方政府合作，在这方面开展了大量的活动，为推动全球环境保护做出了贡献。②环境监测、评估和预警。联合国环境规划署通过“全球环境展望”（GEO）、“全球资源信息数据库”（GRID）、“全球环境信息交换网络”（INFOTERRA）等项目，对全球环境状况和发展趋势进行监测和评估，并通过互联网和其他现代通信手段以及出版物向全世界广泛传播。在这方面，环境署同中国政府也进行了广泛的合作。联合国环境规划署在北京建立了联合国环境规划署和国家环保总局环境信息网络联合中心。③能力建设。联合国环境规划署通过举办培训班、讨论会、示范项目等，帮助发展中国家增强保护环境，实现可持续发展的体制、法律和技术等方面的能力。在中国，联合国环境规划署开展了许多全球环境基金的项目和活动，包括气候变化、生物多样性保护、国际水域、臭氧层保护、持久性有机污染物和土地退化等方面。联合国环境规划署同上海同

---

* 本文原载 2004 年第 13 期《中国科技成果》杂志，题目是《城市环境问题与对策》。

济大学联合创建了环境与可持续发展学院，设立短训课程和学位课程，为亚太地区发展中国家培养环境保护领域的管理人才和技术人才。2004 年 7 月将举办第 1 次亚太地区环境与可持续发展领导能力培训班。

联合国环境规划署于 2003 年 9 月在北京建立了驻华代表处，其主要任务是协调和支持联合国环境规划署在中国开展的各项活动，促进联合国环境规划署与中国在环境领域的合作。

联合国环境规划署正在加强与城市问题有关的工作，主要是促进城市推行可持续生产和消费。在巴黎设有技术、工业和经济司，其下有设在日本的国际环境技术中心。该司及其他司，包括联合国环境规划署设在曼谷的亚太地区办公室为促进城市可持续的消费和生产做了许多工作。

多年来，联合国环境规划署努力推动可持续生产。清洁生产是可持续生产的一种重要方式。这种生产方式是从资源的开发、生产、消费和废弃物的处理全过程中采用先进的清洁技术，最大限度地减少资源的使用和废物的产生，最大限度地减少对人体健康和环境产生的危害。清洁生产可应用于任何产业、工艺流程、产品和各种服务中。1998 年 10 月，联合国环境规划署理事会通过了《国际清洁生产宣言》。这是一种企业、政府和公众对实施清洁生产的战略和方法的自愿性承诺。中国国家环保总局和中国的一些企业已经在此宣言上签字。也欢迎中国更多的企业能够加入到此队伍中来，在此清洁生产宣言上签字。联合国环境规划署还曾经帮助中国政府建立了中国国家清洁生产中心，目前还在支持这一中心的工作。能源是一个重要问题。推广清洁生产，就是要采用清洁能源和可再生能源。矿物燃料的使用是造成城市环境污染的一个重要原因。对一贯依赖于矿物燃料的大城市来说，第一步应是采用先进的技术，将矿物燃料转变为清洁能源，摒弃高消耗、高污染的传统技术；同时，要大力发展风能、太阳能、生物能等可再生能源。

联合国环境规划署也在努力推动可持续消费。不可持续的消费模式对环境的影响极大。北京、上海等大城市在发展公共交通方面取得了很大的进展，但应将大力发展公共交通，控制私人汽车作为一项根本性的政策。

现在中国政府正在大力推行循环经济。循环经济和联合国环境规划署主张和推行的可持续生产和消费的理念是一致的。实行循环经济，推行可持续生产和消费模式是实现环境质量改善的最根本的措施。当然，提高全民的环境意识，加强环境保护有关法律的实施，增加环境投入也是十分重要的。

水、卫生和人居是最重要的城市问题。2002 年在约翰内斯堡的世界可持续发展首脑会议上通过的《约翰内斯堡执行计划》确定了将水、卫生和人居作为实施《21 世纪议程》的重点领域。2004 年 3 月在韩国举办的联合国环境规划署第 8 次特理会和全球部长级环境论坛也将此列为会议的主题。此次会议通过的一个文件叫《济州倡议书》。该倡议书决定联合国环境规划署将采取行动，推动向全世界 20 多亿人提供清洁水和卫生设施。

联合国环境规划署将在一个发达国家和一个发展中国家开展示范项目，并向全世界推广项目成果。“水、卫生和人居”问题也是最近在纽约召开的联合国可持续发展委员会第12次会议的主题。这次会议的《主席结论》中说，“实现水、卫生和人居的目标是实现‘千年发展目标’和《约翰内斯堡执行计划》确定的其他目标，如脱贫、教育、儿童死亡率的先决条件。不充分重视卫生就没有清洁的水，不解决人居问题，也就无卫生可言。有些国家现在还没有走上实现这些目标的道路，但采取正确的执行手段，这些目标是可以实现的。”

上面提到的“千年发展目标”是2000年在联合国世界首脑会议上通过的在2015年以前要实现的目标。其中第7条是确保环境的可持续能力。该目标下包括3个子目标：①将可持续发展原则纳入国家政策和方案，扭转环境资源的丧失；②将无法持续获得安全饮用水的人口比例减半；③到2020年至少1亿贫民窟居民的生活有明显改善。

中国正在实施可持续发展战略，在环境保护领域取得了巨大进展。但是自然资源和环境退化的趋势尚未根本逆转。对中国来说，实现上述“千年发展目标”第7目标中第2、3个子目标已毫无疑问；但实现第1个子目标，即扭转环境资源的丧失，仍是一个巨大的挑战。中国在大气污染、水污染、固体废物污染和生态环境方面尚存在严重的问题。应针对这些问题，大力发展环境保护产业，开发和推广清洁生产的工艺、技术和设备，为保护中国和全球环境做出贡献。

中国的环境状况不仅关系到其本国人民的福利，而且对全球将产生深远的影响。联合国环境规划署愿意同中国政府、企业和各界人士紧密合作，促进有益于环境的技术的转让，促进环保产业的发展，促进中国和全球的环境保护和可持续发展。

气候变化谈判和低碳经济*

低碳经济就是绿色经济，是实现可持续发展的必由之路。低碳经济，就是最大限度地减少煤炭和石油等高碳能源消耗的经济，也就是以低能耗低污染为基础的经济。

低碳经济的目的是为了减少温室气体的排放，应对气候变化，保护全球环境，促进可持续发展。各国已对低碳经济的理论进行了广泛的研究。在我国，中国环境科学出版社已出版了《低碳经济论》和《低碳发展论》两本高水平的著作。

各国也纷纷采取行动，实践低碳经济。欧盟采取措施，大幅削减温室气体排放量和化石能源消费量，并单方面承诺到2020年将温室气体在1990年基础上至少减少20%，将可再生清洁能源消耗的比例提高到20%，将煤、石油、天然气等化石燃料的消费量减少20%。如果其他主要温室气体排放国在一个国际协议下也承担合理的减排份额，欧盟将把温室气体在1990年基础上减少30%。

日本是最早提出和实施循环经济的国家之一，现在也积极支持低碳经济。日本石化资源严重短缺，多年来一直积极开发新能源、可再生能源和清洁技术，计划在2020年左右将太阳能发电量提高20倍；积极发展和普及电动汽车和混合动力车，力争到2020年将电动汽车的比例提高到50%；提出了“向低碳社会转型”的口号。日本已承诺到2020年将温室气体在1990年基础上减少25%。

美国是世界上最大的温室气体排放国，为了其自身的经济利益，长期以来对应对全球气候变化采取消极态度，至今没有批准《联合国气候变化框架公约》和《京都议定书》。奥巴马上台后，美国对控制气候变化态度有所变化，也开始重视发展低碳经济，强调发展新能源，减少温室气体的排放和对海外石油的依赖。美国承诺到2020年将温室气体在2005年基础上减少17%，如果以1990年为基础，美国实际只承诺减少4%。

中国在发展的进程中高度重视气候变化问题，大力发展低碳经济，主要采取了以下措施：

中国制定和实施了《应对气候变化国家方案》，先后制定和修订了《节约能源法》《可再生能源法》《循环经济促进法》《清洁生产促进法》《森林法》《草原法》和《民用建筑节能条例》等一系列法律法规，把法律法规作为实行低碳经济，应对气候变化的重要手段。

中国是近几年来加大了节能减排力度，全面实施十大重点节能工程和千家企业节能

---

* 本文是作者2011年12月15日在北京举行的“中国能源环境科技企业家年会”上的讲话，后载2012年1月《环境教育》杂志和2012年《中华环境》杂志第1期，原文题目是《低碳经济和气候变化》。

计划，在工业、交通、建筑等重点领域开展节能行动。深入推进循环经济试点，大力推广节能环保汽车，实施节能产品惠民工程。推动淘汰高耗能、高污染的落后产能。中国大力发展新能源和可再生能源，在农村、边远地区和条件适宜地区大力发展生物质能、太阳能、地热、风能等新型可再生能源。太阳能热水器集热面积和光伏发电容量居世界第一位。我们持续大规模开展退耕还林和植树造林，大力增加森林碳汇。目前人工造林面积达 5 400 万公顷，居世界第一。

1990—2005 年，单位国内生产总值二氧化碳排放强度下降 46%。在 2009 年 12 月举行的哥本哈根气候变化大会上，温家宝总理做出承诺，到 2020 年，我国单位国内生产总值二氧化碳排放比 2005 年下降 40%～45%。

科学研究表明，气候变化是不争的事实。根据政府间气候变化专门委员会（IPCC）第四次评估报告，自工业革命以来，全球平均气温已经上升了 0.74℃。这种变化给人类环境已经造成了巨大的危害。20 世纪海平面上升了 17 厘米。北半球的冰帽在不断地融化；自然灾害的频率和强度比以前大大增加，包括旱灾、水灾、海啸、飓风等。如果全球气温上升超过 1.5～2.0℃，将会出现灾难性的后果。

哥本哈根气候变化大会，包括《联合国气候变化框架公约》第 15 次缔约方大会和《京都议定书》第 5 次缔约方会议，40 000 人注册参加，115 个国家的领导人出席。我国国务院总理温家宝和数名部长一起出席会议。这在联合国的历史上实属罕见。这表明了各国对气候变化问题的重视。

会议上大多数国家同意达成《哥本哈根协议》，但由于少数国家的反对，该协议没有得到通过，会议达成的决议中“注意到《哥本哈根协议》”，但它为以后达成协议奠定了基础。《哥本哈根协议》中说：科学证据表明，并根据 IPCC 第 4 次评估报告，必须将全球温室气体的排放减少到使全球升温不超过 2℃。也就是说在现在基础上升温不能超过 1.2℃，如果超过这个域值，将会产生灾难性的后果。

欧盟说，科学证据表明，如果要使世界有 50%的希望实现此目标，那么温室气体在 2020 年必须达到其峰值，到 2050 年，全球的温室气体排放量必须在 1990 年基础上减少 50%。工业化国家到 2020 年必须在 1990 年基础上减少 25%～40%，到 2050 年必须减少 80%～95%。

我国有关部门负责人说，中国温室气体排放在 2050 年可望达到峰值，也有中国专家说，中国在 2030 年达到峰值是比较合理的。中国何时达到峰值，尚需进一步研究。

按照哥本哈根会议达成的协议，联合国气候变化谈判继续在双规制下进行，即《联合国气候变化框架公约》长期合作行动特设工作组（AWG-LCA）和《京都议定书》附件 1 国家进一步承诺特设工作组（AWG-KP）分别进行谈判。

分歧主要集中在以下几个问题上。

对 2012 年以后应对气候变化的国际安排是达成一项新的国际协议，还是对《京都议定书》进行修改？发展中国家坚持认为，《联合国气候变化框架公约》及其《京都议定书》是各国经过长期艰苦努力取得的成果，凝聚了各方的广泛共识，是国际合作应对气候变化的法律基础和行动指南，因此 2012 年后的安排应在此框架内进行。发达国家要搞一个新的协议，实际是要发展中国家接受有法律约束力的减排指标。根据“共同但有区别的责任”的原则，发达国家必须率先大幅量化减排并向发展中国家提供资金和技术支持，这是不可推卸的道义责任，也是必须履行的法律义务。发展中国家应根据本国国情，在发达国家资金和技术转让支持下，尽可能减缓温室气体排放，适应气候变化。中国政府已经提出自主减排，并提出了具体目标。

另一个分歧是发达国家减排指标问题。要使全球升温不超过 2℃，工业化国家温室气体排放到 2020 年必须在 1990 年基础上减少 25%～40%。但温室气体最大的排放国美国只同意减少 4%。在此情况下，该目标难以实现。

另外就是资金和技术的问题，这一直是发达国家和发展中国家争论的焦点。气候变化主要是由于发达国家长期排放温室气体的结果，因此，根据“共同但有区别的责任”的原则，发达国家应当向发展中国家提供应对全球气候变化所需要的新的和额外的资金，并以优惠和减让的原则向发展中国家提供先进的技术，特别是低碳技术。在哥本哈根会议上，发达国家承诺在 2010—2012 年向发展中国家提供 300 亿美元快速启动资金，用于减缓和适应气候变化所需的新的和额外资金，并同时承诺到 2020 年每年筹措 1 000 亿美元，用于发展中国家应对全球气候变化所需要的额外资金。《哥本哈根协议》提出成立绿色气候基金，作为《气候变化框架公约》的资金机制。《哥本哈根协议》还提出成立一个促进技术开发和转让的技术机制。由于《哥本哈根协议》没有通过，这些承诺和“决定”只是空话。

坎昆气候变化大会于 2010 年 11 月 29—12 月 11 日在墨西哥坎昆举行，大会通过了《坎昆协议》。根据《巴厘行动计划》，就加强《联合国气候变化框架公约》实施作出了框架性安排。在共同远景问题上，确定了将全球气温上升幅度控制在 2℃以内的全球长期目标。在减缓问题上，要求发达国家实施具有法律约束力的绝对减排指标，发展中国家在可持续发展框架下采取国内适当减缓行动。在资金问题上，决定建立“绿色气候基金”，要求发达国家落实快速启动资金，并承诺到 2020 年每年筹集 1 000 亿美元支持发展中国家应对气候变化。在技术转让问题上，决定建立技术开发与转让机制。按照《京都议定书》工作组相关授权做出的决定。要求《京都议定书》特设工作组尽快完成谈判，以确保在《京都议定书》第一和第二承诺期之间没有空当，并敦促发达国家按照政府间气候变化专门委员会提出到 2020 年总减排量在 1990 年基础上至少减少 25%～40%这一中期减排幅度进一步提高减排承诺水平。

德班气候变化大会于 2011 年 11 月 28—12 月 11 日在南非德班举行，12 480 人与会，政府代表 5 400 人。会议比原计划延期了两天。大会包括《联合国气候变化框架公约》第 17 次缔约方大会和《京都议定书》第 7 次缔约方会议。经过艰苦的谈判，两个会议共通过 36 项决议。主要成果如下：

大会决定从2013年1月1日起实施《京都议定书》第二承诺期，于2017年12月31日或2020年12月31日到期，确切终止日期由《京都议定书》附件1国家进一步承诺特设工作组第17次会议（AWG-KP17）决定。有关决议要求《京都议定书》附件1缔约方在明年5月1日前提交各自的量化的减排指标。这些减排指标要保证附件1缔约方到2020年总减排量在1990年基础上至少减少25%～40%，并由《京都议定书》附件1国家进一步承诺特设工作组第17次会议讨论。

大会决定成立"德班增强行动平台特设工作组"，开始制定一个适用于所有《公约》缔约方的议定书、法律文书或者具有法律效力的协议的过程。这项工作将于2012年上半年开始，不晚于2015年结束，并递交2015年《公约》21次缔约方大会通过，于2020年生效并实施。

会议还决定正式启动绿色气候基金，该基金是《公约》的资金机制的操作实体，用于支持发展中国家开展《公约》应对气候变化的项目和活动所需要的费用。大会决定成立基金董事会，并要求董事会尽快使基金可操作化。

发达国家在哥本哈根气候变化大会上做出的资金承诺至今并未实现。在德班大会上，欧盟重申到2020年每年筹措1 000亿美元的承诺，但这一承诺至今没有具体的安排，所以能否实现还是个问号。但如果德班大会达成的各项协议能够得以实施，特别是关于一个适用于所有《公约》缔约方的议定书、法律文书或者具有法律效力的协议能够达成协议，这些资金承诺有望得以实现。

此外，德班大会还对适应、减缓、技术转让等问题做了安排。

德班气候变化大会的结果是十分积极的，体现了共同但有区别的责任的原则，是各国共同努力应对气候变化迈出的重要一步。但是，德班会议各项决议的实施还会有许多的困难。

德班大会达成的协议是挑战，也是机遇。2020年以后，发展中国家也有可能要承担有法律约束力的减排指标，这对那些新能源和可再生能源的企业提供了很好的机遇；对那些高排放高能耗的企业来说，是重大的挑战，但对这些企业来说，应该也是一种机遇，为他们改变生产模式，实现低碳生产提供了最好的机会。在实现转型过程中如果有全球环境效益，也可得到绿色气候基金的资金支持。我们的企业家们现在就应当做好准备，来迎接这一挑战。

上面介绍了世界上低碳经济发展的情况和全球气候变化问题谈判的情况，因为这两个问题是紧密相连的。低碳经济的目的是为了控制全球气候变化，而全球气候变化问题谈判的结果将影响各国低碳经济的发展。

低碳经济不仅仅是为了应对气候变化。低碳经济包括两个部分，一个是低碳生产，另一个是低碳消费，就是要建立资源节约型、环境友好型社会，建设一个良性的可持续的能源生态体系。低碳经济可以通过提高能源效率、节约能源、减少煤炭的使用，增加天然气的使用以及发展和使用太阳能、风能、地热能、生物能、地热能和氢能等新能源和可再生能源来实现，还要通过大力推广可持续的生活方式来实现。实行低碳经济，不仅仅能减少二氧化碳等温室气体的排放，同时能减少二氧化硫、氮氧化物和颗粒物等污染物的排放。发展低碳经济也是为了保证我国国民经济的健康发展和保护我国人民的健康和福利。因此，我们必须大力发展低碳经济，减少温室气体和其他污染物的排放，为保护全球环境，促进可持续发展做出贡献。

三个公约协调增效的一次尝试*

《巴塞尔公约》第 11 次缔约方大会、《鹿特丹公约》第 6 次缔约方大会和《斯德哥尔摩公约》第 6 次缔约方大会以及三个公约缔约方大会第 2 次同期特别会议于 2013 年 4 月 28—5 月 10 日在瑞士日内瓦举行。这是环境外交史上的一次新的尝试。1 000 多名政府代表、政府间组织、非政府组织代表和企业代表出席了会议。80 多名政府部长出席了会议的高级别部分。中国派出了一个 20 多人的代表团出席。

背景

三个国际环境公约是关于控制化学品和废物污染环境和损害人体健康的国际法律文书，是国际环境管制的重要组成部分。其中《巴塞尔公约》和《斯德哥尔摩公约》是由联合国环境规划署管理，《鹿特丹公约》由联合国环境规划署和联合国粮农组织联合管理。

《巴塞尔公约》于 1992 年 5 月生效，其主要目的控制危险废物的越境转移；《鹿特丹公约》于 2004 年 2 月生效，要求缔约方在化学品国际贸易中实行事先知情同意制度，即出口方必须把公约所规定的化学品出口的有关信息通知进口方，取得对方有关政府部门同意后才能出口；《斯德哥尔摩公约》于 2004 年 5 月生效，其目的是通过缔约方的共同努力，控制公约规定的可持久有机污染物对环境的污染。本次会议前共有 21 种这样的受控污染物。

这些公约生效以来，在国际社会的共同努力下，履约工作取得了一定的进展。但同时也存在着不少问题。三个公约各有一个联合国环境规划署管理的秘书处，设在日内瓦；联合国粮农组织还有一个管理《鹿特丹公约》有关工作的秘书处，设在罗马。各秘书处之间缺乏充分的合作和协调。三个公约各有独立的缔约方大会，是公约的决策机构。他们之间也同样缺乏必要的合作和协调，这样，就影响了公约的实施和效率。

为讨论解决这个问题，于 2010 年 2 月在印度尼西亚巴厘岛召开了三个公约缔约方大会第一次同期特别会议。会议通过了一个一揽子协调增效决议，内容包括三个公约的联合活动和服务、预算周期的统一、联合审计、联合管理和审核安排等。会后，联合国环境规划署管理的三个公约秘书处合二为一，成立了联合秘书处，联合国粮农组织管理的秘书处仍然独立。秘书处根据第一次同期特别会议的决定，开展了一些联合活动，一

* 本文原载 2013 年 5 月 27 日《中国环境报》。

定程度上促进了三个公约之间的合作和协调，同时，行政管理经费也有所减少。

会议取得的进展

会议主要讨论协调增效安排的执行情况，包括三个公约的联合活动开展情况，促进三个公约合作和协调的进展，并确定新的协调增效领域。缔约方同时也讨论了各个公约各自有关的问题。具体来说，在《斯德哥尔摩公约》下主要是将六溴环十二烷（HBCD）列入公约附件和履约机制的问题；在《巴塞尔公约》下主要是《电子废物指南》和印度尼西亚和瑞典关于提高效益的倡议的后续行动问题；在《鹿特丹公约》下，主要是将6种新化学品列入公约附件和履约机制的问题。

这些会议总共通过了40多项决定，在促进各公约的合作和协调，推动履约方面取得了一定的进展。

主席台上，左起：三个公约副执秘斯滕达尔、三个公约执秘威利斯、《巴塞尔公约》第11次缔约方大会主席佩雷斯、《鹿特丹公约》第6次缔约方大会主席巴利卡、《斯德哥尔摩公约》第6次缔约方大会主席阿尔瓦雷斯、联合秘书处奥格登

《斯德哥尔摩公约》缔约方大会：会议取得的一个最重要的成果是通过了一项决定，将HBCD列入公约附件A。这是列入公约的第23种受控可持久有机污染物。决定同时给2种聚苯乙烯（EPS和XPS）的生产和使用5年的宽限期。该项决定表明了公约有能力控制新出现的有害环境和人体健康的物质。

中国代表团团长李蕾（左）在会上发言，右为团员夏应显

会议否决了欧盟关于允许含有HBCD物质的回收利用的提议，因为这种回收将使此有机污染物混入到其他废物或产品中，使其长期破坏环境

和人体健康。

另一个成就是在两个决定中强调了对含有可持久有机污染物的产品环境标记的重要性。

欧盟代表团在会议期间磋商

《巴塞尔公约》缔约方大会：根据公约第 10 次缔约方大会的决定，秘书处组织编写了一个《电子和电器废物越境转移，特别是关于区分废物和非废物的技术指南》（简称《电子废物指南》）草案。会议成立了一个联络小组，专门讨论该草案。各方的主要分歧是如何区分废物和非废物的问题，最后未能达成一致意见。

大会通过了《有益于环境的管理框架》，它对有益于环境的管理（ESM）做出了解释，对包括废物的预防、最少化、再利用、循环、回收和最

《地球谈判报告》（ENB）小组成员与《鹿特丹公约》第 6 次缔约方大会主席巴利卡合影，左起：巴利卡、本书作者、杰西卡和珍妮弗

终处置等方面提出了一套完整的技术路线和框架。它将提高《巴塞尔公约》的履约效率。

《鹿特丹公约》缔约方大会：公约下的化学品审查委员会经过审查和研究，提出了将 6 种对人体健康和环境有害的化学品列入公约的附件。各方就 4 种化学品的列入达成了一致，但对另外 2 种，即温石棉和农药百草枯未能达成一致意见。大多数国家认为这两种物质对人体健康十分有害，主张将这 2 种化学品列入《鹿特丹公约》的事先知情同意制度，但少数国家认为这些物质有害的证据不足加以反对。

协调增效措施的利弊

近几年来，国际社会为促进这三个公约的协调与合作和提高效率，做了不少努力，也采取了一些措施，例如成立联合秘书处、召开联席会议、制订共同规则和开展合作活动等，取得了一定的成效。据统计，自联合秘书处成立以来，行政经费节省了 150 万美元。一些行政制度得到了统一，例如，以前关于接纳观察员的规定不太统一，在这次会议上按比较开放的《斯德哥尔摩公约》的制度得到了统一，使观察员们十分满意。

但是，人们发现三个公约在一起开会和它们分别开会，所需会议经费实际上并没有多少差别。由于多个会议同时进行，安排十分错综复杂，许多代表摸不着头脑。一些小的代表团很难参加同时举行的多个接触小组会议，抱怨甚多。

这样的开会方式的目的是为了加强各公约的协调和提高效率，但这次试验的结果却并不令人十分满意。例如，在《巴塞尔公约》缔约方大会下的接触小组讨论《电子废物指南》草案时，各方提出了 5 个方案，经过 3 天的讨论，在接近达成一致意见的时候，会议结束了，结果该指南最终没能获得通过，决定由下次缔约方大会继续讨论。有人说，如果再给一天时间，就很可能达成一致了。以前每次缔约方大会都为一周，这次只有 3 天，本来意在提高效率，结果效率反而降低了。

另一个例子是全权证书问题。按公约规定的议事规则，各缔约方代表必须在规定的时间范围内向大会递交由政府首脑或外交部部长签署的合格的全权证书原件，才能作为正式代表出席缔约方大会。而且每个会议必须有一份证书。这次由于多个会议同时召开，一些国家搞不清究竟有哪几个会议，准备多少个证书，因此造成很大的混乱，多个国家未能及时递交证书。在会议上花了很多时间和精力来争论这个问题，造成很大的混乱，自然也影响了效率。

总之，如何加强各国际公约之间的合作和协调，如何提高它们的效率和效益，国际社会仍在摸索之中。

原则实施的困难

去年在巴西召开的联合国可持续发展大会通过的《我们憧憬的未来》的文件，重申了共同但又区别的责任的原则。在此次会议上，几个国家提出了一个《化学品和废物良好管理日内瓦申明》，由于欧盟等发达国家缔约方的反对而没有写入这一原则，中国、印度等发展中国家对此表示遗憾。

资金问题是会议上争论的一个主要问题。在三个公约中，只有《斯德哥尔摩公约》有正式的资金机制，即全球环境基金。在会上，发展中国家强调向他们提供履约所需要的可预见的、充足的和可持续的资金。发达国家，尤其是欧盟，特别强调综合融资，即从各个渠道集资，特别是在各国内部集资。中国代表团指出，综合融资只能是集资手段之一，最主要的是要实施《斯德哥尔摩公约》所规定的有关原则，特别是发达国家要向发展中国家提供履约所需要的额外资金。最后各公约都通过了各自有关资金问题的决定。《斯德哥尔摩公约》缔约方大会通过的决定要求全球环境基金为实施该公约提供所需要的充足的资金，并在其职责范围内寻找如何为化学品和废物管理集资的途径。在其他两个公约下通过的决定要求秘书处通过开展三个公约的联合活动，筹措资金，还要求全球环境基金和其他一些组织在开发技术援助项目和活动时考虑这两个公约的有关条款，开辟资金渠道。总之，在此问题上无大进展。

会议没有就《斯德哥尔摩公约》和《鹿特丹公约》下的履约机制达成协议。一个主要分歧是谁是这个机制的触发器（trigger），即谁来推动该机制的制订和实施。发达国家认为应有三个触发器，即履约委员会、缔约方和秘书处，而大多数发展中国家认为秘书处不能作为触发器。此外，发展中国家坚持履约应以向他们提供资金和技术为前提，因为资金和技术没有到位而造成履约的延误不能视为违约。对此，发达国家表示反对。

会议决定各个公约下次缔约方大会将于 2015 年背对背召开，只在必要时才召开联席会议，不再召开特会和高级别会。

国际可持续发展体制的最新进展*

2013年在纽约联合国总部召开了联合国可持续发展委员会第20次会议，即最后一次会议，这个存在了20年的委员会宣告结束，此后，召开了联合国可持续发展高级别政治论坛首次会议，标志着国际可持续发展管理体制进入了一个新的阶段。

旧体制的终结

1992年6月在巴西里约热内卢召开的联合国环境与发展大会通过的《21世纪议程》提议成立联合国可持续发展委员会。1992年第47届联大通过决议，决定成立该委员会。它是联合国经社理事会下设的一个职能委员会。

可持续发展委员会的主要任务是保证联合国环境与发展大会做出的决定得以有效实施，促进国际合作，审查在国家、区域和国际各级实施《21世纪议程》的进展情况，提出对策，以便在所有国家实现可持续发展。

笔者曾作为中国政府代表团团员，参加了可持续发展委员会第1～5次会议，10年以后，又以国际可持续发展研究院报告部成员的身份，参加了该委员会第16～19次会议，对该委员会运作情况比较了解。

可持续发展委员会于1993年6月召开第一次会议，20年来，每年召开一次。该委员会还筹备召开了2002年9月在南非约翰内斯堡召开的世界可持续发展首脑会议和2012年6月在巴西里约热内卢召开的联合国可持续发展大会等重要活动。

委员会在促进世界各国可持续发展方面发挥了一定的作用，主要表现在：促进了全球在可持续发展方面的合作，提高了人们对可持续发展的认识，加强了各国对实现可持续发展的政治承诺，推动了各国在可持续发展方面的经验交流，促进了各主要群体的广泛参与。

但是，该委员会存在着严重的问题和缺陷。首先，它不能吸引各国负责经济、贸易和财政的部长参加，而他们是对国家的发展计划、预算、战略和重点最有影响的。大部分国家由环境部长参加该委员会的会议。可持续发展包括三个方面，即经济发展、社会发展和环境保护。可持续发展委员会通过的决议涉及可持续发展的三个方面，环境部长不能有效地协调在国内实施包含这三方面的委员会的决议。

中国的情况和其他国家的情况有所不同。就笔者参加的九次会议来看，第1～5次

---

* 本文原载2013年10月21日《中国环境报》，题目是《新体制怎样才能有所作为？》，这里收入的是作者的原稿。

会议是由外交部牵头的，由中国常驻联合国代表担任团长，国家环境保护局的一位副局长任副团长，国家计委和国家科委参加。委员会 16～18 次会议是讨论干旱、荒漠化、农业、土地和农业发展；18～19 次会议讨论交通、化学品、废物管理、矿业和可持续生产和消费。国家发改委、外交部和国家林业局等部门派代表出席了会议，未见环保部的代表参加。

可持续发展委员会成了一个空谈的场所。每次会议都通过了多个决议，但这些决议都束之高阁，各国并不加以实施。除了因为代表可持续发展三方面的领导人不能都参加讨论以外，还就是这个委员会没有组织它的决议得以实施的手段。这是一个论坛，不是一个联合国机构。联合国经济和社会事务部下面有一个很小的处是该论坛的秘书处，现在叫作可持续发展处。该处只能组织一年一度的会议和其他相关的会议，没有能力和资金在国家、地区和全球层面上组织活动，难以使该委员会通过的决议得以实施。

联合国可持续发展委员会失败了。失败的原因除上面分析的以外，最根本的原因是一些国家的领导人缺乏实现可持续发展的政治意愿。

新体制的诞生

联合国可持续发展大会（里约+20 峰会）于 2012 年 6 月 20—22 日在巴西首都里约热内卢举行。鉴于联合国可持续发展委员会的问题和缺陷，为了加强联合国可持续发展体制，大会决定建立政府间高级别政治论坛，取代可持续发展委员会。这一决定反映在大会通过的最终成果文件——《我们憧憬的未来》中。该文件对该论坛的功能做了定位，主要是为各国实施可持续发展，协调经济、社会发展和环境保护提供政治领导，指导和建议。

2012 年年底，联合国大会第 67 届会议通过一项关于实施《21 世纪议程》和里约+20 峰会决定的决议，确定了成立联合国可持续发展高级别政治论坛的程序。

联合国大会第 67 届会议还决定由巴西和意大利驻联合国大使牵头，举行关于论坛形式和组织方式的政府间非正式磋商。非正式磋商于 2013 年 1 月开始，于 7 月完成。

2013 年 7 月 9 日，联合国大会通过了 67/290 号决议，决定高级别政治论坛具有下列职能：为可持续发展提供政治领导、指导和建议；跟踪和审议实施关于可持续发展承诺的进展；促进可持续发展三方面的协调；制定一个有重点的，有活力的，有行动方向的议程，以保证对新的和正在出现的可持续发展方面挑战的正确研究和处理。该决议还确定了论坛会议的方式：在联合国大会主持下，每 4 年举行一次为期两天的会议，在联合国大会开幕时举行，由国家元首和政府首脑出席；在经社理事会主持下每年举行一次为期 8 天的会议，包括一个为期 3 天的部长级部分。两类会议都要通过谈判达成宣言。从 2016 年开始，经社理事会主持下的会议将定期审议在 2015 年后发展议程框架内的可持续发展承诺和目标的后续行动和执行情况，包括有关执行手段。

联合国可持续发展委员会最后一次会议于2013年9月20日举行。与会代表对该委员会20年来的功过做了总结，认为该委员会对推动全球的可持续发展做出了一定的贡献，但是，它也存在着严重的缺陷和问题。因此，各国一致支持终止可持续发展委员会的工作，成立一个政府间的可持续发展高级别政治论坛。

联合国可持续发展高级别政治论坛首次会议于2013年9月24日举行，第68届联合国大会主席、安提瓜和巴布达常驻联合国代表约翰·阿什主持。会议主题是“建设我们憧憬的未来：从里约+20峰会到2015年后发展议程”。

在论坛开幕式主席台上，左起：经社理事会主席、哥伦比亚常驻联合国代表奥索里奥，联合国秘书长潘基文，联大主席阿什，主管大会和会议管理事务副秘书长格图。负责经济和社会事务的副秘书长吴红波（后排中）也在主席台上就座

许多国家元首和政府首脑、联合国机构和民间组织的领导人出席了会议。各国部长，包括外交、发展、环境、贸易或水资源等部门的部长也出席。

联合国秘书长潘基文在会上发表讲话，他说：“高级别政治论坛应当审议国际社会在可持续发展方面所取得的进展，开展合作和行动，以实现人类共同的目标。”他希望论坛为可持续发展目标的讨论提供智慧，并宣布在联合国教科文组织下成立一个科学咨询机构，以加强科学与政策之间的联系。

在开幕式上发言的还有巴西总统罗塞夫、意大利总理莱塔、世界银行行长金墉、国际货币基金组织总裁拉加德以及联合国教科文组织、联合国环境规划署等联合国机构的领导人和各国部长。

中国外交部部长王毅在会上发言。他强调了实现可持续发展的五个重点：大力建设生态文明，尊重自然规律，顺应自然要求，形成经济、社会和环境保护的良性互动；营造有利的外部环境，完善全球经济治理，使之更加公平公正；坚持共同但有区别的责任的原则；高度重视社会问题，加强社会建设，健全基本公共服务体系，创新社会管理；创新思维、模式和方式，更加注重发展的质量和效益，努力调整经济结构，优化产业布局，避免片面追求速度和数量。他认为，论坛的成立是可持续发展的契机，希望论坛务实高效，既交流看法，也拿出办法；既做出决定，也采取行动。

各国领导人特别强调论坛应吸引所有利益相关者的广泛参与，应审议 2015 年后的发展议程和可持续发展目标的执行情况，应从科学的角度和地方的角度审议有关问题，应把消除贫困放在重要位置。大家也同意必须实现可持续发展三个方面的平衡，论坛应通过整个联合国系统来实现这三方面的平衡。

联大主席约翰·阿什致闭幕词。他说："里约+20 峰会关于建立一个高级别政治论坛的决定是使在 2015 年后发展议程中可持续发展成为主流的一个重要步骤。论坛将是国际社会处理和协调整个可持续发展问题的场所。它是可持续发展的护卫者，是各国领导人全面地而不是孤立地应对当前重大优先问题的一个论坛。"

王毅部长在会上发言

机遇和挑战

联合国可持续发展高级别政治论坛的建立是国际可持续发展管理体制的一个重大进展。它在组织形式和运作机制上对原有的机制，即可持续发展委员会，做出了重大的调整，为推动各国实现可持续发展提供了新的机遇。

论坛首次会议是一次积极的会议。许多国家元首和政府首脑及代表可持续发展三方面的部长参加，表明了各国对论坛的重视和实现可持续发展的意愿。世界银行行长和国际货币基金组织总裁的参加，表明国际金融机构将重视论坛的工作。

但是，国际社会要通过这个论坛来推动可持续发展事业前进，这仍然是一个巨大的挑战。人们对它能否从可持续发展委员会的缺点中吸取教训并实现赋予它的使命尚存在着疑问。可持续发展委员会的问题之一是没有组织它的决议得以实施的手段，这个新建立的论坛似乎仍然如此。它在推动可持续发展上究竟能做什么，尚有许多不肯定性。论坛与 2015 年后的发展议程和可持续发展目标之间存在什么关系？它的高级别参与是否能保持下去？这些问题尚待解答。

2014 年 6 月或 7 月初将在经社理事会主持下召开为期 8 天的论坛会议。2015 年在联大主持下召开的论坛会议将发布 2015 年以后的发展议程。这两次会议以后，这个委员会究竟能否发挥预期的作用，可能会更加清晰一些。

联合国可持续发展大会关于加强可持续发展机制框架主要做出了两项决定，除了建立政府间高级别政治论坛外，就是加强联合国环境规划署，建立联合国环境规划署理事会普遍会员制，并由联合国经常预算和自愿捐款为其提供可靠、稳定、充足和更多的资金。联合国环境规划署第 1 届普遍会员制理事会，即第 27 届理事会于 2013 年 2 月在肯尼亚内罗毕举行。这次理事会通过了一系列决议，包括建议联合国大会将联合国环境规划署理事会改名为联合国环境大会等，迈出了加强联合国环境规划署的第一步。

联合国高级别政治论坛的成立和联合国环境规划署普遍会员制理事会的召开，是国际可持续发展管理体制的最新进展，也是国际环境管理体制的最新进展。

加强国际环境管制的历史性事件*

联合国环境规划署首届联合国环境大会于2014年6月23—27日在肯尼亚内罗毕举行。肯尼亚总统肯雅塔、摩纳哥国家元首阿尔贝亲王二世、68届联合国大会主席约翰·阿什、联合国秘书长潘基文等出席。各国环境部长和政府官员、联合国和国际组织的领导人、民间组织和企业界代表1 200人参加了会议。中国环境保护部部长周生贤率领中国代表团出席并在部长级高级别会议上阐述了中国政府的立场。

联合国环境规划署理事机构演变历程

1972年12月，联合国大会通过了2997（XXVII）号决议，决定成立联合国环境规划署。联合国环境规划署由理事会、环境基金和秘书处组成。理事会是联合国环境规划署的理事机构，由58个成员国组成。

联合国可持续发展大会（里约+20峰会）于2012年6月在巴西首都里约热内卢举行。这次大会做出了一项进一步加强联合国环境规划署的决定，内容包括建立联合国环境规划署理事会普遍会员制，以及由联合国经常预算和自愿捐款为其提供可靠、稳定和充足的资金等。

联合国环境规划署第1届普遍会员制理事会，即第27届理事会和全球部长级环境论坛于2013年2月在内罗毕举行。这次理事会通过了一项决议，邀请联合国大会将联合国环境规划署理事会改名为联合国环境大会。该决议说，联合国环境规划署理事机构名称的这一改变“将能保证所有利益相关者的积极参与，并能探索促进透明度和民间社会和附属机构有效参与其工作的新机制”。

2013年3月13日，联合国大会通过67/251号决议，将联合国环境规划署理事会改名为联合国环境大会。该决议同时规定，这一名称的变化并不改变联合国环境规划署的任务和目的，也不改变其理事机构的任务和作用。

首届联合国环境大会取得预期成果

这次会议的主题是“可持续发展目标和2015年后发展议程，包括可持续消费和生产”。

---

* 本文原载2014年7月10日《中国环境报》，排版和标题等略有改动。

经过一周的会议，大会通过了 1 项决定和 17 项决议，内容包括：提高空气质量、科学政策平台；基于生态系统的适应；水质监测和标准；野生动植物非法贸易；化学品和废物管理；海洋塑料废物和微型塑料；联合国系统在环境领域的协调；联合国环境规划署和多边环境协议之间的关系；以及 2016—2017 年联合国环境规划署预算和工作方案等。

关于提高空气质量的决定鼓励各国政府制订和执行行动计划和空气环境质量标准，要求联合国环境规划署探索联合国系统提高空气质量方面加强合作的机会，要求联合国环境规划署协助各国政府在控制空气污染方面加强能力建设，并推动联合国环境规划署支持的政府间合作项目的开展。

《野生动植物非法贸易的决议》要求联合国环境大会成员国对打击野生动植物非法贸易提供领导并筹措资金，敦促他们履行打击野生动植物非法贸易的承诺，要求联合国环境规划署准备一个关于野生动植物非法贸易对环境影响的报告，并向下次联合国环境大会报告。

《联合国系统在环境领域的协调，包括"环境管理小组"的决议》要求联合国环境规划署制订联合国系统的环境战略，准备一个如何将 2015 年后发展目标纳入联合国环境工作中的报告，研究最大限度提高"环境管理小组"效率和效果的方法，并向下次联合国环境大会报告。

大会最后通过了《联合国环境规划署联合国环境大会部长级成果文件》。该文件宣布："环境部长和代表团团长重申他们执行里约+20 峰会最终成果文件和《里约宣言》所有原则的承诺。"文件还号召国际社会采取行动，制定一个雄伟的、普遍的、可执行和可实现的 2015 年后发展议程，加快和支持可持续消费和生产的努力，防止、打击和消除野生动植物的非法贸易等。

大会为各国环境部长之间广泛接触，商讨在环境领域加强合作提供了一个绝好的机会。会议期间，召开了许多的多边会，包括由中国主办的中非环境合作部长对话会和金砖国家环境部长非正式会议。

联合国环境大会取得了预期的成果。《成果文件》和通过的决定和决议，对于加强和提升联合国环境规划署，使其成为环境事务的全球权威组织将发挥积极作用。

简要分析

联合国环境大会是联合国环境规划署的新的理事机构。出席会议的代表称第一次联合国环境大会的召开是一个历史性事件。联合国秘书长潘基文说这次大会开创了国际环境管制的新时代。联合国环境大会的最大特点是其普遍会员制，所有 193 个联合国成员国都能派代表出席会议，对全球环境议程进行讨论，并做出相应的决定。它能吸引各国领导人，特别是环境部长和高级官员的参加，以及民间社团、企业界、青年和妇女、新闻媒体等各种利益相关者的广泛参与。由于这个原因，联合国环境大会做出的决定更具合法性，也更能被各国、各地区和处于不同发展阶段国家的支持并加以执行。因此，此次会议是执行里约+20峰会决定和加强联合国环境规划署的一个重要里程碑。

联合国副秘书长、联合国环境规划署执行主任施泰纳在首届联合国环境大会开幕式上讲话

关于2005年后可持续发展目标，与会代表认为，联合国环境规划署不应重复或与联合国大会的工作相冲突。联合国大会可持续发展目标不限名额工作组现在正在开展工作，制订可持续发展目标。联合国环境规划署的任务是通过《全球环境展望》（GEO）和全球环境监测系统（GEMS）等工具，提供关于全球环境状况的科学信息和数据，为可持续发展目标的制订和实现提供科学依据，并通过其环境立法和能力建设等方面的活动，保证环境保护融入2015年后发展议程的各个方面。联合国环境规划署是联合国系统环境领域的领导者，应在环境领域发挥核心作用。

中国环境保护部部长周生贤（中）在首届联合国环境大会上

大会前召开了第15届全球主要群体和利益相关者论坛，120名代表出席。大会原计

划通过一个《联合国环境规划署利益相关者介入政策》文件。在讨论过程中，“77 国集团和中国”要求严格非政府组织和其他主要群体取得联合国环境规划署咨商地位的准入条件，遭到参加会议的非政府组织和其他群体代表的强烈反对，因此这个文件和相关决议没有通过。

在讨论《部长级成果文件》的过程中，发展中国家要求文件明确重申“共同但有区别的责任”的原则，但遭到发达国家的反对。最后通过的文件笼统地重申《里约宣言》所有原则。几个发展中国家要求保留他们的看法，并将此写入大会的报告。长期以来，发达国家一直反对重申“共同但有区别的责任”的原则。在里约+20 峰会通过的《我们憧憬的未来》重申了这一原则。这次发达国家的立场又倒退了，反映了这一原则的实施仍会有许多困难。

关于联合国环境规划署的作用，包括其在协调联合国系统环境战略中的作用，加强区域中心，以及预算和工作方案等方面，各国，特别是发达国家和发展中国家之间都存在着很多的分歧。

许多代表认为，第一次联合国环境大会是一个加强联合国环境规划署也就是加强国际环境管制的历史性事件，但他们同时认为，必须做出进一步地努力提升和加强联合国环境规划署的地位和作用，以支持 2015 年后发展议程的实施。

国际环境谈判走进新时代*

1992 年联合国环境与发展大会开创了国际环境外交的新时代。20 多年后，环境外交的范围和强度已经可以与传统外交的安全、裁军和贸易等问题相匹比。在气候变化、生物多样性、荒漠化、化学品和危险废物、臭氧层耗竭、渔业、森林以及珍稀和濒危动植物等方面的外交谈判一年四季几乎连绵不断。联合国大会、联合国可持续发展委员会（2013 年被联合国可持续发展高级别政治论坛取代）、联合国环境规划署以及多边环境协议缔约方大会等每年都召开各种各样的会议，包括部长和国家首脑一级参加的会议。

谈判的频率、节奏、强度日增

自联合国环境与发展大会以来，国际环境外交谈判的频率、节奏、强度和复杂性已大大增加，达成的多边环境协议数量越来越多。从 1992—2013 年，全球共缔结了 18 个全球环境协议以及 17 个原有的多边环境协议下的议定书和修正案。除此以外，还达成了许多的在水域、大气污染和渔业等方面的地区性协议。

环境会议的数量也大大增加了。全球环境协议下最重要的会议是公约缔约方大会和议定书缔约方会议。公约和议定书的会议有时一起举行，有时分开举行，每个会议都要延续一至两周。在两次会议之间，还往往要举行额外的会议为下次会议做准备。譬如为准备 2009 年的哥本哈根气候变化大会，总共举行了 6 次预备会议，就大会要讨论的问题进行谈判。每个公约缔约方大会都设有一个或几个附属机构，还有不限名额工作组和专家委员会等。它们的会议更是连绵不断。

环境外交谈判强度增加的一个标志是谈判议题数量的增加。以气候变化法律体系为例，1997 年《京都议定书》的通过使气候变化谈判的议题剧增。1996 年，《气候变化框架公约》下的科学技术咨询附属机构的日程上只有 7 个实质性议题，执行附属机构只有 2 个议题。到 2010 年，前者的议题增加到了 15 个，而后者的议题增加到了 24 个。2010 年 10 月在日本名古屋召开的《生物多样性公约》第 10 次缔约方大会的议程上共有 27 项实质性议题，而 10 年前的缔约方大会只有 18 项议题。

参加会议的人数也不断地增加，特别是参加“里约公约”会议的人数。“里约公约”包括《联合国气候变化框架公约》《生物多样性公约》和《防治荒漠化公约》。1997 年参加京都气候变化大会的是 9 000 人，2009 年参加哥本哈根气候变化大会达到了

* 本文原载 2015 年 5 月 14 日《中国环境报》。

40 000 人。2008 年在布恩召开的《生物多样性公约》第 9 次缔约方大会仅有 4 000 人，而 2010 年在名古屋召开的第 10 次缔约方大会有 7 000 名参加者。

2012 年 6 月联合国可持续发展大会全体会议上，许多代表没有座位，只好席地而坐或站着听会

随着议题的增加，会议文件的数量也在急剧增加。2010 年，《气候变化框架公约》的科学技术咨询附属机构和执行附属机构在年中的谈判会议上至少有 23 个文件，而在 1996 年同样的会议上，前者只有 10 个，而后者有 2 个文件。《生物多样性公约》的缔约方大会平均多达 100 个文件。1999 年，《防治荒漠化公约》的缔约方大会和它的两个附属机构的会议一起共有 57 个文件，而在 2011 年达到了 80 个文件。此外，还有无数的国家报告和技术报告。为了节省纸张，减少木材使用，有的实行"无纸会议"，就是把文件只放在互联网上。

为提高效率，各种国际环境谈判中建立起越来越多的非正式小组，就某个议题进行政府间的非正式磋商，然后把结果报告给全体会议。根据议题的不同和谈判阶段，这种小组可以称为接触小组、起草小组、工作组和非正式磋商组等。为了使小型代表团能够参加所有的会议，联合国有一个不成文的规定，就是在举行这些环境条约的会议时，不能同时有两个以上的会议，但当会议接近尾声时，如果在一些问题上还没有达成协议，这个规定就很难遵守了，往往有多个非正式小组的会议同时进行。

非正式小组的安排存在不少问题。每次会议讨论的问题往往是互相联系的，一般应该在一起讨论，才能达成一个一揽子的协议，不然就会出现问题，譬如不同小组讨论类似的问题可以产生不同的结果。除非正式小组外，还有像"主席之友"、主席团扩大会议、地区磋商会议、记者招待会、非政府组织吹风会等。在这种情况下，出席会议的代表大多不知道究竟有什么会议正在进行，往往造成混乱。2007 年巴厘岛气候变化大会期间，在一个重要的部长级磋商正在进行时，秘书处召开了全体会议，要通过某些决议。中国代表团在会上对秘书处提出了批评。

大部分环境条约的议事规则规定正式会议的时间是上午10～12点，下午3～6点。这样安排是为了让地区组和利益集团以及非正式小组有足够的磋商时间。但是，当会议进入最后阶段时，这个规则一般都要打破。1995年以来，《联合国气候变化框架公约》的每个重大的决定都是在缔约方大会的最后一天经过通宵达旦的会议以后做出的。会议总要在预定的闭幕时间18或24个小时，甚至36个小时以后才能闭幕。1999年在卡塔赫纳举行的《生物多样性公约》特别缔约方大会在预定的会议闭幕时间12个小时后在第二天上午6点闭幕，但没有通过《生物安全议定书》。2000年《生物多样性公约》特别缔约方大会在加拿大蒙特利尔复会，同样在预定的会议闭幕时间12个小时后在第二天上午6点闭幕前通过了《卡塔赫纳生物安全议定书》。《防治荒漠化公约》第8次缔约方大会于2007年9月在西班牙马德里召开。会议预定9月14日下午6点闭幕。会议开到第二天清晨7点49分，在预算问题上还是没有达成协议，会议主席宣布休会，并决定当年在联大开会期间召开一次《防治荒漠化公约》缔约方特别会议。特会于当年11月26日在纽约联合国总部召开，会议通过了关于预算问题的决议，于第二天早晨3点28分闭幕。联合国利马气候变化大会于2014年12月1日在秘鲁利马开幕。会议原计划于12月12日闭幕，但最后延迟了33个小时，在14日清晨3点07分闭幕，通过了《利马气候行动呼吁书》。20年来，三个“里约公约”缔约方大会的情况基本都是如此。其他一些重要多边环境协议开夜会的情况也很普遍。

2012年年底，当德班气候变化大会深夜正在进行，一位代表忙里偷闲小憩

出现上述情况的原因是各国为了维护自身的利益，总是希望从对方取得更多的让步，不到最后一刻不肯放弃。

在代表们极度疲劳中通过的文件往往存在很多问题和错误。譬如《气候变化框架公约》缔约方大会通过的《京都议定书》中有多个错误，几周以后需通过“技术审核”加以纠正。《哥本哈根协议》中充满了与现有气候变化法律框架不一致的概念和术语。在疲劳和紧张中谈判的代表们往往会情绪失控，发脾气，甚至使用侮辱性语言，进行人身攻击等。哥本哈根气候变化大会在最后几个小时就出现了这种情况。这给以后的谈判带来了长远的负面影响。

信息和通信技术改变谈判面貌

过去 20 多年来，环境外交的开展是随着信息和通信技术的革命而发展的。1992 年，当各国代表抵达里约热内卢参加联合国环境与发展大会时，他们碰到了一件新鲜事——在机场可以借到手机。代表们第一次可以在一个全球环境会议上坐在会议室里与自己国家的其他代表和国内联系了。那时，代表们还不会使用静音功能，联合国环境与发展大会在一片手机铃声中开幕了。

1992 年，电子邮件尚处于婴儿时代。有的非政府组织开始使用它来进行通讯。联合国环境与发展大会秘书处是第一个将其文件放在互联网上的联合国机构。1994 年 6 月在巴黎进行《防治荒漠化公约》最后一轮谈判时，大多数参加谈判的代表都不知道互联网为何物。而今天，互联网、智能手机和强大的手提电脑已从根本上对环境外交谈判产生了深远的影响。

通过互联网传送信息的技术使人们提交和交换建议和观点变得十分容易。20 世纪 90 年代的大部分时间，缔约方向秘书处递交建议书等文件大多采用邮寄书面文件的形式。为了将收到的各方文件汇编成册，秘书处必须将它们重新打字，然后印刷，再邮寄给各方。现在，几乎所有的文件都放到了互联网上，各国政府和任何有兴趣的利益相关方都可以很容易地得到这些文件。

通过互联网直播谈判实况是一个重大进展。在巴厘岛、哥本哈根和坎昆气候变化大会期间，没能去参加会议的人都可以在家里或任何其他地方看到全体会议的现场直播。人们还可以通过社交网络服务网站 Facebook，视频网站 YouTube 和即时信息网站 Twitter 等工具“模拟参加”《气候变化框架公约》的会议。

手机加快了通讯的速度，扩大了通讯的范围，已成为谈判过程中不可缺少的工具。在不同非正式磋商小组开会的代表可以通过手机及时交换谈判的信息，包括准备做出的让步和将要达成的协议。这样就可以协调立场，避免混乱和矛盾。代表们也可以及时向他们国家首都的上级汇报和请示，例如可以将要产生的案文的一部分通过智能手机发送给上级，以得到指示。不能参加磋商小组的非政府组织代表可以将他们的立场用手机传送给予他们友好的代表团，使他们的观点和立场在磋商小组中也能加以考虑。在全体会议期间，各国代表都有固定的位置。没有坐在一起的有相似立场的代表团可以通过手机互相联络，交换信息，协调立场。代表也可以给坐在主席台上的秘书处成员发送短信，让他们转达对主席的建议和意见。在哥本哈根气候变化大会最后一次全体会议通过决议的时候，有代表给秘书处发短信，建议主席在决议中加上“缔约方大会注意到了《哥本哈根协议》”。主席接受了此建议，并向大会提出，最后获得通过。

开始是使用手提电脑，10 年后又用上了智能手机。这极大地改变了谈判的方式。20 世纪 90 年代初，会议室内只有少数几个电源插座，只有秘书处为会议写报告的人员在离电源不远的地方用手提电脑工作。1994 年，在《防治荒漠化公约》的会议上，秘书处首次使用手提电脑跟踪对《防治荒漠化公约》的修改。后来，在联合国总部和在几乎所有联合国会议的会场，在代表团的席位上都安装了电源插座。现在，代表们在会场上使用手提电脑和智能手机已十分普遍。有人说，这是意义最为深远的技术革命。在会场上，当会议正在进行的时候，代表们可以用它们随时阅读文件，查看有关网站，发邮件，记录会议要点，和做其他工作。此外，主要会议中心都设有供代表团使用的计算机室，那里总有许多人在忙碌。

2015 年 5 月在日内瓦召开的《巴塞尔公约》《鹿特丹公约》和《斯德哥尔摩公约》缔约国大会的一个接触小组会议上，有的代表在用电脑，有的在用手机

无线手提设备的发展也使新闻报道变得十分便捷。以前记者在参加联合国会议时总要费很大劲去寻找电话或质量可靠的互联网接口，以便把他们的报道发送出去，而现在，他们可以随时随地实时进行报道。

在《蒙特利尔议定书》第 20 次缔约方会议上秘书处贴出的说明这是一次“无纸会议”的海报

技术进步产生了积极的环境影响。现在已经不需要向每个代表团提供大量的书面文件了。代表们可以在电脑上阅读任何他们想看的文件，只在特别需要的时候才将有关文件打印出来。不少环境谈判现在已经采用“无纸会议”的形式。秘书处在会场准备了手提电脑，出借给没有带此设备的代表团。第一次无纸会议发生在 2008 年在卡塔尔召开的《蒙特利尔议定书》第 20 次缔约方会议，后来，很多环境会议，包括化学品公

约的会议、关于汞文书的谈判和联合国环境规划署理事会等都采用这种形式。

技术是一把双刃剑。它一方面使人们在较短的时间内做更多的工作，但另一方面反而加剧了谈判的强度。由于递交文件非常容易，更多的建议、意见和案文到达了秘书处的手里。谈判时，秘书处把谈判案文投放到银幕上，每个人都能清楚地看到他的意见是否得到了精确的反映。以前，会议主席可以在办公室里根据各代表团递交的书面文件，进行对比，然后产生一个最有可能被各方接受的案文。现在，一切都在会场进行，主席已不可能这么做了。代表们都千方百计想使案文更精确地按自己的案文定稿。这就使达成协议更加困难。管理大量的文件也比以前更加困难了，特别对小代表团更是如此。

智能手机和功能强大的手提电脑对一些发展中国家来说是一种奢侈。他们往往没有能力购买这些设备。在许多贫穷的发展中国家，互联网的速度和可靠性都存在着很大问题。因此，向这些发展中国家提供技术，以提高他们参加国际环境谈判的能力，是一个亟待解决的问题。

媒体的实时快速报道也不一定是好事，它可能会干扰谈判的顺利进行。在哥本哈根气候变化大会期间，奥巴马关于一个“交易”已在小范围闭门会议上达成的讲话被实时广播，会议中心的电视屏幕上播放了这条新闻，而那时联合国尚未正式发布此消息，这使许多与会代表感到迷惑不解。有的代表在闭门会议上用手机录下的谈判内情也被泄露出去，使代表们担心秘密泄露而在私下会谈中不敢畅所欲言。

谈判级别越来越高

许多环境会议，包括联合国环境规划署理事会（2013 年改为世界环境大会）、公约缔约方大会、议定书缔约方会议等都有一个部长参加的高级别部分，有时还有几位国家元首或政府首脑参加。由于部长有决策权，他们可以根据需要做出调整立场的决定，帮助解决一些棘手的问题，从而促进协议的达成。在过去的 20 多年中，部长们在全球环境外交谈判中发挥了重要作用。

在设立高级别部分初期，部长们往往只被邀请在大会后期的全体会议上做事先准备的演讲，而那时会场上可能已没有几个人坐在那里。后来，部长们开始真正参加到谈判中来。他们在一起召开专题圆桌会议，进行交流和讨论，还参加非正式小组的磋商。譬如在 2002 年世界可持续发展首脑会议期间，较低级别官员开始谈判《约翰内斯堡执行计划》一直未能达成协议，部长们花了许多日日夜夜在一起谈判这个文件，最后达成了协议。

哥本哈根气候变化大会在参会级别上有了一个重大突破。119 位国家元首和政府首脑出席会议，丹麦首相担任缔约方大会主席，成为外交史上在联合国总部以外召开的规模最大的一次国家领导人的聚会。有几位国家领导人甚至积极参加了会议谈判，达成了《哥本哈根协议》。当然这不是典型的环境大会的情况。一般来说，他们出席会议主要是发表演说、参加社交活动，以及与本国代表团开会。

部长发挥的作用是建立在各国官员工作的基础上的。在一次大的环境会议前，官员们往往要做许多的工作，包括召开小型会议为大会做准备等。

中国总理温家宝、巴西总统卢拉、南非总统祖马、印度总理辛格在哥本哈根气候变化大会期间磋商

上述情况表明，国际环境外交谈判强度的增加加快了全球环境立法的步伐，促进了全球环境领域的合作。技术的进步使环境谈判有了更大的透明度，在许多方面也推动了谈判的进程。总的来说，这是一个积极的进展，反映国际社会将更多的时间、资源和政治注意力放到了环境问题上。

但是，也有消极的一面。不少发展中国家没有足够的资源充分地参加各种谈判，因此他们的立场不能在谈判中得到充分的反映。许多会议在不同的地方举行，往往有许多重复，缺乏必要的协调，存在着议程的冲突和议事规则的不一致，影响了谈判的效率。履约中的协调是十分重要的，但实际上谈判和履约的责任却变得越来越分散，各联合国机构和多边环境协议间缺乏必要的和足够的协调，影响了履约的效率。

联合国环境与发展大会 20 多年后，人们通宵达旦地在极度疲劳中开会，绞尽脑汁谈判案文，使用最新的信息和通信技术，但这一切并没有推动全球环境问题的解决取得重大进展。

第二篇　中国环境外交

中国环境外交历程

自20世纪70年代以来，中国积极参加了国际环境外交活动，包括环境与可持续发展领域的会议以及缔结和履行多边环境法律文书的谈判，与联合国环境规划署、其他联合国机构和国际组织开展了广泛的合作，与许多国家签署了双边环境合作协议，开展了卓有成效的交流和合作。环境外交促进了我国环保事业，也为全球环境保护做出了重大贡献。

参加重大多边环境外交活动

联合国人类环境会议

1972年6月，在瑞典斯德哥尔摩召开了联合国人类环境会议。斯德哥尔摩会议是联合国主持召开的首次环境会议，也是大规模国际环境外交活动的开始。当时人类面临着环境日益恶化、贫困日益加剧等一系列突出问题，国际社会迫切需要共同采取行动来解决这些问题。这次会议就是在这样的国际背景下召开的。此次会议通过了《联合国人类环境会议宣言》和《斯德哥尔摩行动计划》。

中国政府派出了以化工部副部长唐克为团长的代表团出席会议，后来成为国家环境保护局首任局长的曲格平是代表团中一名重要成员。中国代表团积极参加了大会的活动，推动了上述两个文件的产生。中国环境外交也从这里开始。

斯德哥尔摩会议推动了全球的环境保护事业，也推动了我国的环境保护工作。1973年8月召开了第一次全国环境保护会议。1974年5月，成立了“国务院环境保护领导小组” 和“国务院环境保护领导小组办公室”（简称国务院环办）。国务院环办是当时我国环保工作的主管部门。此后，我国制定了《中华人民共和国环境保护法》等一系列环境保护的法律和法规，从中央到地方建立了一套完整的环境保护机构、环境监测站和环境科学研究机构。我国环保工作不断深入和发展。中国首次从国际环境外交中受益。

世界环境与发展委员会

根据1983年联合国第38届大会通过的决议，挪威首相布伦特兰夫人于1984年成立了以她为主席的世界环境与发展委员会。这是一个来自22个包括发达国家和发展中国家的23位政府要人、知名人士以及环境和发展领域著名专家组成的独立于联合国的机构。

世界环境与发展委员会的主要任务是审查世界环境和发展的关键问题，创造性地提出解决这些问题的现实行动建议，提高个人、团体、企业界、研究机构和各国政府对环境与发展问题的认识水平。

经中国政府推荐，中国著名生态学家马世骏成为委员会的委员。马世骏先生和委员会其他委员一起，在布伦特兰领导下，用了900天时间，不辞劳苦，走遍了世界各地，同各国政府、科学家、企业家以及非政府组织和普通公民进行了广泛的接触和讨论，了解各国关于环境与发展问题的状况，对全球经济增长、技术、全球化，以及经济增长、资源耗竭和人口之间的相互关系和影响等关键的环境与发展问题进行了深入和广泛的研究，同时也对为解决这些问题做出的国际努力的数量、质量和影响进行了分析。在此基础上，写出了《我们共同的未来》的报告。1987年2月在日本东京召开了委员会第8次会议，通过了《我们共同的未来》的报告。马世骏先生积极参加了各项活动，为这个报告的产生做出了重要贡献。国家环境保护局外事办公室对马先生参加委员会的活动提供了支持，包括帮助准备与会对案等。应世界环境与发展委员会的邀请，国家外事办公室负责人参加了东京会议和1987年5月在匈牙利布达佩斯举行的《我们共同的未来》欧洲首发式。

《我们共同的未来》亚洲地区首发仪式于1987年7月1日在北京钓鱼台国宾馆举行，会议取名为“世界环境与发展问题讨论会”。会议由中国国务院环境保护委员会和世界环境与发展委员会联合举办，国家环境保护局外事办公室负责这次会议的组织工作。中国政府各部委的一些主要负责人出席了会议。国务院副总理李鹏会见了世界环境与发展委员会代表团的全体成员。

《我们共同的未来》的主题是可持续发展。该报告给它下了如下定义：“可持续发展是既满足当代人的需要，又不对后代人满足其需要的能力构成危害的发展。”也就是说，在发展中要保护环境，保护自然资源，不但我们这一代有优美的环境和充足的资源来生存和发展，我们的子孙后代也永远有生存和发展的环境和资源。

由国家环境保护局外事办公室翻译的《我们共同的未来》一书的中文版于1989年12月由世界知识出版社出版。出版后受到热烈欢迎，几千册书很快销售一空。台湾地球日出版社于1992年4月据此译本出版了繁体字版。1997年吉林出版社又再版此书。《我们共同的未来》在中国受到了热烈欢迎，许多在环境保护和可持续发展领域工作的政府官员、专家、学者、

《我们共同的未来》原著和中文版

教授和研究人员都读了这本书。可持续发展成了我国的一项重要发展战略。

联合国环境与发展大会

1989 年 12 月，联合国大会根据《我们共同的未来》报告的建议，决定于 1992 年 6 月在巴西里约热内卢召开联合国环境与发展大会（也称为地球高峰会议），以制定扭转全球环境退化趋势、实现可持续发展的战略和措施。

地球高峰会议于 1992 年 6 月在里约热内卢召开。会议召开前成立了一个由各国政府组成的筹备委员会，召开了四次筹备委员会会议。在这些筹备委员会会议上，各国政府的代表、各国专家和各利益相关者一起对环境与发展的一些重大问题进行了深入的分析和讨论。

我国成立了包括外交部、国家科委、国家计委和国家环境保护局代表组成的中国出席联合国环境与发展大会筹备小组。1990 年，国务院环境保护委员会通过了《我国关于全球环境问题的原则立场》的文件。中国筹备小组根据这一文件的精神，制定了中国参加联合国环境与发展大会基本立场的对案。对案经国务院批准后实施，其中主要包括以下几点：第一，要坚持环境与经济的协调发展，也就是可持续发展的原则。对发展中国家来说，在保持适度经济增长的前提下，要妥善处理好经济发展与环境保护的关系，寻求适合本国国情的解决环境问题的方法和途径；第二，坚持“共同但有区别的责任”的原则。从历史和现实的角度看，发达国家是造成当代环境问题的主要责任者，发达国家有义务在现有的发展援助以外，提供新的、充分的、额外的资金，帮助发展中国家参加保护全球环境的努力，或补偿由于保护全球环境而带来的额外的经济损失，并以优惠的、非商业性的条件向发展中国家提供环境无害技术；第三，解决全球环境问题要坚持维护发展中国家的环境权益。各国对其资源的保护、开发、利用是各国的内部事务，应由各国自己决定。必须强调发展中国家对其自然资源及其开发利用的主权不容侵犯，同时反对某些国家借口环境保护干涉别国内政；第四，建立符合发展中国家利益的国际经济秩序，充分发挥发展中国家在处理全球环境问题中的作用。要建立有利于持续发展的公正的国际经济秩序，努力消除外部经济条件恶化带来的不利影响，加强发展中国家的经济实力，以提高对环境保护的支持能力。此外，中国筹备组还对全球气候变化、生物多样

国家环境保护局局长、中国代表团团长曲格平（左）和本书作者（右）1990 年 8 月在内罗毕召开的联合国环境与发展大会第一次筹委会会议上

性和森林等问题的立场进行了讨论，提出了相应对案。

中国派代表团参加了联合国环境与发展大会的四次筹备会议，在会上坚持我国关于环境与发展的原则立场。从内罗毕第一次筹委会会议开始，形成了“77 国集团和中国”这样一个机制。在以后的几次联合国环境与发展大会筹备会议期间，中国代表团一直和该集团的成员紧密配合，协调立场，为维护发展中国家的权益取得了很好的效果。

1991 年 6 月，在北京召开了由中国发起的 41 个发展中国家参加的环境与发展部长级会议，会议发表的《北京宣言》阐述了发展中国家在环境与发展问题上的原则立场，对大会筹备做出了实质性的贡献。根据联合国环境与发展大会筹委会第一次会议的要求，中国编写了《中华人民共和国环境与发展报告》，全面论述了中国环境与发展的现状，提出了中国实现环境与经济协调发展的战略措施，阐明了中国对全球环境问题的原则立场，受到了国际社会的好评。

宋健国务委员在发展中国家环境与发展部长级会议上击锤通过《北京宣言》

中国国务委员、国务院环境保护委员会主任宋健率领中国政府代表团出席了联合国环境与发展大会，中国总理李鹏出席了大会的首脑会议并发表了重要讲话，提出了加强环境与发展领域国际合作的主张，得到了国际社会的积极评价。李鹏总理还代表中国政府签署了《气候变化框架公约》和《生物多样性公约》，对会议产生了积极的影响。

这次会议将环境与发展相联系，通过了在全球实现可持续发展的《关于环境与发展的里约宣言》和《21 世纪议程》等重要文件。1994 年 7 月，在联合国开发署的支持下，中国政府在北京成功地举办了“中国 21 世纪议程高级国际圆桌会议”。我国制订了《中国 21 世纪议程》。这是一个在我国实现可持续发展的行动纲领和计划。在《中国 21 世纪议程》的框架指导下，编制了《中国环境保护 21 世纪议程》《中国生物多样性保护行动计划》《中国 21 世纪议程林业行动计划》《中国海洋 21 世纪议程》等重要文件以及国家方案或行动计划，认真履行所承诺的义务。此后，我国采取了一系列行动，实施这些计划，在环境保护和可持续发展方面取得了可喜的成就。

可持续发展世界首脑会议

里约联合国环境与发展大会以后，尽管全球在保护环境，实现可持续发展方面开展了许多合作行动，采取了许多措施，取得了一定的进展，但环境指标和社会经济指标都显示，全球环境仍在进一步退化，可持续发展在许多国家和地区仍然是一个梦想。

2002年在南非首都约翰内斯堡召开了“可持续发展世界首脑会议”。这次会议的主要目的是回顾《21世纪议程》的执行情况、取得的进展和存在的问题，并制订一项新的可持续发展行动计划，同时也是为了纪念联合国环境与发展会议召开10周年。

中国国务院总理朱镕基出席会议并发表重要讲话。在发言中，朱镕基向大会介绍了中国近10年来在联合国环境与发展领域所做出的努力和取得的成就，并阐述了中国政府促进可持续发展的五点主张：

（一）深化对可持续发展的认识，将解决各国面临的问题和解决全球环境问题结合起来，努力实现全球的可持续发展。

（二）实现可持续发展要靠各国共同努力。要以共同发展为目标，建立相互尊重、平等互惠的新型伙伴关系。坚持里约联合国环境与发展大会所确定的各项原则，特别是“共同但有区别的责任”的原则。

（三）加强可持续发展中的科技合作。要把科学技术特别是信息、生物等高新技术领域的成果，广泛应用于资源利用、环境保护和生态建设，采取新的政策和机制，解决知识产权保护与科技成果推广应用之间的矛盾，促进国际技术转让。

（四）营造有利于可持续发展的国际经济环境。实现全球可持续发展，需要公正、合理的国际经济新秩序和国际贸易新体制。发达国家应该开放市场，取消贸易壁垒，发展中国家应积极参与国际合作与竞争，不断提升可持续发展能力。

（五）推进可持续发展离不开世界的和平稳定。和平是人类生存和发展最重要的前提条件。一切国际争端和地区冲突都应通过和平方式解决，反对诉诸武力或以武力相威胁。

国务院总理朱镕基出席会议并发表讲话

在这次会议上，发展中国家呼吁发达国家采取措施，真正地实现联合国环境与发展大会上他们做出的承诺。发达国家保证，他们将尽更大的努力，来实现他们已经做出的承诺。

可持续发展首脑会议取得了积极的成果。会议通过了《约翰内斯堡可持续发展宣言》和《约翰内斯堡执行计划》两个文件。会议还建立了280个合作项目。这些合作项目主要由发展中国家向联合国提出，在这次会议上得到了通过，内容包括清洁燃料和汽车、清洁饮用水、可再生能源等方面。这些项目将由联合国组织，由发展中国家和发达国家的政府、联合国机构和其他国际组织，以及民间组织和工商界，一起合作来实施这些项目，以促进各个国家，特别是发展中国家的可持续发展。

中国代表团积极参加了会议的讨论，为会议的成功做出了积极的贡献。会后，我国在国际上积极参加这次会议上确定的伙伴合作项目，在国内加大了环境保护的力度，以科学发展观为指南，开始了我国环保工作的历史性转变。

联合国可持续发展大会

联合国可持续发展大会（里约+20峰会）于2012年6月20—22日在巴西首都里约热内卢举行。191个联合国会员国派代表和观察员出席，79位国家元首和政府首脑在会上做了发言，大约5万人参加了正式的峰会及相关边会和活动。这是历史上参与最为广泛的一次大会。

本次峰会上，各国围绕可持续发展和消除贫困背景下发展绿色经济和建立可持续发展的体制框架两大主题展开讨论，评估20年来可持续发展领域的进展和差距，重申政治承诺，坚持“共同但有区别的责任”的原则，分析应对可持续发展的新问题和新挑战。

中国总理温家宝携数位部长出席大会，并发表了《共同谱写人类可持续发展的新篇章》的演讲，阐述了中国政府推进可持续发展的三点主张：

（一）应当坚持公平公正、开放包容的发展理念。继续发扬伙伴精神，坚持里约原则，特别是共同但有区别的责任原则。发展中国家应当根据本国国情，制定并实施可持续发展战略，继续把消除贫困放在优先位置。发达国家要践行承诺，改变不可持续的生产和消费方式，减少对全球资源的过度消耗，并帮助发展中国家增强可持续发展能力。

（二）应当积极探索发展绿色经济的有效模式。发展绿色经济应当坚持因地制宜，支持各国自主决定绿色经济转型的路径和进程。发展绿色经济要注重创造更多就业机会，有助于消除贫困、改善民生；注重互利共赢，不以绿色经济之名行保护主义之实，把发展绿色经济作为各国推动可持续发展、促进世界经济复苏的有效途径。

温家宝总理和智利总统塞巴斯蒂安·皮涅拉在大会上交谈

（三）应当完善全球治理机制。充分发挥联合国的领导作用，形成有效的可持续发展机制框架，提高指导、协调、执行能力，以更好地统筹经济发展、社会进步和环境保护三大支柱，提高发展中国家的发言权和决策权，解决发展中国家资金、技术和能力建设等实际困难。建立包括相关国际机构、各国政府和社会公众共同参与的可持续发展新型伙伴关系。提出具有导向性的可持续发展目标，既明确今后奋斗的方向，又不限制各国的发展空间。

温家宝在大会上宣布，为推动发展中国家可持续发展，中国将向联合国环境规划署信托基金捐款600万美元，用于帮助发展中国家提高环境保护能力的项目和活动；帮助发展中国家培训加强生态保护和荒漠化治理等领域的管理和技术人员，向有关国家援助自动气象观测站、高空观测雷达站设施和森林保护设备；基于各国开展的地方试点经验，建设地方可持续发展最佳实践全球科技合作网络；安排2亿元人民币开展为期3年的国际合作，帮助小岛屿国家、最不发达国家、非洲国家等应对气候变化。

中国代表团除积极参加大会以外，还举办了包括“中国环境与发展国际合作委员会”在内的多边会，为会议成功做出了积极贡献。

各国代表通过了大会最终成果文件——《我们憧憬的未来》。大会结束时，共收到700个为实现大会达成的目标而采取行动的自愿承诺。一些国家的政府、私人部门、民间组织和其他团体做出了总额为5 130亿美元的自愿捐款承诺，其中包括中国和巴西等新兴发展中国家的承诺。

联合国可持续发展大会做出了一些重要决定，其中包括：建立一个政府间高级别政治论坛，取代联合国可持续发展委员会；加强联合国环境规划署，建立联合国环境规划署理事会普遍会员制，由联合国经常预算和自愿捐款为其提供可靠、稳定、充足和更多的财政资源；建立一个包容各方的、透明的政府间进程，以期制定全球可持续发展目标；资金和技术方面取得一定成果。大会决定在联合国大会下建立一个政府间过程，以提出一个有效的融资方案。

中国和许多国家对此次大会做出了积极的评价，认为它是一次成功的大会。

联合国可持续发展峰会

联合国可持续发展峰会于2015年9月25—27日在纽约联合国总部举行，9 000名代表出席，其中包括136位国家元首、政府首脑、工商领袖和民间组织领导人。

峰会通过了《变革我们的世界——2030年可持续发展议程》，即2015年后可持续发展议程的成果文件。它包括17项可持续发展目标（Sustainable Development Goals，SDGs）和169项子目标。

中国国家主席习近平出席了峰会，并发表讲话。他指出，本次峰会通过的2015年后发展议程，为全球发展描绘了新愿景，为国际发展合作提供了新的机遇。各国应该以此为新起点，共同走出一条公平、开放、全面、创新的发展之路，努力实现各国共同发展。他倡议国际社会加强合作，共同落实2015年后发展议程，努力实现合作共赢，并提出了与各国共同努力，实现2015年后发展议程的举措：中国将设立南南合作援助基金，首期提供20亿美元，支持发展中国家落实2015年后发展议程；中国将增加对最不发达国家投资，力争2030年达到120亿美元；中国将免除对有关最不发达国家、内陆发展中国家，小岛屿发展中国家，截至 2015 年底到期未还的政府间无息贷款债务；中国将设立国际发展支持中心，同各国一道研究和交流适合各自国情的发展理论和发展实践；中国倡议探讨构建全球能源互联网，推动以清洁和绿色方式满足全球电力的需求；中国愿意同有关各方一道继续推进一带一路建设，推动亚洲基础设施投资银行和金砖国家新开发银行早日投入运营，发挥作用。

他的发言受到与会者的广泛好评。

各国对这次峰会给予肯定的评价，认为这是一次成功的大会。《变革我们的世界——2030 年可持续发展议程》这一纲领性文件将推动世界在今后 15 年内实现消除极端贫困、战胜不平等和不公正，遏制气候变化和保护人类生存环境，实现可持续发展的远大目标。

2015 年 9 月 26 日，习近平主席在联合国可持续发展峰会上讲话

参加国际环境法律的制订和履行

国际环境法律的制订和履行是国际环境外交的一个最重要的组成部分。中国先后批准了保护湿地的《拉姆萨公约》《濒危野生动植物物种国际贸易公约》《关于保护臭氧层维也纳公约》和《蒙特利尔议定书》《联合国防治荒漠化公约》《控制危险废物越境转移及其处置巴塞尔公约》《联合国气候变化框架公约》和《京都议定书》《生物多样性公约》和《卡塔赫纳生物安全议定书》《关于在国际贸易中对某些危险化学品和农药采用事先知情同意程序的鹿特丹公约》和《关于持久性有机污染物的斯德哥尔摩公约》等多边环境协议。我国积极参加了这些多边环境协议的缔结和履行，为全球环境保护做出了积极贡献。

下面以《联合国气候变化框架公约》等重要多边环境法律文书为例，说明中国参与国际环境法律制订和履行的情况。

联合国气候变化框架公约

《联合国气候变化框架公约》（以下简称《气候变化框架公约》）于1992年5月9日在纽约通过，同年6月在里约联合国环境与发展大会上开放签字，并于1994年3月21日生效。中国在联合国环境与发展大会上签署了《气候变化框架公约》，并于当年1月5日向联合国交存批准书。这是在《21世纪议程》框架下的三个称为“里约公约”的重要多边环境协议之一。

此后，各缔约方开始谈判一个具有操作性的议定书。中国积极参加了达成这样一个议定书的谈判。1997年12月11日通过了《京都议定书》。中国于1998年5月29日签署《京都议定书》，并于2002年8月30日核准该议定书。该议定书于2005年2月16日生效。

中国作为一个负责任的发展中国家，对气候变化问题给予了高度重视，成立了由国务院总理担任组长的国家应对气候变化领导小组，建立了国家气候变化对策协调机制。作为履行《气候变化框架公约》的一项重要义务，2007年，中国政府发布了《应对气候变化国家方案》。中国根据可持续发展战略的要求，采取了一系列应对气候变化的政策和措施，认真落实《应对气候变化国家方案》中提出的各项任务，努力建设资源节约型、环境友好型社会，提高减缓与适应气候变化的能力，为履行《气候变化框架公约》，减缓和适应气候变化做出了积极的贡献。

中国发挥负责任大国的作用，积极和建设性地参与国际气候谈判多边进程，坚持和维护联合国气候变化谈判的主渠道地位，加强发展中国家整体团结协调，维护发展中国家共同利益，加强与发达国家气候变化对话与交流，增进相互理解，反对以应对气候变化为名设置贸易壁垒。

中国坚持《气候变化公约》的原则和基本制度，坚持共同但有区别的责任原则、公平原则、各自能力原则，推动《气候变化公约》及其《京都议定书》的全面、有效和持续实施，积极建设性参与全球2020年后应对气候变化强化行动目标的谈判，与国际社会共同努力，建立公平合理的全球应对气候变化制度。

中国坚持将减缓和适应置于同等重要的位置。在减缓方面，中国认为发达国家应当带头减少温室气体的排放。同时，发展中国家应根据它们的国情，在发达国家资金和技术支持下，在可持续发展的框架内采取合适和有效的减排措施。中国的立场是，发达国家要有法律约束力的减排指标，而发展中国家要采取自愿的行动，努力减少温室气体的排放。中国认为，适应对发展中国家更为重要。在取得财政和技术支持的情况下，它们应当采取现实的、紧迫的和积极的适应行动。

关于资金和技术，中国认为，发达国家应当兑现其做出的向发展中国家提供资金和技术的承诺，使发展中国家能够得到采取减缓和适应行动的必要的资金、技术和能力。作为发展中国家的中国有权取得这种资金和技术。

中国长期坚持《气候变化框架公约》和《京都议定书》是应对气候变化的主要工具。2007 年巴厘岛气候变化大会达成“巴厘岛路线图”以后，中国坚持气候谈判应当在《气候变化框架公约》下的长期合作特别工作组（AWG-LCA）和《京都议定书》下的附件一缔约方进一步承诺特别工作组（AWG-KP）两个轨道下进行谈判，并坚持《京都议定书》要建立第二个承诺期。在 2011 年年底召开的德班气候变化大会上，中国推动建立“加强行动德班平台特设工作组”（简称“德班平台”），开始谈判适用于所有缔约方的具有法律约束力协议的新的过程，以及通过关于绿色气候基金的运转等方面的决议。2012 年 11 月召开的多哈气候大会达成了名为“多哈气候途径”的一揽子协议，从法律上正式确定了《京都议定书》第二承诺期，《气候变化框架公约》长期合作行动特别工作组达成了包括共同愿景、减缓、适应、资金、技术等在内的协议，并在此基础上停止了两个特别工作组的工作。在 2013 年 11 月在波兰华沙举行的联合国华沙气候变化大会上，中国、印度、巴西和南非组成的“基础四国”提出了促成大会成功的四点建议，包括要加大落实以往承诺的力度，尽快开启德班平台的谈判，要在减排、适应、资金、技术和透明度等关键问题上取得平衡结果，全球应对气候变化新协议应有约束力等。“基础四国”为华沙气候变化大会取得的成果做出了实质性的贡献。

发改委副主任、中国出席联合国气候大会代表团团长解振华（右一）与美国气候变化问题特使、首席气候谈判代表托德·斯特恩（右三）在多哈气候变化大会上磋商，左一为中国气候变化首席谈判代表苏伟

中国认真履行《气候变化框架公约》和《京都议定书》，承担与发展阶段、应负责任和实际能力相称的国际义务，落实 2020 年控制温室气体排放行动目标，在可持续发展的框架下积极应对气候变化，为保护全球气候做出了积极贡献。

2013 年以来，中国政府紧紧围绕“十二五”应对气候变化目标任务，全面落实“十二五”控制温室气体排放工作方案，继续通过调整产业结构、节能与提高能效、优化能源结构、增加碳汇、适应气候变化、加强能力建设等综合措施，应对气候变化各项工作取得积极进展，成效显著。2014 年，我国单位国内生产总值能耗和二氧化碳排放分别比 2005 年下降 29.9%和 33.8%。我国已成为世界节能和利用新能源、可再生能源第一大国，为全球应对气候变化做出了实实在在的贡献。

中国在 2014 年 9 月颁布了《国家应对气候变化规划(2014—2020 年)》，明确了 2020 年前中国应对气候变化工作的指导思想、主要目标、总体部署、重点任务和政策导向。到 2020 年，单位国内生产总值二氧化碳排放比 2005 年下降 40%～45%，非化石能源占一次能源消费的比重到 15%左右，森林面积和蓄积量分别比 2005 年增加 4 000 万公顷和 13 亿立方米。产业结构和能源结构进一步优化，工业、建筑、交通、公共机构等重点领域节能减排取得明显成效，工业生产过程等非能源活动温室气体排放得到有效控制，温室气体排放增速继续减缓。

中国国家主席习近平特使、国务院副总理张高丽在联合国气候峰会上讲话

2014 年 9 月在联合国气候峰会上，中国国家主席习近平特使、国务院副总理张高丽全面阐述了中国应对气候变化的政策、行动及成效，并宣布中国将尽快提出 2020 年后应对气候变化行动目标，碳排放强度要显著下降，非化石能源比重要显著提高，森林蓄积量要显著增加，努力争取二氧化碳排放总量尽早达到峰值。他提出建立构建合作共赢的全球气候治理体系。

2014 年 11 月，中美双方发表了《中美气候变化联合声明》。中美两国元首宣布了两国各自 2020 年后应对气候变化的行动。美国计划于 2025 年实现在 2005 年基础上减排 26%～28%的全经济范围减排目标并将努力减排 28%。中国计划 2030 年左右二氧化碳排放达到峰值且将努力早日达到峰值，并计划到 2030 年非化石能源占一次能源消费比重提高到 20%左右。认识到这些行动是向低碳经济转型长期努力的组成部分并考虑到 2℃全球升温目标，双方均计划继续努力并随时间而提高力度。

在气候变化国际谈判中，中国继续发挥积极建设性作用，推动 2014 年 12 月在秘鲁利马举行的联合国气候变化大会取得积极成果，为在 2015 年联合国巴黎气候大会上达成在《联合国气候变化框架公约》下适用于所有缔约方的一项议定书、其他法律文书或具有法律效力的协定打下了基础。

根据《气候变化框架气候公约》缔约方大会的决定，中国于 2015 年 6 月 30 日向公约秘书处提交了应对气候变化国家自主贡献文件《强化应对气候变化行动——中国国家自主贡献》。文件重申了 2009 年中国向国际社会宣布的并在《国家应对气候变化规划（2014—2020 年）》中明确的到 2020 年应对气候变化的目标；文件确定了中国 2030 年的自主行动目标：二氧化碳排放 2030 年左右达到峰值并争取尽早达到峰值；单位国内生产总值二氧化碳排放比 2005 年下降 60%～65%，非化石能源占一次能源消费比重达到 20%左右，森林蓄积量比 2005 年增加 45 亿立方米左右。中国还将继续主动适应气候变化，在农业、林业、水资源等重点领域和城市、沿海、生态脆弱地区形成有效抵御气候变化风险的机制和能力，逐步完善预测预警和防灾减灾体系。

中国国家自主贡献文件还回顾了中国在应对气候变化方面所取得的成效，介绍了为实现上述目标所采取的政策和措施，以及 2015 年气候变化协议谈判的立场。

2015 年 9 月和 11 月，中美和中法两国元首分别发表了《中美元首气候变化联合声明》和《中法元首气候变化联合声明》。中美和中法双方分别就联合国气候变化巴黎大会涉及的重点问题达成了一系列共识，提出了深化气候变化领域对话合作、共同帮助其他发展中国家应对气候变化的务实举措。

中国政府于 2015 年 11 月发布了《中国应对气候变化的政策与行动 2015 年度报告》。该报告全面介绍了 2014 年以来中国在应对气候变化各个领域采取的措施和取得的成效，主要包括：发布《国家应对气候变化规划（2014—2020 年）》，通过调整产业结构、节能与提高能效、优化能源结构、控制非能源活动温室气体排放、增加森林碳汇等举措，努力控制温室气体排放；积极推动气候变化国际交流与合作，分别与美国、法国、欧盟、英国、印度和巴西发表了气候变化联合声明；筹建气候变化南南合作基金；围绕 2015 年巴黎协议及后续制度建设，积极建设性参与气候变化国际谈判。报告还阐述了中国对联合国巴黎气候变化大会基本立场和主张。

2015 年 11 月 29—12 月 12 日召开了巴黎气候变化大会。中国国家主席习近平出席开幕式并发表了题为《携手构建合作共赢、公平合理的气候变化治理机制》的讲话。他指出，巴黎大会要加强《联合国气候变化框架公约》的实施，达成一个全面、均衡、有力度、有约束力的气候变化协议。习近平指出，巴黎协议应该着眼于强化 2020 年后全球应对气候变化行动，也要为推动全球更好实现可持续发展注入动力。协议应该有利于实现公约目标，有效控制大气温室气体浓度上升，引领绿色发展；应该有利于凝聚全球力量，鼓励广泛参与，提高公众意识；应该有利于加大投入，强化行动保障，发达国家要落实承诺，向发展中国家提供更加强有力的资金支持，并向发展中国家转让气候友好型技术；应该有利于照顾各国国情，讲求务实有效，应对气候变化不应该阻碍发展中国家消除贫困、提高人民生活水平的合理需求。

习近平强调，巴黎大会要推动各国尤其是发达国家多一点共享、多一点担当，实现互惠共赢；要确保国际规则的有效遵守和实施，坚持民主、平等、正义，建设国际法治，遵守共同但有区别的责任原则；要允许各国寻找最适合本国国情的应对之策。

习近平主席在巴黎气候变化大会开幕式上讲话

习近平指出，中国在“国家自主贡献”文件中提出的目标虽然需要付出艰苦努力，但我们有信心和决心实现我们的承诺。中国政府认真落实气候变化领域南南合作政策承诺，今年9月宣布设立中国气候变化南南合作基金，将于明年继续推进清洁能源、防灾减灾、生态保护、气候适应型农业、低碳智慧型城市建设等国际合作，并帮助发展中国家提高融资能力。

巴黎大会最重大的成果是通过了《巴黎协定》。《巴黎协定》共29条，包括目标、减缓、适应、损失损害、资金、技术、能力建设、透明度、全球盘点等内容，为2020年后全球应对气候变化行动做出了安排。

《巴黎协定》制定的目标是：将全球升温较工业化前水平控制在显著低于2℃的水平，并向升温控制在1.5℃努力。为了实现这一长期气候目标，缔约方将尽快实现温室气体排放达到峰值。此后，缔约方将采用最好的科学技术迅速减排，以在21世纪下半叶实现温室气体的人为排放量与温室气体吸收汇清除量之间的平衡。

中国政府认为，《巴黎协定》是一个公平合理、全面平衡、富有雄心、持久有效、具有法律约束力的协定，传递出了全球将实现绿色低碳、气候适应型和可持续发展的强有力积极信号。

巴黎气候变化大会是人类外交史上的一个重要历史性事件。大会通过了《巴黎协定》，使人类进入了全球合作应对气候变化的新时代。

中国国家元首首次参加联合国气候变化大会，并发表重要讲话，为巴黎大会取得成功提供了政治推动力。以中国气候变化事务特别代表解振华为团长的中国代表团以灵活务实的态度，积极参加会议，在协调南北国家之间的分歧，促进协定的达成中发挥了重要作用。中国在气候谈判中扮演了领导者的角色，为巴黎大会的成功做出了历史性贡献，得到了国际社会的高度评价。联合国秘书长潘基文称赞中国代表团在巴黎大会谈判过程中与其他国家密切合作，为推动谈判进程做出了贡献。巴黎气候变化大会主席、法国外长法比尤斯表示，中国在谈判过程中为弥合各方分歧提出了多项建议，为推进谈判发挥了积极作用。

习近平主席12月14日应约同法国总统奥朗德通电话。习近平指出，巴黎大会成功通过《巴黎协定》，为2020年后全球合作应对气候变化指明了方向，具有历史性意义。中方一直坚定支持法方办好大会，与法方及有关各方密切沟通，赞赏法方作为东道主付出的巨大努力。中方为大会成功做出了自己的贡献。中法双方应该同各方一道，推动《巴黎协定》有效实施，推动国际应对气候变化向前发展。奥朗德感谢习主席出席联合国巴黎气候变化大会开幕活动，感谢中方为大会成功达成《巴黎协定》做出突出贡献。《巴黎协定》是有力度、有雄心的，符合国际社会共同利益。各方应该共同努力，有效落实协定，努力实现巴黎大会确定的目标。

12月12日，中国政府代表团团长、中国气候变化事务特别代表解振华在巴黎气候大会上发言，右为中国代表团副团长、外交部副部长刘振民

2016年3月31日，习近平主席和奥巴马总统在美国华盛顿共同发表第三个《中美元首气候变化联合声明》。双方承诺两国将于4月22日签署《巴黎协定》，并采取各自国内步骤以便今年尽早参加该协定。

2016年4月22日，《巴黎协定》在纽约联合国总部开放签署，175国代表在协定上签字，开创了人类历史上一个多边法律协议开放签署首日签字国最多的纪录。

中国国家主席习近平特使、国务院副总理张高丽出席了《巴黎协定》签字仪式，并代表中国签署《巴黎协定》。张高丽在开幕式上讲话，承诺中国将在2016年9月20日国集团杭州峰会前完成参加协定的国内法律程序，批准协定。中国已向其他20国集团成员发出倡议，并将与世界各国一道，推动协定获得普遍接受和早日生效。中国明确了二氧化碳排放2030年左右达到峰值并努力尽早达峰等一系列行动目标，并将行动目标纳入国家整体发展议程。中国"十三五"规划《纲要》确定，未来5年单位国内生产总值二氧化碳排放量下降18%。

国务院副总理张高丽代表中国签署《巴黎协定》

生物多样性公约

《生物多样性公约》于 1992 年 5 月 22 日通过，1992 年 6 月在里约热内卢联合国环境与发展大会开放签字，1993 年 12 月 29 日生效。这也是在《21 世纪议程》框架下的三个称为“里约公约”的重要多边环境协议之一。此后，在《生物多样性公约》下，国际社会又达成了《卡塔赫纳生物安全议定书》《关于获取遗传资源和公平和公正分享其利用产生的惠益的名古屋议定书》和《卡塔赫纳生物安全议定书关于赔偿责任和补救的名古屋——吉隆坡补充议定书》。中国积极参与了《生物多样性公约》及其下属议定书的制订。

中国于 1992 年 6 月在联合国环境与发展大会上签署了《生物多样性公约》，于 1993 年 12 月批准该公约。中国又于 2000 年 8 月签署《生物安全议定书》，于 2005 年 5 月核准该议定书。

缔约方大会是《生物多样性公约》的决策机构。到 2014 年底，共召开了 12 次缔约方大会，《卡塔赫纳议定书》和《名古屋议定书》分别召开了 7 次和 1 次缔约方会议。中国派代表团出席了历次会议，坚持原则，推动履约，做出了积极贡献。

中国坚持共同但有区别的责任的原则，坚持发达国家缔约方应向发展中国家缔约方提供履行公约下的义务所需要的资金和技术。由于中国和其他发展中国家的共同努力，2012 年召开的第 11 次缔约方大会在资金问题上取得了进展。会议决定到 2015 年向发展中国家提供的与生物多样性有关的国际财政资金的流动要翻一番。但在 2014 年召开的第 12 次缔约方大会上，一些发达国家企图从 11 次大会做出的承诺上后退。由于中国和其他发展中国家坚持，最后大会通过的决定维持了 11 次大会的决定。

在技术转让方面，中国一贯坚持联合国环境与发展大会做出的决定，发达国家应以优惠和减让性的条件向发展中国家提供保护全球环境需要的技术。但是发达国家在这个问题上一直持消极态度，技术转让困难重重。

尽管《生物多样性公约》的履约因为发展中国家缺少资金和技术而存在着很多问题，但中国在履约方面采取了一系列措施，取得了显著的成绩。

一是生物多样性保护体制不断完善，成立了中国生物多样性保护国家委员会，在生物物种资源保护和履约等方面建立了相应的协调机制。在环境保护部设立了履约办公室。

二是发布了一系列生物多样性保护相关法律法规，主要包括野生动物保护法、森林法、草原法、畜牧法、种子法以及进出境动植物检疫法等；颁布了一系列行政法规，包括《自然保护区条例》《野生植物保护条例》《农业转基因生物安全管理条例》《濒危野生动植物进出口管理条例》和《野生药材资源保护管理条例》等。相关行业主管部门和部分省级政府也制定了相应的规章、地方法规和规范。生物多样性保护法律体系初步建立。

三是制定和实施了一系列生物多样性保护规划和计划。1994 年，颁布了《中国生物多样性保护行动计划》。此后，我国政府又先后发布了《中国自然保护区发展规划纲要（1996—2010 年）》《全国生态环境建设规划》《全国生态环境保护纲要》《全国生物物种资源保护与利用规划纲要 2006—2020 年》。《联合国生物多样性十年中国行动方案》《中国生物多样性保护战略与行动计划（2011—2030 年）》《全国主体功能区规划》和《全国生态功能区划》等计划和规划。相关行业主管部门也分别在自然保护区、湿地、水生生物、畜禽遗传资源保护等领域发布实施了一系列规划和计划。

四是实施了生物多样性保护的重大举措。在保护森林、草原等方面实施了一些重大工程，包括植树造林、退耕还林、退牧还草、天然林保护等。生物多样性就地和迁地保护成绩显著。截至 2014 年底，建立自然保护区 2 729 个，其中国家级自然保护区 468 个。自然保护区总面积 147 万平方公里，占陆地国土面积 14.84%，超过世界 12.7%的平均水平，全国 85%的陆地生态系统类型、85%的国家重点保护野生动植物物种群得到了保护。建立了一批生物资源库。通过重点调查，初步摸清了我国重要生物资源种类和分布状况，建立了一批基础数据库。

五是生物多样性国际合作取得新进展。开展了中欧生物多样性合作、中美等大熊猫合作研究、中日韩朱鹮保护合作、中俄跨界自然保护区合作等一系列合作项目，进一步加强与联合国环境规划署、世界银行等国际组织在生物多样性保护方面的能力建设合作。

经过各方面共同努力，我国生物多样性保护取得积极进展，全社会生物多样性保护的意识明显增强，保护力度不断加大，部分区域生态系统得到恢复，80%以上国家重点保护野生动物野外种群稳中有升。大熊猫、金丝猴、老虎、朱鹮、扬子鳄、藏羚羊等繁育种群持续扩大。10 余种野生苏铁和 200 余种野生兰科植物得到保护。

同时，我国生物多样性保护形势依然严峻。生物多样性下降的总体趋势尚未得到遏制，资源过度利用、工程建设以及气候变化严重影响着物种生存和生物资源的可持续利用，一些生态系统功能不断退化，部分物种濒危程度加剧，少数地区外来入侵物种呈现扩大蔓延之势。此外，我国生物资源底数不清，监测监管能力不足，管理体制机制不顺，投入不足等影响生物多样性保护成效，保护工作仍然任重道远。

联合国防治荒漠化公约

1994 年 6 月 17 日法国巴黎外交大会通过了《联合国防治荒漠化公约》（以下简称《荒漠化公约》）。《荒漠化公约》于 1996 年 12 月 26 日生效。这是发展中国家推动下缔结的一个保护全球土地资源的多边环境协议，是 1992 年联合国环境与发展大会《21 世纪议程》框架下的三个称为“里约公约”的重要多边环境协议之一。《荒漠化公约》现有 195 个缔约方，秘书处设在德国波恩，由联合国管理。中国于 1994 年 10 月 14 日签署该公约，并于1997年2月18日交存批准书。《荒漠化公约》于1997年5月9日对中国生效。

中国对《荒漠化公约》的履约工作十分重视。1994年成立了中国防治荒漠化协调小组，对外称《联合国防治荒漠化公约》中国执行委员会，组长单位为国家林业局，成员单位包括外交部、国家发展和改革委、科技部、财政部、国土资源部、环境保护部、水利部和农业部等 18 个部委和国务院直属机构。在国家林业局成立了防治荒漠化管理中心，作为协调小组的办事机构，也是《荒漠化公约》中国执委会秘书处。

中国颁布和实施了一系列与防治荒漠化有关的法律法规，包括《防沙治沙法》《水土保持法》《土地管理法》和《草原法》等。

中国制定和实施了一系列防治荒漠化的规划和计划，包括《中国21世纪林业行动计划》《中国履行联合国防治荒漠化公约国家行动方案》和《全国防沙治沙规划（2011—2020）》等。

中国派代表团出席了历次缔约方大会及其附属机构科学技术委员会和履约审查委员会的会议，与其他发展中国家密切配合，为会议取得积极成果做出贡献。

资金问题一直是历次缔约方大会争论的焦点。全球环境基金是《荒漠化公约》的资金机制，但提供给它的活动和方案的资金一直较少。中国坚持共同但有区别的责任的原则，坚持发达国家缔约方应向发展中国家缔约方提供履行公约下的义务所需要的资金和技术。在每次缔约方大会上，预算，包括中期和长期的预算，也是争论的一个问题。日本等国家一直反对给《荒漠化公约》秘书处增加预算，中国和其他发展中国家一起，坚持要增加预算。由于中国和其他发展中国家的努力，才使通过的预算使《荒漠化公约》秘书处保持在运行的水平上。

“全球机制”是帮助缔约方大会促进实施《荒漠化公约》有关活动和方案进行集资的机制，是《荒漠化公约》下的一个辅助机构。长期以来，“全球机制”和《荒漠化公约》秘书处之间存在着冲突和矛盾，影响了《荒漠化公约》的履行。中国一贯主张加强“全球机制”与秘书处的协调。在第10和11次缔约方大会上，中国支持将“全球机制”的管辖权由国际农业发展基金移交给《荒漠化公约》秘书处，并将其办公室搬到波恩，与公约秘书处一起办公，并由公约秘书处管理。大会按此通过了相关决议，使这个长期悬而未决的问题得到了解决，推动了《荒漠化公约》的履行。

中国主张在荒漠化严重的亚、非、拉美等地区建立地区办事处，以加强《荒漠化公约》在这些地区的执行能力。由于中国和其他发展中国家的共同努力，第9次缔约方大会通过了在5个地区建立区域协调机制的决议。这是一个积极的进展。

中国按照规定，按时编制和递交履行《荒漠化公约》的国家报告。国家报告是《荒漠化公约》缔约国报告履约情况的最主要方式，也是国际社会评估各国履约成效的核心依据。

我国一贯重视荒漠化防治，不断加大治理和保护力度，履约工作成果丰硕。根据制定的行动计划和规划，我国划定了沙化土地封禁保护区，加大防沙治沙重点工程建设力度，开展退耕还林、退耕还草和植树造林工程，全面保护和增加林草植被，积极预防土地沙化，综合治理沙化土地，取得了可喜的成效。我国沙化面积由 20 世纪末的年均扩展 3 436 平方公里转变为目前的年均缩减 1 717 平方公里；沙区生态状况有了明显好转，植被覆盖率以年均 0.12%的速度递增，重点治理区林草植被覆盖率增幅达 20%以上。

虽然我国荒漠化速率有所降低，但荒漠化仍在继续发展。监测结果显示，全国现有荒漠化土地 262 万平方公里，占国土面积的 27%，全国沙化土地 173 万平方公里，占国土面积的 18%。全国有 4 亿多人经常遭受荒漠化危害，每年因荒漠化造成的直接经济损失达 540 亿元。人为破坏沙区生态的现象仍相当严重，滥樵采、滥放牧、滥开垦等破坏沙区植被资源的现象尚未杜绝。荒漠化治理和履约工作涉及许多部门，目前各部门的合作和协调仍然不够。在资金投入和政策等方面也有许多问题。一些沙区盲目的经济开发活动也对生态造成了新的破坏。我国防治荒漠化任务依然十分艰巨。

保护臭氧层维也纳公约

《保护臭氧层维也纳公约》（以下简称《维也纳公约》）于 1985 年 3 月在奥地利首都维也纳召开的保护臭氧层外交大会上通过，同时开放签字。《维也纳公约》于 1988 年 9 月生效。该公约是一个框架性协议，没有确定消耗臭氧层物质（ODS）的强制性减排指标。1987 年 9 月在加拿大蒙特利尔举行的会议上通过了《关于消耗臭氧层物质的蒙特利尔议定书》（以下简称《蒙特利尔议定书》）。它是为实施《维也纳公约》，对 ODS 进行具体控制的全球性协定。但是，1987 年通过的《蒙特利尔议定书》没有体现共同但有区别的责任的原则，包含有不利于发展中国家的条款，且科学论证不够，规定的限控物质范围太小，难以达到防止臭氧层继续恶化的目的，遭到了许多国家的批评。《蒙特利尔议定书》于 1989 年 1 月 1 日生效，但直到当年 5 月，130 个发展中国家中只有 10 个国家批准或加入了该议定书。

1989 年 3 月，联合国环境规划署和英国政府在伦敦联合召开了拯救臭氧层部长级国际会议。中国代表团在会上对《维也纳公约》和《蒙特利尔议定书》的宗旨和原则予以肯定，表示支持，但同时指出，《蒙特利尔议定书》没有体现“共同但有区别的责任”的原则，要求发达国家向发展中国家提供资金和技术，以使他们有效地参加保护臭氧层的国际努力。中国代表团在会上联合印度等发展中国家，提出了建立保护臭氧层国际基金的建议。

1989 年 4 月在芬兰赫尔辛基召开了《蒙特利尔议定书》缔约方第 1 次会议，中国派代表以观察员身份出席。中国和其他发展中国家的代表在会上正式提出了设立保护臭氧层国际基金的建议。

在 1990 年 6 月的在伦敦举行的《蒙特利尔议定书》第 2 次缔约方会议上，通过了

《蒙特利尔议定书》伦敦修正案，并通过了建立《蒙特利尔议定书》多边基金的决议。多边基金写入了伦敦修正案。基金的目标是帮助发展中国家在《蒙特利尔议定书》规定的期限内实现 ODS 的淘汰。多边基金的建立，体现了共同但有区别的责任的原则。过渡性多边基金于 1991 年开始运行，并于 1992 年 12 月成为正式基金。

中国于 1989 年 9 月 11 日加入《维也纳公约》，1991 年 6 月 14 日加入修正后的《蒙特利尔议定书》。

中国对履约工作十分重视，成立了由 17 个部委组成的国家保护臭氧层领导小组，由国家环境保护行政主管部门（现在是环境保护部）牵头，还成立了多边基金项目管理办公室，设在环境保护部环境保护对外合作中心，负责组织臭氧层保护国际公约履约项目的实施，承担《蒙特利尔议定书》履约的具体事务性工作和国家保护臭氧层领导小组办公室的日常工作，承担消耗臭氧层物质进出口管理办公室的日常事务性工作。

在国家保护臭氧层领导小组的领导下，保护臭氧层工作逐步实现了规范化管理，形成了制约 ODS 生产、消费和进出口的政策体系，为控制 ODS 的生产和消费，促进替代品和替代技术的研制、开发和推广，保证多边基金项目的实施，ODS 的削减和淘汰，起到了重要作用。

中国建立了一套完整的淘汰 ODS 的政策法规体系。《中华人民共和国环境保护法》和《中华人民共和国大气污染防治法》（以下简称《大气污染防治法》）是中国 ODS 淘汰行动所依据的基本的国内法。其中，《大气污染防治法》2000 年修正案专门针对 ODS 淘汰问题规定："国家鼓励、支持消耗臭氧层物质替代品的生产和使用，逐步减少消耗臭氧层物质的产量，直至停止消耗臭氧层物质的生产和使用。"这一原则性的规定为现行管理体系提供了明确的、原则性的国内立法支持。

中国于 1993 年 1 月制订了《中国逐步淘汰消耗臭氧层物质国家方案》，后来又作了修订。《中国逐步淘汰消耗臭氧层物质国家方案》及其修订稿是经国务院批准并得到蒙特利尔议定书多边基金执委会认可的国家行动计划。该方案实质上是中国实施《蒙特利尔议定书》的基本行动纲领，对中国 ODS 物质淘汰行动做出了全面的原则性规定，在 ODS 淘汰行动的整个政策法规体系中占有核心地位，是制订和实施各行业淘汰计划以及各种相关政策措施的首要依据。

在《中国逐步淘汰消耗臭氧层物质国家方案》之下，分别形成了 ODS 进出口管理、ODS 生产控制、ODS 消费控制、ODS 监督管理和多边基金赠款管理等政策体系。在蒙特利尔多边基金的支持下，按照行业的划分分别制订了各行业的 ODS 淘汰计划。并依据各行业计划，分别制订了各行业的具体政策，并实施了 ODS 淘汰项目。

到 2010 年，中国从多边基金累计获得资金 8 亿美元，实施了 400 多单个项目和 18 个行业计划，为 3 000 多家企业提供了资金支持，为完成第一阶段的履约目标提供了强有力的保障。

《维也纳公约》和《蒙特利尔议定书》是最为成功的多边环境协议。它们已实现普遍会员制，即所有联合国成员国都加入了这两个法律文书。《维也纳公约》和《蒙特利尔议定书》的执行率非常高，96 种 ODS 得到了控制。全氯氟烃、哈龙、四氯化碳和甲基氯仿是四种主要 ODS。到 2010 年 1 月 1 日，继发达国家 10 年前率先淘汰之后，发展中国家也全部淘汰了这四种物质。中国比《蒙特利尔议定书》规定的期限提前二年半于 2007 年 7 月 1 日淘汰了全氯氟烃和哈龙，并于 2010 年 1 月 1 日淘汰了四氯化碳和甲基氯仿。《蒙特利尔议定书》的实施，对保护臭氧层，保护全球环境发挥了重要作用。南极臭氧层空洞开始缩小，臭氧层有望修复。

现在，中国和其他缔约方一起，正在努力按照《蒙特利尔议定书》缔约方会议确定的时间表，继续削减和淘汰列入《蒙特利尔议定书》附件中的消耗臭氧层物质，例如含氢氯氟烃（HCFCs）等。

《蒙特利尔议定书》框架下一个悬而未决的问题是氢氟碳化物（HFCs）的问题。HFCs 是一种消耗臭氧层潜能值极低的一种物质，因此用它作为 HCFCs 的替代品。但是，后来发现，HFCs 是一种全球变暖潜能值极高的物质，因此必须加以淘汰。但在《蒙特利尔议定书》下管控还是在《气候变化框架公约》下管控，各方进行了多年的谈判，一直没有达成协议。

2015 年 6 月 22—24 日在美国华盛顿举行的第 7 轮中美战略与经济对话。双方在多边进程下就 HFCs 问题交换了意见，同意共同并与其他国家合作，通过利用包括《蒙特利尔议定书》的专长和机制在内的多边方式来逐步削减 HFCs 的生产和消费。这为在《蒙特利尔议定书》框架下关于 HFCs 谈判打破僵局创造了条件。

《蒙特利尔议定书》第 27 次缔约方会议于 2015 年 11 月 1—5 日在阿拉伯联合酋长国迪拜举行。以环境保护部副部长翟青为团长的中国代表团出席了会议。关于 HFCs 纳入《蒙特利尔议定书》管控的问题，翟青表示，中国愿与各方一道，就这一涉及不同法律框架的议题充分讨论，以协商一致的方式取得各方满意的结果。他强调，发达国家应当就发展中国家关切的资金、技术、替代品问题予以充分重视，推动这些问题得以解决，为后续谈判进程奠定基础。

第 27 次缔约方会议决定成立一个接触小组，就 HFCs 在《蒙特利尔议定书》下管控的可行性进行谈判。会议选举中国代表夏应显和澳大利亚代表帕特里克·麦金纳尼（Patrick Mclnerney）为接触小组召集人。第 27 次缔约方会议在 HFCs 问题上取得了重大进展，HFCs 问题有望得以解决。中国代表团做出了积极贡献。

关于汞的水俣公约

从 2007 年 2 月开始，在联合国环境规划署的主持下，开始了缔结一项关于汞的法律文书的谈判。2013 年 1 月，各国代表在日内瓦完成《关于汞的水俣公约》的谈判。2013 年 10 月，《关于汞的水俣公约》外交大会在日本熊本市召开，《关于汞的水俣公约》

开放签字。由环境保护部牵头，外交部和工信部等单位组成的中国代表团参加了历次谈判。在7年时间里，中国代表团积极主动，在重点议题谈判上发挥了积极建设性作用，为《关于汞的水俣公约》的成功达成做出了重要贡献，得到了各方高度评价。中国在外交大会上签署了《关于汞的水俣公约》。《关于汞的水俣公约》是2012年里约+20峰会后国际社会达成的第一个多边环境法律文书，意义重大。

2016年4月20日，全国人民代表大会常务委员会做出了批准《关于汞的水俣公约》的决定。

与联合国在环境领域的合作

中国支持并积极参与联合国系统开展的环境事务，联合国环境规划署是中国的主要合作伙伴。

1976年在肯尼亚内罗毕成立了中国常驻联合国环境规划署代表处，时任国务院环境保护办公室副主任曲格平被任命为首任代表。

长期以来，中国与联合国环境规划署开展了卓有成效的合作。中国是历届联合国环境规划署的理事国，派代表团出席了联合国环境规划署的历次理事会会议和其他联合国环境规划署组织的重要会议。中国于1979年加入了联合国环境规划署的"全球环境监测网""国际潜在有毒化学品登记中心"和"国际环境情报资料源查询系统"。1987年，联合国环境规划署在中国兰州设立了"国际沙漠化治理研究培训中心"总部。在联合国环境规划署的组织下，中国将防治沙漠化、建设生态农业的经验和技术传授到许多国家。

从20世纪90年代以来，双方在荒漠化防治、生物多样性保护、臭氧层保护、清洁生产、循环经济、环境教育和培训、长江中上游洪水防治等领域开展了合作，执行了许多合作项目。中国还与联合国环境规划署开展了西北太平洋保护行动计划、东亚海保护行动计划以及防止陆源污染保护海洋全球行动计划等合作。联合国环境规划署是全球环境基金的执行机构。中国和联合国环境规划署的许多合作项目是利用全球环境基金的资金来实施的。

中国积极参加了由联合国环境规划署牵头组织的重要国际环境公约的谈判和履约工作，包括《生物多样性公约》《巴塞尔公约》《维也纳公约》和《蒙特利尔议定书》《鹿特丹公约》《斯德哥尔摩公约》和《水俣公约》等。

经中国政府批准，《中华人民共和国政府与联合国环境规划署关于在华设立联合国环境规划署代表处的协议》于2003年5月29日在内罗毕签署，并于同年9月19日在北京举行了联合国环境规划署驻华代表处成立仪式。特普菲尔执行主任在成立仪式上说："中国是一个有13亿人口的大国。中国的环境状况不仅关系到其本国人民的福祉，而且对全球都将产生深远的影响。"这是联合国环境规划署在世界上建立的第一个国家级代表处，意义重大。此后，中国与联合国环境规划署的合作有了进一步的发展。

在 2003 年 9 月 19 日为联合国环境规划署驻华代表处成立举行的记者招待会上，右起：本书作者，联合国副秘书长、联合国环境规划署执行主任特普菲尔、国家环保总局副局长祝光耀，联合国开发署驻华代表兼联合国驻华协调代表马和励

代表处成立以后，做了大量工作，其中一项是起草和组织签署《北京奥组委与联合国环境规划署谅解备忘录》。2005 年，该《谅解备忘录》由北京奥组委执行副主席刘敬民和联合国环境规划署执行主任特普菲尔在北京签字。在此合作框架下，联合国环境规划署和北京奥组委在 2008 年奥运会筹备和举办期间联合开展了一系列绿色奥运的活动。

2007 年 10 月，联合国环境规划署发布了《北京 2008 年奥林匹克运动会环境审查报告》。该报告是国际奥委会历史上首次认可的一项对奥运会所做的独立环境评估。该报告是联合国环境规划署牵头编制的。新任联合国环境规划署执行主任阿希姆 · 施泰纳在报告的《前言》中说："在距离举办北京 2008 年奥运会不到一年之际，北京正在履行其环境方面的承诺。"该报告对北京在筹备 2008 年奥运会期间所做的环境保护工作，包括改善北京市的环境质量和场馆建设中贯彻绿色奥运的理念等方面，作了充分的肯定。报告被散发到世界各国，打消了许多运动员和其他奥运参加者对奥运期间北京环境质量的疑虑，为后来奥运会的巨大成功做出了贡献。

双方在环境教育方面有许多合作。联合国环境规划署在德国德累斯顿理工大学举办了一个环境管理培训班，为发展中国家和经济转型国家培养环境管理人才。从 20 世纪

80年代开始，我国每年都要选派环保管理干部到该培训班学习。他们后来都成了中国各级环保部门的业务骨干，有多人成了领导干部。

2002年5月，在上海同济大学成立了联合国环境规划署和同济大学环境与可持续发展学院。该学院的目的是为发展中国家培养环境管理和科技人才，每年招收一个班的硕士研究生，另外还举办一些短训班和研讨班。后来，硕士研究生班不但有发展中国家的学生，也有来自发达国家的学生。

联合国环境规划署在中国还开展了各种各样的青年环境运动，比如儿童环境绘画大赛，青年环境骨干培训，未来领导人培训，以及和北京市环境宣传教育中心合作开展的青年交流项目等。

我国环境保护事业的领导人曲格平和解振华先后被授予联合国环境规划署设立的联合国内环境领域最高奖项笹川环境奖。中国有许多个单位和个人被授予联合国环境规划署设立的“全球500佳”称号。后来，联合国环境规划署设立了“地球卫士”的奖项，我国有数人被联合国环境规划署授予“地球卫士”的称号。这不但是对获奖者在环保事业中取得的成就和做出的贡献的肯定，也是对我国环保工作的肯定。

中国环境与发展国际合作委员会（简称国合会），是环境与发展领域中外高层人士与权威专家组成的高级国际咨询机构。国合会成立以来，对中国环境与发展领域的重大问题进行了深入研究，向中国政府提出了很多政策性的建议，为促进中国环境保护和可持续发展事业做出了有益贡献。联合国环境规划署对国合会的工作一直十分支持。前任联合国环境规划署执行主任特普菲尔和现任执行主任施泰纳先生先后担任国合会外方委员并任外方副主席，为中国的环境与发展事业出谋划策。

2011年11月，联合国环境规划署“国际生态系统管理伙伴计划”（International Ecosystem Management Partnership）启动，在北京建立了办公室。这是一个设在中国的国际机构，旨在推动发展中国家在有关生态系统管理的科学和政策间的衔接。该计划得到中国环境保护部、中国科学院和国家自然科学基金委员会等部门的大力支持。该伙伴计划的依托单位为中国科学院地理科学与资源研究所。

伙伴计划负责对全球生态系统监测和研究能力开展综合全面的调查和评估，同时将对非洲地区的生态系统管理能力以及增强非洲地区生态系统研究和管理能力的最佳途径开展评估。伙伴计划将建立一个数据库，共享有关发展中国家生态系统管理的方法、工具和知识，为这些国家的决策提供服务。

伙伴计划办公室成立以后，开始通过编制政策文件和组织高层论坛，综合最新的研究成果，为政策制定提供支持，并组织实施全球环境基金“增强对脆弱发展中国家气候适应力的能力、知识和技术支持”等项目。

2013年3月13日，联合国大会通过67/251号决议，将联合国环境规划署理事会改名为联合国环境大会。联合国环境规划署首届联合国环境大会于2014年6月在内罗毕举行。这为落实里约+20峰会决定，加强联合国环境规划署迈出了第一步。以环境保护部部长周生贤为团长的中国代表团出席了会议。这是加强国际环境管制的历史性事件。第二届联合国环境大会于 2016 年 5 月 23 日至 27 日举行。中国环境保护部部长陈吉宁率领中国代表团出席并在部长级高级别会议上阐述了中国政府的立场。会议为联合国环境署实施《2030 年可持续发展议程》制定了蓝图。中国一贯支持加强联合国环境署，积极参加了这两次会议，为会议的成功做出了贡献。

中国与联合国开发署、联合国人居署和联合国工发组织等联合国机构在环境领域也开展了大量的合作活动，如在促进城市的可持续发展、实现千年发展目标和应对气候变化等方面。中国是 1993 年成立的联合国可持续发展委员会的成员国，在这个全球环境与发展领域的高层政治论坛中一直发挥着建设性作用。2013 年，根据联合国可持续发展大会的决定，可持续发展委员会的工作结束，成立了政府间可持续发展高级别政治论坛，中国支持这个论坛的建立，并将发挥积极的作用。中国与联合国亚太经社会等组织保持了密切的合作关系，并通过参加东北亚地区环境合作、西北太平洋行动计划、东亚海洋行动计划协调体等，对亚太地区的环境与发展做出了贡献。

开展政府间多边环境合作

进入 21 世纪以来，中国与主要大国集团和地区的多边环境合作得到进一步加强。在中非合作论坛框架下的环保合作深入发展，召开了中非合作论坛环保合作会议和中非环境合作部长级对话会，开展了大量务实合作；开展了中欧环境政策部长对话并签署了合作文件，中欧环境合作不断发展；举办了欧亚经济论坛生态与环保合作分会，亚欧环境政策对话深入推进；中日韩三国环境合作进入成熟阶段；开展了东盟—中日韩（10+3）机制下的环境合作；成立了中国—东盟环境保护合作中心，召开了中国东盟环境合作论坛；成立了中国—上海合作组织环境保护合作中心，开展在上合组织框架下的环保合作；举行了首次金砖国家环境部长正式会议，金砖五国在环境领域的合作不断发展。

开展双边环境外交

中国积极开展环境保护领域的双边外交。30 多年来，中国先后与美国、朝鲜、加拿大、印度、韩国、日本、蒙古、俄罗斯、德国、澳大利亚、乌克兰、芬兰、挪威、丹麦、荷兰、瑞典、埃及、西班牙等国签订了环境保护双边合作协定或谅解备忘录。在全球环境问题、环境规划与管理、污染控制与预防、森林和野生动植物保护、海洋环境、气候变化、大气污染、酸雨、污水处理等方面进行了交流与合作，取得了一批重要成果。

2012 年 4 月 25 日，环境保护部部长周生贤与瑞典环境大臣莱娜·埃克在两国总理的见证下签署《中瑞环境合作谅解备忘录》

通过参与国际环境外交活动，我国不断加强与各国在环境保护领域的合作，扩大了影响，树立了负责任的环境大国形象，维护了国家权益；通过我国与许多国家和国际机构开展的在环境管理和环保科技方面的合作，提高了我国环保工作的管理和科技水平；通过国际合作，我国还从国外引进了大量用于环境保护的资金，推动了我国的污染防治和环境管理能力建设。环境外交和环保领域的国际合作，促进了我国环境保护事业，也为全球环境保护和可持续发展事业做出了贡献。

早期中国国际环保科技合作*

自20世纪70年代初开始，中国就积极参加了全球环境保护国际合作。1972年，我国派代表团出席了在瑞典斯德哥尔摩召开的联合国人类环境会议。当时人类面临着环境日益恶化、贫困日益加剧等一系列突出问题，国际社会迫切需要共同采取行动来解决这些问题。这次会议就是在这样的国际背景下由联合国主持召开的。会议推动了全球的环境保护事业，也推动了我国的环境保护工作。会后，我国于1974年成立了国务院环境保护领导小组和国务院环境保护领导小组办公室（以下简称国务院环办）。国务院环办是当时我国环保工作的主管部门。此后，我国制订了《中华人民共和国环境保护法》等一系列环境保护的法律和法规，从中央到地方建立了一套完整的环境保护机构、环境监测站和环境科学研究机构。我国环保工作不断深入和发展。我国与联合国机构、其他国际机构和国家之间在环保科技领域的合作也不断深入和发展。

国际环保科技合作

中国支持并积极参与联合国系统开展的环境事务。中国是历届联合国环境规划署的理事国，与联合国环境规划署进行了卓有成效的合作。中国于1979年加入了联合国环境规划署的“全球环境监测网”、“国际潜在有毒化学品登记中心”和“国际环境情报资料源查询系统”。我国同联合国环境规划署在这些机制下，开展了许多国际科技合作活动。

通过环保科技合作，我国从国外引进了治理环境的先进科学技术，但同时，我们也向其他发展中国家提供我国掌握的先进技术。例如，在荒漠化治理方面，1987年，联合国环境规划署在中国兰州设立了“国际沙漠化治理研究培训中心”总部。在联合国环境规划署的组织下，中国将防治荒漠化、建设生态农业的经验和技术传授到许多国家。在1985—1988年，在中国举办了3期荒漠控制培训班，来自亚非拉各国受到荒漠化影响的国家的代表60余人参加了培训。我国派出了治沙专家赴坦桑尼亚、埃塞俄比亚等国，帮助这些国家进行荒漠化的治理。

我国还同联合国环境规划署联合举办了沼气培训班、病虫害生物防治会议、非木材制浆和造纸环境影响专家工作会议等，交流这些方面的经验和技术。在清洁生产、可持续生产和消费、海洋环境保护、生物多样性保护、生态旅游等方面，我们也开展了许多

---

* 本文原收入由靳晓明、徐新民、果绍先等编著的《国际科技合作征程》（第六辑）（2015年9月科学技术文献出版社出版），原文题目为《国际环保科技合作回顾》。

与联合国环境规划署和其他国家的合作活动。

我国先后批准了保护湿地的《拉姆萨公约》《濒危野生动植物物种国际贸易公约》《关于保护臭氧层的维也纳公约》和《蒙特利尔议定书》《控制危险废物越境转移及其处置巴塞尔公约》《联合国气候变化框架公约》和《京都议定书》《联合国生物多样性公约》和《卡塔赫纳生物安全议定书》和《联合国防治荒漠化公约》等多边环境协议。我国积极参加了这些多边环境协议缔约国会议和其他实施公约的会议。在这些多边环境法律文书的框架下，我国与其他国家也开展了许多科技合作活动。

我们还通过国际环境公约的实施，引进资金和技术，推动了我国的履约工作，为中国和全球的环境保护做出了贡献。例如，通过履行《关于保护臭氧层的维也纳公约》和《蒙特利尔议定书》，我国利用《蒙特利尔议定书》多边基金和国外先进技术，按《蒙特利尔议定书》的规定，按时淘汰了耗竭臭氧层物质。在《联合国气候变化框架公约》和《京都议定书》的"清洁生产机制"下，也已经开展了许多项目，引进和开发了许多有益于环境的技术，例如新能源技术。

全球环境基金是根据"共同而有区别的责任的原则"建立起来向发展中国家提供他们为保护全球环境所作努力需要的额外资金的一个资金机制。我国利用这个机制，在生物多样性保护、应对气候变化、荒漠化治理、国际海域的保护、可持久有机污染物控制等方面，引进了大量资金和技术，开展了大量的项目。

中国积极发展环境保护领域的双边科技合作。30多年来，中国先后与美国、朝鲜、加拿大、印度、韩国、日本、蒙古、俄罗斯、德国、澳大利亚、乌克兰、芬兰、挪威、丹麦、荷兰等国家签订了环境保护双边合作协定或谅解备忘录。在环境规划与管理、污染控制与预防、森林和野生动植物保护、海洋环境、气候变化、大气污染、酸雨、污水处理等方面进行了交流与合作，取得了一批重要成果。

国家科学技术委员会积极支持各部门和各地环保领域的国际科技合作。它自己也组织了一些重点的国际环保科技合作活动。例如，20世纪80年代中期，国家科委和世界银行联合开展了京津地区水资源管理问题的研究，参加研究的有来自世界各地和国内水资源管理方面的专家。该合作项目的研究报告从如何解决好水资源供需矛盾的角度出发，分析讨论了京津地区水资源概况、水资源开发利用现状和未来发展对水资源的需求情况，指出京津地区水资源短缺问题十分严重。造成这种状况的原因，一是水资源的过度开发利用和浪费，二是水资源的污染，例如海河已是中国污染最为严重的河流之一。这种情况将严重影响该地区经济的发展、社会的安定和人体的健康。在此基础上，提出和探讨了解决京津地区水资源问题的若干途径，并认为节约用水特别是农业节水、开展地下水库人工调储、水的回收利用，以及防治水资源污染是解决京津地区水资源问题的根本，也是一条经济可行的途径。国家科委还组织了由中外专家参加的研讨会。出席会议的专家充分肯定了这项研究的成果。这项研究成果对京津地区水资源的保护发挥了积极的作用。

1994 年 3 月 20 日，国家环境保护局局长解振华（右）和日本国驻华大使国广道彦（左）签署中国和日本国政府环境保护合作协定。中国国务院总理李鹏和日本国首相细川护熙出席并主持签字仪式。国家计委主任陈锦华、中国驻日本国大使徐敦信、公使衔参赞王毅，以及本书作者等也出席

中国科学院也组织了不少与美国大学和研究机构在环境科技领域的合作，开展了许多合作项目。中科院的一些研究所邀请了一些美国的环境科学家访问，在华举办了不少环境科学各领域的培训班和讨论会。例如，中国科学院还派出了一些科研人员到美国大学或研究机构进修、学习或担任访问学者。例如，环境化学研究所有机化学家徐晓白曾被派往加利福尼亚大学伯克利分校担任访问学者，取得突出成绩，后成为中国科学院院士。

中国科学院的一些研究所和外国研究机构和专家开展了许多环境科学方面的联合研究。例如，环境化学研究所聘请了西德专家金士博（Kingsberg）来所开展合作研究。金士博是水质数学模型专家。金士博和环化所研究员汤鸿霄等一起开展了这个领域的合作研究。金士博还曾多次给有关科研人员讲课。水质数学模型描述水体中水质变化规律的数学表达方式。它主要以物质守恒原理为基础，模拟污染物质排入水体以后，水体的水质在物理、化学和生物化学等过程中的变化。水质数学模型反映污染物排放与水体质量的定量关系，主要用于水体污染特性、水体纳污容量的研究和水质预测。合作研究取得了可喜的成果。汤鸿霄后来成为中国工程院院士。

方毅副总理（前排左五）会见美国麻省理工学院代表团，中科院副院长周培源（前排左二）和严济慈（前排右三）等参加，本书作者（后排右二）参加了接待和翻译工作

一些地方环保部门和研究机构同国外也开展了合作研究，例如早在20世纪80年代，新疆环保所同西德合作开展了马纳斯河流域干旱地区生态学的研究；新疆环境保护局与世界自然基金会合作开展了阿尔金山自然保护区考察；天津市环保所同瑞典斯德哥尔摩环境研究所开展了于桥水库富营养化及治理研究。这些合作也取得了可喜的成果。

中国为进一步加强在环境与发展领域的国际合作，1992年4月成立了“中国环境与发展国际合作委员会”（简称“国合会”）。国务委员兼国家科委主任宋健是第一届国合会主席。国合会由40多位中外著名专家和社会知名人士组成，负责向中国政府提出有关咨询意见和建议。该委员会在能源与环境、生物多样性保护、生态农业建设、资源核算和价格体系、公众参与、环境法律法规、循环经济等方面提出了具体而有价值的建议，得到中国政府的高度重视和响应。在国合会下在环境与发展的各领域成立了工作组。这些工作组由中外在这些领域的著名专家组成，对这些关于环境与发展的重大问题进行深入的研究，写出研究报告。在这些报告的基础上，国合会综合成为向中国政府提出政策建议。这些工作组实际是中外联合国环境与发展领域科技合作的平台。国合会成立20年来，为中国环境与可持续发展事业做出了重要贡献。

1998年我国发生严重水灾以后，联合国环境规划署和联合国人居中心于当年12月和1999年1月派出了两个考察团访华，在国家环保总局专家的配合下，对我国水灾危害的原因进行了调查和分析，并得出如下结论：森林砍伐、围湖造田和陡坡种植等生态破坏是造成1998年水灾巨大破坏力的根本原因。在此调查的基础上，联合国环境规划署、联合国人居中心和国家环保总局联合开展了“长江流域洪水成灾因素综合治理”项目。在这个项目的框架下，成立了国家环保总局、联合国环境规划署和人居中心长江流域洪水减灾与管理专家工作组。工作组包括来自中国各部委和各研究机构的中方专家，以及来自美国、尼泊尔、联合国环境规划署和人居中心的国际专家。国际专家从自然保护角度对洪水危害的减少和应对进行了研究；国家环保总局对外经济合作办公室组织中方专家就中国如何从自然保护角度对洪水危害的减少和应对进行了深入的研究。

1999 年专家工作组召开了三次洪水减灾与管理专家工作组技术研讨会。研讨会的题目分别是“长江流域可再生能源与人居工程建设”、“长江流域湿地恢复、管理与利用技术”和“长江流域山地生态系统综合管理技术”。中外专家从不同角度总结和交流了减少洪水灾害的技术和经验。

参加长江流域洪水减灾与管理专家工作组第三次会议的中外专家合影

此外，国家环境保护总局和联合国环境规划署还开展了“洞庭湖地区洪水易损性研究”，对造成洞庭湖地区洪水灾害的因素进行了具体的分析研究，提出了减少该地区洪水灾害的政策和技术方案。

上述合作活动的成果汇编成 3 本书，以中英两种文字出版。它们已在国内外广泛散发，不但对我国，而且对其他受到洪水危害的发展中国家的减灾工作，已经和正在发挥着有益的作用。

国家环境保护总局和联合国环境规划署还联合开展了长江流域自然保护和洪水控制全球环境基金（GEF）项目。该项目的地理范围是长江中上游地区，内容包括三个部分：对生态功能的保护进行评估和规划；建立一个生态功能和早期报警系统；在云南老君山和四川宝兴地区建立两个示范项目。2004 年上半年，GEF 理事会批准了该项目。根据批准的项目建议书，GEF 为该项目提供 400 万美元的赠款。美国的一个名叫 TNC 的自然保护组织提供 400 万美元的配套资金，用于老君山示范项目的建设。我国也提供了相应的配套资金。该项目的成功实施，对我国长江中上游地区的自然保护和洪水控制发挥了积极的作用。

中美环保科技合作

1979 年，美国环境保护局副局长巴巴拉·布鲁姆女士（Barbara Blum）应中国科学院环境化学研究所所长刘静宜教授的邀请访华。这是美国国家环境保护局领导人第一次来华访问。国务院环办副主任曲格平在北京与她进行了会谈，并陪同她访问了上海等地。在会谈中，双方就签署中美环境保护合作协议一事初步交换了意见。美国国家环境保护局副局长巴巴拉·布鲁姆女士在这次访问与国务院环办副主任曲格平的会谈，开始了中美两国政府在环保方面的交流和合作。

曲格平（中）与考斯塔尔（左）在华盛顿签署《中美环境保护科学技术合作议定书》下的 3 个附件

1980 年 2 月，美国国家环境保护局局长道格拉斯·考斯塔尔（Douglas Costle）访华，与中方商讨中美环保合作事宜。国务院环境保护领导小组办公室主任李超伯和考斯塔尔分别代表两国政府签署了《中美环境保护科学技术合作议定书》（以下简称《中美科技合作协定书》）。这是《中美科技合作协定书》下一个议定书。同年 5 月，曲格平副主任率领中国环境保护代表团访问美国，代表中国国务院环办与考斯塔尔签署了《中美科技合作协定书》下的 3 个附件。

为谈判和执行此《中美科技合作协定书》，美方陆续派了数个代表团访华。1980 年 10 月 20—11 月 3 日，根据《中美科技合作协定书》附件 1 和附件 3 的规定，美国国家环境保护局科技代表团访华，就这两个附件的内容同我方代表团共同研究制定了一项执行计划。

美国代表团分别为由团长维尔马·亨特率领的环境健康研究专家和由团长伦·希勒斯契率领的环境过程和影响研究专家组成。中国环境科学代表团由曲格平任团长。

亨特先生率领的 5 名专家在京期间，参观了中国医学科学院卫生研究所，听取了我方关于燃煤产生空气污染对肺癌及上呼吸道发病率的影响，以及环境污染物在生物体内积累的研究方案的介绍，并就如何开展在这方面的合作研究交换了意见。随后该团分别到云南宣威、广西桂林、上海和广州等地参观访问。

由希勒斯契先生为首的七名专家，在北京参观了中科院环境化学研究所和中科院大气物理研究所、动物研究所以及北京市环境保护研究所和环境监测中心，并与我国有关环境科学研究机构的科学家，就人员和信息交流以及双方感兴趣的科研课题交换了意见。从 10 月 26—11 月 2 日，该团分两组分别到武汉、上海、杭州、青岛和南京等地参观我国南方有关环境科研机构。

环境法学也是环境科学的一个分支。1980 年 7 月，北京大学和中国环境科学学会联合邀请美国哈佛大学法学教授朱利安·格雷瑟（Julian Gresser）来北大讲授《环境法》。格雷瑟教授是美国著名的环境法专家，著有《日本环境法》（Environmental Law in Japan）和《在繁荣中的伙伴关系：美国和日本的战略工业》（Partners in Prosperity：Strategic Industries for the U.S. and Japan）等著作。讲座延续了一个月，每天上课半天。参加听课的主要是大学老师和研究所的研究人员。当时我国只制定和颁布了少量环境保护的法规和条例，《中华人民共和国环境保护法（试行）》则发布不久，国务院环办和若干高校、研究机构的少数几人参与了这些文件的制定。我国尚没有人对环境法进行过深入的研究，没有环境法的专家和教授，大学中没有环境法课程。格雷瑟教授的这次讲座，对推动我国环境法学科的建立，促进我国环境立法的开展起了极大的作用。参加这次培训班的金瑞林、马骧聪、肖隆安等先生，后来都成了中国环境法界的权威，参与了我国环境法律法规的制定。此讲座后，我国一些大学，如北京大学、武汉大学和中国政法大学等先后开设了环境法课程，建立了环境法研究机构。这些大学和中国社科院等研究机构开始了环境法的研究。许多由中国专家撰写的环境法专著先后问世。这次讲座，对中国环境法的发展发挥了历史性的作用。

1983 年 11 月 26—12 月 12 日，曲格平又一次率领中国环境保护代表团访问美国。代表团参观了在明尼苏达州的美国国家环境保护局德卢斯实验室和北卡罗来纳州的研究三角公园实验室，和这两个实验室的负责人和研究人员讨论了开展合作的可能性。然后，代表团到了华盛顿，曲格平主任与考斯塔尔局长等就《中美科技合作协定书》执行情况进行了回顾，并就如何进一步加强中美环保科技合作交换了意见。

1984 年，国务院环境保护领导小组被撤销，成立了国家环境保护局，曲格平被任命为第一任局长。在《中美科技合作协定书》下，国家环境保护局和美国东西方中心开展了许多合作活动。东西方中心环境与政策研究所的专家曾多次访问我国，介绍他们在环境管理、环境标准和能源政策等方面的研究成果和经验。我国也派出了多批政府官员和研究人员到该研究所进修学习和开展合作研究。

国家环境保护局和美国东西方中心环境与政策研究所于 1985 年 9 月 9—16 日在南京联合召开了农村生态系统研究国际学术讨论会。来自国内 14 个省、市、自治区和美国、泰国、菲律宾的 38 名专家、学者，分别由中国专家组组长、中国国家环境保护局金鉴明总工程师和美国东西方中心环境与政策研究所和东南亚地区大学农业生态系统研究协作网专家组组长、美国东西方中心环境与政策研究所彼得·皮里博士率领出席了会议。会议期间共宣读了24篇学术论文，另有10篇论文在会上以书面发言形式进行了交流。论文涉及农村生态系统学说的概念、研究对象和方法。

这次学术讨论会分两个阶段，第一阶段在南京举行，然后移师昆明继续召开。此次讨论会对推动我国农业生态系统的保护和生态农业的发展起了较大的推动作用。设在南京的国家环境保护局南京环境科学研究所后来将生态农业作为该所的一个重点课题，并在此领域的研究和实践中取得了很好的成绩，与此次讨论会有较大的关系。

在《中美科技合作协定书》下，由国家环境保护局协调，中美合作开展了许多合作项目，例如宣威肺癌病因研究、丽江全球内陆水背景点监测研究、大气污染物对儿童肺功能的影响研究、家用冰箱全氯氟烃（CFCs）替代品应用研究、使用示踪物检测污染物扩散的研究和人工湿地污水处理工艺试验工程等。

1989年发生在北京的那场政治风波以后，中美环保科技合作和其他领域的合作一样，处于停滞状态。

1995年10月中旬，美国商务部部长布朗率领一个阵营庞大的商务代表团访问中国。代表团成员中除商务部官员以外，还有多位企业界的代表。这是自1989年春夏之交那场政治风波以后美国访问我国的第一个政府代表团，意义极为重大。

1995年10月17日，召开了第9届中美商贸联委会会议。由中国外经贸部部长吴仪和布朗共同主持。双方回顾了中美商贸合作的现状并就进一步加强合作交换了意见。双方还就美进出口银行对华贷款、美对华反倾销案、纺织品贸易、复关和最惠国待遇等问题交换了意见。

1995年10月18日，在新落成的外经贸部大楼的门厅内，举行了隆重的中美协议的签字仪式。布朗率领美国代表团，吴仪率领中国代表团出席。吴仪和布朗签署了《中美商贸协议》。双方还签署了3个有关环境保护合作的协议。国家环境保护局局长解振华和布朗共同签署了《中美关于有益于环境的全球性学习与观察计划合作协议》，副局长张坤民和美方签署了《中美关于有益于环境的全球性学习与观察计划环境教育合作协议》，国际合作司司长夏堃堡和美方企业代表签署了美方向中方赠送环境检测仪器和设备的协议。

环境学习与观测计划是当时美国副总统戈尔发起的。目的是在全球一些国家的中小学中组织学生对环境的状况进行监测和观察，并写出报告。通过这一活动提高广大青少年对环境问题的认识和保护环境的自觉性。

1989年春夏之交的政治风波以后，美国停止了对中国的一切援助。根据这次签署的环保协议，美方将向中方提供仪器设备，这是中美环保合作的一个新的开始，也是中美关系中的一个重要时刻，意义十分重大。国家环境保护局组织了这些协议的执行，在北京和天津等地选择了几个中学，开展环境监测和教育。后来，又把这些学校取得的经验在全国许多学校推广。项目对推动我国青少年环境意识的提高发挥了较好的作用。

此后，中美环保科技合作又走上了正常的轨道。

国际环保科技合作成果

一、促进我国环境管理，提高管理水平

通过我国与世界许多国家和国际机构开展的在环境管理和环保科技方面的合作，提高了我国环保工作的管理和科技水平。通过借鉴发达国家有关环境保护的法律法规、标准和制度，如环境影响评价、污染者付费、排污许可证、总量控制等方面的经验，促进了我国的环境建设。通过引进清洁生产、循环经济概念等原则和方法，以及国际环境标准 ISO 14000 等先进管理经验和手段，促进了工业污染防治由末端治理向全过程控制转变。

二、推动我国环保科技的发展

我国的一些研究机构和大学与美国、日本、德国等国的研究机构和大学开展了许多合作研究项目，取得了较好的成果。20 世纪 80—90 年代初期，中美环保科技合作取得了十分显著的成果，例如由国家环境保护局协调，中国科学院卫生研究所与美国国家环境保护局健康影响研究所进行的宣威肺癌病因研究的合作项目成果在美国得了科学奖，论文发表在权威性刊物《科学》杂志上；大气化学方面，发表了有水平的论文五篇；丽江全球内陆水背景点监测研究、大气污染物对儿童肺功能的影响、家用冰箱 CFCs 替代品应用研究等项目，取得了重要成果；由中国科学院大气物理研究所与美国国家环境保护局合作进行的使用示踪物检测污染物扩散的研究成果，为京津唐地区国土规划和北京市卫星城建设规划等提供了科学依据；国家环境保护局华南环境科学研究所学习美国人工湿地污水处理工艺，在国内建立了试验工程，取得了投资少，运行费用低，处理效率高的效果。总之，通过与国外的合作，大大推动了我国环境保护科学技术的发展。

三、引进资金

我国还通过国际合作，从国外引进了大量用于环境保护的资金。我国环境保护从 1987 年开始利用外国政府贷款，截至 1993 年 6 月，贷款项目累计达 16 个，利用外资总额 1.2 亿美元。这些贷款由法国、日本、挪威、奥地利、丹麦、德国和芬兰等国提供。

此外，利用双边渠道，也取得了一些赠款项目，例如日本政府资助 100 亿日元，建设了中日友好环境保护中心。

环保项目从 1990 年开始利用世界银行和亚洲开发银行贷款。至 1993 年，累计建立大型环保贷款项目七个，利用外资总额达 11.4 亿美元，项目总投资约 132 亿元人民币，其中包括由国家环境保护局组织和实施的中国环境技术援助项目。

赠款方面，从 1990—1993 年，实施全球环境基金、世界银行、亚洲开发银行项目

14个，获赠款总额计6 561万美元。在此期间，根据《中国消耗臭氧层物质逐步淘汰国家方案》，由《蒙特利尔议定书》多边基金提供2 000万美元来实施削减和淘汰消耗臭氧层物质项目。

我们通过国际环保科技合作，从国外引进资金和技术，有力地促进了我国环境建设，推动了我国的环保事业，也为保护全球环境做出了贡献。

四、培养人才

通过国际环保科技合作，也培养了大批人才。以1980—1993年10多年时间为例，环保系统向美国、日本、德国、英国和加拿大等国派遣了数百名的研究生、进修生和访问学者。他们中半数以上能学成回国，成为我国环境管理机构和研究机构的骨干力量。此外，我们每年还派出相当数量的管理干部和科技人员到国外短期培训。这对于提高人员素质和他们的管理水平和研究水平，发挥了良好的作用。

开展国际合作　共创优美环境*

环境与发展问题是世界各国面临的共同挑战。两个多世纪的工业化发展给人类带来了前所未有的巨大财富，但同时也带来了资源过度的消耗、生态平衡和环境的破坏，直接威胁到人类自身的生存。尤其是近 10 年来伴随温室效应和臭氧层破坏等全球性环境问题的出现，环境与发展问题更引起了国际社会的普遍关注。目前人类已认识到，不考虑资源和环境保护，发展就难以持续；同样没有经济的稳定增长，环境保护就失去了物质基础。人类必须在经济社会发展过程中寻求保护环境的最佳途径，将环保纳入全球发展的进程之中。

中国在环境领域内正在展开前所未有的国际合作。中国积极参加了联合国环境与发展大会，支持通过了《里约环境与发展宣言》和《21 世纪议程》，签署了《气候变化框架公约》和《生物多样性公约》。近 3 年来为贯彻联合国环境与发展大会的各项决定，中国政府采取了一系列行动。首先，于 1992 年 9 月颁布了《中国环境与发展十大对策》，提出了在中国实施可持续发展的一系列基本指导原则，并经过为期一年半的努力，有 52 个政府部门参与制订的《中国 21 世纪议程》得到国务院的批准；这是一个在中国实现可持续发展的总体框架文件，它共有 20 章、74 个方案领域，内容包括中国经济、社会和环境的可持续发展战略、法规政策体系和行动计划框架。与此相呼应，目前正在组织力量编制优先项目计划，并将其纳入国家的“九五”计划（1996—2000 年）和到 2010 年的规划，以保证《中国 21 世纪议程》的真正落实。《中国环境保护行动计划》现已编制完成，这是我国在环境保护领域内有目标、有措施、有重点领域和工程项目的具体计划，它的实施将使中国在 20 世纪末致力于控制环境污染和生态破坏进一步恶化的趋势，为中国实现可持续性发展打下良好的基础。我国人民代表大会先后颁布了《环境保护法》《大气污染防治法》《海洋环境保护法》和《水污染防治法》等 4 部法律，国务院颁布了《噪声管理条例》等 30 多项行政法规，国家环境保护局亦发布了 260 多项环保标准。近 10 年来国家拨款约 2 亿元，相继组织了“六五”至“八五”国家环保科技攻关，建立了各级环境监测站 2 100 多个，环境科研机构 300 多个，全国直接从事环保的有近 30 万人。今后我们努力争取达到用于环保的投资占国民生产总值平均 1%～1.5% 的水平，拓宽环保资金渠道，同时积极争取国际支持、广泛开展环境保护方面的国际合作，以帮助中国控制环境污染和生态破坏的能力。

中国已先后与美国、荷兰、蒙古、朝鲜、韩国、加拿大、俄国和日本等国签署了双

---

* 本文原载 1995 年 9 月 6 日《科技日报》。

边环保合作协议或谅解备忘录，广泛开展与世界各国在环保领域的双边合作。中国正在采取积极步骤、实施它已签署或加入的各项国际环境公约。目前已完成了《中国消耗臭氧层物质逐步淘汰国家方案》和《中国生物多样性保护行动计划》；在全球环境基金（GEF）的支持下的《控制温室气体排放的战略研究》已进入定稿阶段。总之中国环保事业参与的国际合作正在以前所未有的广度和深度向前发展。

机遇与挑战

——中欧环境技术合作的前景*

在这个报告中，我要向欧洲环保产业界的朋友们传达如下的信息：在中国这块幅员辽阔、人口众多的土地上，目前存在着严重的环境污染和生态破坏的问题，这些问题已引起 12 亿中国人民的极大关注和中国政府的高度重视，我们正在采取积极的措施，恢复和保护我国的自然生态环境；中国是一个巨大的环保产业市场，这个市场已向全世界开放，这里有着极大的商业机会；我们希望加强同欧洲各国环保产业界朋友的合作，为保护中国的环境和全球环境做出我们的贡献。

一、中国面临着严重的环境挑战

中国目前面临着严重的环境问题，既存在着环境污染，也存在着生态破坏。我国的环境污染主要是在迅速的工业发展和城市化过程中造成的。大多数大、中型城市存在着由燃煤造成的大气污染。总悬浮颗粒物、二氧化硫和氮氧化物等主要污染物的浓度都十分高，主要工业城市中这些污染物的浓度大多超过世界卫生组织制定的卫生标准。在长江以南，青藏高原东部和四川盆地存在着酸雨；工业污水和生活污水的排放造成了普遍的水污染。我国 1994 年废水排放总量为 365.3 亿吨。工业废水处理率为 75%。但外排达标率仅 55.5%；生活废水处理率仅为 30%左右，大多未经处理直接排放。因此，我国流经城市的河流大多污染十分严重，而且呈继续恶化趋势；固体废物，包括有毒有害废物的污染，也是一个十分突出的问题。我国每年产生固体废物 6 亿多吨，除少量回收利用和处理处置处，大多未经安全处理或处置而被堆放在城市周围，目前总堆积量已达 64 亿吨以上。由于乡镇工业的迅速发展，环境污染问题已迅速从城市向农村蔓延。环境污染问题严重地影响了人民健康，同时也制约着经济的发展。

生态破坏也是一个严重的挑战。中国水土流失比较严重，土地沙漠化和盐碱化不断扩展。据统计，全国约有三分之一的耕地受到水土流失的危害，每年流失土壤约 50 亿吨，全国 393 万公顷的农田、493 万公顷的草场受到沙漠化的威胁。草原退化和减少影响了中国畜牧业的发展。全国已有草原退化面积 0.87 亿公顷。经过长期的努力，我国森林覆盖率有所上升，但森林短缺，人均森林面积仅为 0.11 公顷，森林生态功能仍然脆弱。

* 本文是作者在 1995 年 9 月 14 日“中欧环境技术研讨会”上的发言。

由于自然生态系统的破坏以及过度捕猎和捕捞等，使大量动、植物的生存环境逐渐缩小，种群数量减少，生物多样性受到严重威胁。

二、中国环境保护工作的重点及主要措施

中国政府认识到我国环境问题的严重性，将环境保护列为我国的一项基本国策，制定和实施了一系列的法律、法规和方针政策，形成了一条符合中国国情的环境保护道路。经过 20 多年的努力，在环境保护方面取得了一定的成绩，减缓了环境恶化发展的速度，局部地区的环境质量有所改善。为使我国的环境恶化趋势得以遏制，并逐步改善和恢复我国的自然生态环境，我国确定了现阶段环境保护工作的重点和主要措施。

（一）中国环境保护工作的重点

1．加快工业污染防治的步伐。制定防治工业污染的规划，加强宏观调控和对工业污染的监督管理，推行清洁生产、提高能源效率，发展环保产业来建立现代工业新文明。

2．积极进行城市环境综合整治。城市工业集中、人口集中，因而是我国环保工作的重点之一。我们要通过调整布局、划分功能区，使城市发展更为合理。通过加快环境基础设施的建设，进一步改善城市的环境质量。

3．加强自然保护工作。保护生物多样性，增加森林覆盖率，治理水土流失，防治沙漠化和土地退化，要特别注意防治乡镇企业和农村生产过程中对环境造成的污染，保护好淡水、空气和土壤等必备资源，同时还要特别注意资源、能源开发建设中造成的生态环境破坏，努力防治滥采乱挖，提倡谁开发谁保护，千方百计地保护好各类矿产资源，为持续发展提供资源保障。

（二）主要措施

1．要立法与执法并重，突出加强环境保护法律、法规和政策的贯彻执行。要进一步加快和健全我国的环境立法工作，目前我国环境方面的特别法和程序法还较薄弱，要加快这方面的立法进度。同时，对违反环境保护法律法规的行为，要严肃查处，并动员社会舆论进行广泛的监督。

2．解决问题必须依靠科技进步。我国工业技术装备、城市基础设施的技术装备和自然保护的技术手段都较落后，特别是由于某些环保治理设施的技术水平低，直接影响环保投资效益。我们要继续组织好国家环保科技攻关、筛选和推广一批实用技术、强化对环保产业的技术管理，直接服务于改善环境质量和提高监督管理能力。同时，我们要重视从国外，尤其要从发达国家引进清洁生产和污染控制的技术和设备。

3．努力增加环境保护的资金投入。中国目前每年用于控制污染的投资尚达不到控制新污染源产生、偿还老污染源欠账和控制生态环境恶化趋势的要求。为此，必须增加

环保资金投入的力度。同时，我们要积极争取国际支持，广泛开展环境保护方面的国际合作，以帮助中国提高控制环境污染和生态破坏能力。

4．开展广泛深入的环保宣传教育，提高全民族的环境意识。我们要继续大张旗鼓地宣传保护环境，保护地球的重要意义，使每个公民都懂得保护环境人人有责的道理，主动参与环保活动，建立人与环境、人与自然和谐共进的关系。

三、中欧环境合作前景宽广

中国十分重视环境领域的国际合作。通过这种合作，引进资金和技术，促进我国的环境保护事业。中国将环保工作搞好，也是对全球环境保护事业的贡献。为贯彻联合国环境与发展大会的各项决议，我国采取了一系列的行动。首先，于 1992 年 9 月颁布《中国环境与发展十大对策》，提出了在中国可持续发展的一系列基本指导原则。此后，经过一年来的努力，有 52 个部门参加，制订了《中国 21 世纪议程》，并经国务院批准。这是一个在中国实现可持续发展的总体框架文件，内容包括中国经济、社会和环境的可持续发展战略，法规政策体系和行动计划框架。《中国环境保护行动计划》也已编制完成。这是一个在环境保护领域有目标、有措施、有重点领域和工程项目的具体计划。它的实施将使中国在 20 世纪末致力于控制环境污染和生态破坏进一步恶化的趋势，为中国实现可持续发展打下良好基础。

中国正采取积极的步骤，实施它已签署或加入的各项国际环境公约。1992 年中国政府批准了《中国消耗臭氧层物质逐步淘汰国家主案》，方案包括各有关部门保护臭氧层的职责分工，淘汰受控制物质计划，国内政策框架等。1994 年 2 月完成了《中国生物多样性保护行动计划》的编制工作。目前，我国正在制订《中国跨世纪绿色工程计划》。该计划主要包括国家制定的重要流域、区域污染防治和改善生态环境的计划，并将各地各部门已经或准备纳入国民经济和社会发展计划的重点环保项目汇总，形成一个全国统一的计划。该计划跨度 15 年，第一批列入 1 035 个项目。

我国还广泛开展了同其他各国在环保领域的双边合作，先后同美国、蒙古、朝鲜、韩国、印度、加拿大、日本、俄国、德国、澳大利亚、乌克兰和芬兰等国签署了双边环保合作协议或备忘录。

中国同欧洲各国在环境领域的合作存在着广阔的前景。欧洲发达国家在环境保护方面有许多先进的技术和经验，值得我们借鉴和学习。我们已经同一些西欧和北欧国家在环境技术方面开展了一些合作，例如我国引进了丹麦的氧化沟污水处理技术和德国的代替耗竭臭氧层物质 CFC 的环戊烷发泡技术等。这些合作，对推动我国的环保事业发挥了积极的作用。

中国是一个巨大的环保产业市场。为了实施已经制订和将要制订的各项计划，需要引进大量的技术和资金，例如上述《中国跨世纪绿色工程计划》中已列入了 1 000 多个项目。我们欢迎欧洲企业家们来华投资实施这些项目。中国有600个左右的城市，现在大多数没有城市污水处理厂，我们正在计划逐步改变这种状况。如果一个城市建一个厂，就要建600个左右。其他领域也是如此。这是一个巨大的投资机遇。我们欢迎采取各种各样的投资方式，包括直接投资和间接投资。中外合资经营企业、外方独资企业、BOT投资方式、合作开发等，我们都是欢迎的。我们也希望取得外国条件优惠的货款，来实施我们的环境项目。中国正千方百计增加环保投资，但总的来说仍是短缺。如果外国企业在引入技术的同时，能引进条件优惠的资金，合作成功的机会就大得多。我们希望在"九五"期间（1996—2000年）引入40亿美元的外资用于环境项目。

在环保技术方面，我们希望在下列方面同外国企业开展合作：①大气污染控制技术，包括洁净煤技术、脱硫技术和除尘技术，提高能效技术和节能技术等；②水污染控制技术，包括高浓度有机废水处理技术（制糖、造纸、酿造行业）和废水资源化技术；③固体废物控制技术，包括垃圾焚烧技术和利用技术、有害废物安全处理处置技术、环保设备技术；④生物多样性保护技术。我们特别希望获得适合中国国情的财政上能承受的技术。

中国环保市场的大门敞开着，等待着有见识的外国企业家们来合作。中国和欧洲各国联合起来，为保护我们人类共同的环境而做出努力。

在中国可持续消费与生产国际论坛上的讲话*

女士们，先生们：

我代表联合国环境规划署，热烈祝贺首届中国可持续消费与生产国际论坛暨中国环境科学学会 2003 年学术年会的召开！联合国环境规划署作为论坛的主办单位之一，对本次会议十分重视。我们感谢国家环境保护总局、中国科协、湖南省政府和中国环境科学学会对本次会议所做出的精心安排。

首先，向大家简要介绍一下联合国环境规划署。联合国环境规划署是联合国系统内主管全球环境事务的主要机构，总部设在肯尼亚首都内罗毕，其任务是为保护全球环境提供领导，促进伙伴关系的建立，激励各国及人民，向他们提供信息，提高其能力，以改善他们的生活质量，而不危及后代人的利益。联合国环境规划署最近在北京建立了世界上第一个国家级代表处。该代表处的任务是协调和支持联合国环境规划署在中国开展的各项活动。它同时也负责开发和协助实施全球环境基金项目。随着该代表处的建立，我相信联合国环境规划署同中国政府和非政府组织的关系将会得到进一步加强。

中国的经济建设取得了重大的成就。她的贫困人口从 1986 年的 1 亿下降到了目前的 2 820 万。我们也特别高兴地看到中国在应对其环境挑战中取得了重要的进展。中国有 13 亿人口，已制定了 2020 年将其国民生产总值翻两番的雄伟目标。中国的环境状况不仅关系到本国人民的福利，而且对全球都将产生深远的影响。走可持续发展道路，这是唯一的选择。大部分的环境问题是与不可持续的生活和生产方式紧密相连的。要实现可持续发展，必须实行可持续的生产和消费模式。

2002 年在约翰内斯堡举行的世界可持续发展首脑会议通过的宣言说，社会生产和消费方式的根本转变是全球实现可持续发展必不可少的，所有国家应当促进可持续的生产和消费模式。政府、有关国际组织、私营部门和一切主要的社团应建立伙伴关系，在改变不可持续的生产和消费模式中发挥积极作用。

联合国采取了一系列的行动来促进可持续的消费和生产模式。其中之一是“全球合约”。它的内容是同本次会议的主题一致的。“全球合约”是一项国际活动，它将联合国和各国的企业联系起来，以支持人权、劳动和环境方面的 9 项原则。通过共同的努力，“全球合约”推动企业为应对全球化所带来的挑战承担责任。在九项原则中，三项是与环境有关的：企业应当对环境挑战采取预防的方针；采取行动，承担更大的环境责任；促进有益于环境的技术的开发推广。联合国环境规划署是“全球合约”的 5 个联合国核

* 本文是作者 2003 年 12 月 16 日代表联合国环境规划署在长沙举行的中国可持续消费与生产国际论坛上的讲话。

心组织之一。现在，全世界成千上万个企业，包括许多中国的企业参加了“全球合约”。我们呼吁中国所有企业，无论国营的还是私营的，都来参加这个全球的行动，并实施它的原则。它将有助于中国实现其走新的可持续发展的工业化道路，实现小康社会的宏伟目标。

促进可持续消费和生产是联合国环境规划署的一个重点工作领域。我们有设在巴黎的工业，技术和经济司，它下面有一个设在日本的国际环境技术中心。本次会议联合国环境规划署方面的主要组织者就是这个司。参加本次会议的巴斯先生和肖兴基先生来自该司。该司和联合国环境规划署的其他司，以及地区办事处在促进可持续生产和消费方面做了许多工作。

在可持续生产方面，联合国环境规划署多年来一直致力于推动清洁生产。清洁生产是在从资源开发到产品的生产和消费整个过程中，自始至终采取综合性的预防战略，提高资源和能源的效率，防止对生态环境和人体健康的破坏。清洁生产可以应用于任何工业的工艺流程，应用于产品的生产和消费以及向社会提供的各种服务中。1998 年，联合国环境规划署组织通过了《国际清洁生产宣言》。这是一个自愿对清洁生产的战略和方法的公开承诺。中国政府是该宣言的签署者。联合国工业发展组织和联合国环境规划署合作，在发展中国家推广清洁生产。这两个组织一起帮助中国建立了“国家清洁生产中心”，该中心隶属国家环保总局。我们仍不断支持该中心的工作。我们认为，清洁生产是可持续的工业化模式，应进一步推广和应用清洁生产。

我们正在经历着一个称之为全球化的过程。全球化增加了人类活动对环境压力。1972 年斯德哥尔摩会议以来，全世界在将环境问题列入议程上取得了重大进展，但对全世界 60 亿中的大多数人来说，可持续发展仍然仅仅是一种理论。世界环境正在继续恶化。中国在经济发展中正寻求一条可持续的道路，在环境保护方面取得了令人瞩目的进展。但是，中国环境资耗和生态系统退化的趋势尚未逆转。中国正面临着一个避免采用传统污染的工艺，实行可持续的生产和消费政策的历史机遇。我们深信，中国将实现其宏伟目标。

可持续消费也是十分重要的。贫穷和过度消费是人类的两大罪恶，正不断地给环境施加压力。发达国家应在实行可持续消费模式中起带头作用。那里占世界 20%的人口消费着全世界 50%的能源。全世界尚有 10 亿人在贫困线上挣扎，没有足够的食品、衣服、住房和卫生饮用水。发展中国家，特别像中国这样正在变得富裕的国家，也应十分重视这个问题。

中国正在推广循环经济的理念。循环经济就是可持续的生产和消费模式。联合国环境规划署支持中国在这个方面做出的努力。联合国环境规划署也完全支持中国实施可持续工业化模式，建设小康社会的宏伟目标。

祝本次会议获得圆满成功。

谢谢大家！

中国环境保护国际合作*

1949年新中国成立以后，我国工农业生产有了迅速的发展，人民生活水平有了明显的改善。但与此同时，环境污染和生态破坏也开始出现。

世界范围内，西方发达国家的工业革命带来了经济的发展和社会的繁荣，也造成了严重的环境污染，给人们带来了巨大危害，使公众认识到了环境问题的严重性，群众性的现代环境保护运动从此出现。

在这一背景下，1972年，联合国在瑞典首都斯德哥尔摩召开了联合国人类环境会议。中国派代表团出席了会议，做出了积极的贡献。会议通过了《斯德哥尔摩宣言》和《人类环境行动计划》。

斯德哥尔摩会议是人类环境外交活动的开始。环境外交是政府间通过谈判和协商处理国际环境关系的艺术和实践，目的是达成具有法律约束力的条约、协议或无法律约束力的宣言、行动计划或指南，以采取共同行动，解决全球、区域和各国的环境问题，实现可持续发展。

我国环境领域国际合作的目的是为了引进资金，引进技术，促进我国的环保事业，为全球环境保护做出贡献。环境外交中既有合作，又有斗争，要注意维护我国和发展中国家的发展权和环境权。

斯德哥尔摩会议推动了全球的环保事业，也推动了我国的环保工作。会后，我国成立了国务院环境保护领导小组和国务院环境保护领导小组办公室。此后，我国制定了《中华人民共和国环境保护法》等一系列环境保护的法律和法规，从中央到地方建立了一套完整的环境保护机构、环境监测站和环境科学研究机构。我国环保工作不断深入和发展，我国环境保护国际合作从此也开始不断发展。

1973年，联合国环境规划署成立。联合国环境规划署是联合国内负责组织全球环境领域国际合作的机构。1976年，中国派当时国务院环境保护办公室副主任曲格平出任中国常驻联合国环境规划署首任代表。中国是历届联合国环境规划署理事会的理事国，派代表出席了历次理事会会议，为联合国环境规划署的政策制订和全球环境保护做出了贡献。同时，我国与联合国环境规划署开展了大量的环境领域合作活动。

中国是1993年成立的联合国可持续发展委员会的成员国，在这个全球环境与发展领域的高层政治论坛中一直发挥着建设性作用。中国与联合国开发计划署和联合国亚太经社会等组织也保持了密切的合作关系。

---

* 本文原载《环境保护》杂志2009年10A总第429期新中国成立60周年特刊。

20 世纪 70 年代后期，我国成立了一些环境科学研究机构，例如中国环境科学研究院和中国科学院环境化学研究所等。这些研究机构和一些大学从国外引进了许多先进的环境监测和分析仪器和设备，同时，还派出了许多研究人员到发达国家的环境科学和技术的研究机构和大学学习。教育部门也选派了一些学生到国外留学，学习环境科学。这些在国外学学习和进修过的研究人员、干部和学生，大多回到了国内，成为我国环境管理、环境科学研究和环境技术开发的骨干力量。这些研究机构和大学也和国外有关研究机构开展了合作研究，产生了一些高水平的科研成果。我国环保科研人员开始在国外著名科学杂志上发表有关环境科学的论文。我们也从国外请进了一些环境管理、环境法、环境化学和其他环境科学领域的专家学者，来我国讲学。

政府间的双边环境合作也开始于 20 世纪 70 年代末。1979 年。美国环境保护局副局长巴巴拉·布鲁姆女士（Barbara Blum）应中国科学院环境化学研究所所长刘静宜教授的邀请访华。这是美国国家环境保护局领导人第一次来华访问。方毅副总理在人民大会堂会见了她。曲格平副主任与她进行了会谈，讨论了发展中美环保合作的问题。1980 年 2 月，美国国家环境保护局局长道格拉斯·考斯塔尔（Douglas Costle）访华，与中方讨论商讨中美环保合作事宜。国务院环办主任李超伯和考斯塔尔分别代表两国政府签署了《中美环境保护科学技术合作议定书》。同年 5 月，曲格平副主任率领中国环境保护代表团访问美国，代表中国国务院环办与考斯塔尔签署了《中美环境保护科学技术合作议定书》下的三个附件。此后，中美环保合作开展良好，双方开展了大量的人员交流和科学技术方面的交流。

国家环境保护局局长曲格平在北京会见联合国副秘书长、联合国环境规划署执行主任托尔巴，本书作者陪同

1989 年春夏之交的政治风波之后，中美环保合作处于停滞状态。1995 年 10 月，美国商务部长布朗率领美商务代表团访华，与国家环境保护局局长解振华签署了《中美关于有益于环境的全球性学习与观察计划合作协议》。此后，中美环保合作又走上了正常的轨道。

中国与其他许多国家也开展了环境保护领域的双边合作。除美国外，中国先后与加拿大、印度、韩国、日本、蒙古、俄罗斯、德国、澳大利亚、乌克兰、芬兰、挪威、丹麦、荷兰和朝鲜等国家签订了环境保护双边合作协定或谅解备忘录。在环境规划与管理、全球环境问题、污染控制与预防、森林和野生动植物保护、海洋环境、气候变化、大气污染、酸雨、污水处理等方面进行了交流与合作，取得了一些重要成果。

1991 年 6 月，在北京召开了由中国发起的 41 个发展中国家参加的环境与发展部长级会议。这是为将于 1992 年在巴西召开的联合国环境与发展大会作准备的一次会议。会议发表的《北京宣言》阐述了发展中国家在环境与发展问题上的原则立场，为联合国环境与发展大会筹备做出了实质性的贡献。

1995 年 10 月，国家环境保护局局长解振华和美国商务部长布朗签署合作协议，商务部部长吴仪、国家环境保护局副局长张坤民和本书作者等出席

中国国务委员宋健率领中国政府代表团出席了联合国环境与发展大会。李鹏总理出席了大会的首脑会议并发表了重要讲话，提出了加强环境与发展领域国际合作的主张，得到了国际社会的积极评价。李鹏总理还代表中国政府率先签署了《气候变化框架公约》和《生物多样性公约》，对会议产生了积极的影响。

1994 年 6 月，丹麦环境部长奥肯应国家环境保护局邀请访华，并与中方签署中丹环保合作协议，宋健国务委员会见了他，解振华局长和本书作者等陪同

这次会议将环境与发展相联系，通过了在全球实现可持续发展的《21世纪议程》等重要文件。会后，我国制订了《中国21世纪议程》。这是一个在我国实现可持续发展的行动纲领和计划。此后，我国采取了一系列行动，实施此计划，在环境保护和可持续发展方面取得了可喜的成就。

2002年在南非首都约翰内斯堡召开了可持续发展世界首脑会议。会议通过了《可持续发展世界首脑会议实施计划》这一重要文件。中国国务院总理朱镕基出席会议并发表重要讲话。会后，我国在国际上积极参加这次会议上确定的伙伴合作项目，在国内加大了环境保护的力度，以科学发展观为指南，开始了我国环保工作的历史性转变。

中国为进一步加强在环境与发展领域的国际合作，1992年4月成立了中国环境与发展国际合作委员会。该委员会由40多位中外著名专家和社会知名人士组成，负责向中国政府提出有关咨询意见和建议。该委员会已在能源与环境、生物多样性保护、生态农业建设、资源核算和价格体系、公众参与、环境法律法规、循环经济等方面提出了具体而有价值的建议，得到中国政府的重视和响应。

我国先后批准了保护湿地的《拉姆萨公约》《濒危野生动植物物种国际贸易公约》《关于保护臭氧层的维也纳公约》和《蒙特利尔议定书》《控制危险废物越境转移及其处置巴塞尔公约》《联合国气候变化框架公约》《联合国生物多样性公约》《联合国荒漠化公约》等多边环境协议。我国积极参加了这些多边环境协议缔约国会议和其他实施公约的会议。

中国对已经签署、批准和加入的国际环境公约和协议，以及在政府间会议上赞成通过的行动计划和指南，一贯严肃认真地履行自己所承担的责任。在《中国21世纪议程》的框架指导下，编制了《中国环境保护21世纪议程》《中国生物多样性保护行动计划》《中国21世纪议程林业行动计划》《中国海洋21世纪议程》等重要文件以及国家方案或行动计划，认真履行所承诺的义务。中国政府批准《中国消耗臭氧层物质逐步淘汰国家方案》，提出了淘汰受控物质计划和政策框架，采取措施控制或禁止消耗臭氧层物质的生产和扩大使用。1994年7月，在联合国开发署的支持下，中国政府在北京成功地举办了"中国21世纪议程高级国际圆桌会议"，为推动中国的可持续发展做出了贡献。1995年11月，中国发布了《关于坚决严格控制境外废物转移到我国的紧急通知》，1996年3月又颁布了《废物进口环境保护管理暂行规定》，依法防止废物进口污染环境。

近10多年来，我国环境领域的国际合作有了进一步的发展。积极参加了各国际环境公约的谈判，为《京都议定书》《卡塔赫纳生物安全议定书》《鹿特丹公约》《斯德哥尔摩公约》等新的多边环境协议的达成做出了贡献。我国环境公约的履约工作也取得了新的进展。例如，中国比《蒙特利尔议定书》规定的期限提前两年半于2007年7月1日淘汰了全氯氟烃和哈龙两种最主要的消耗臭氧层物质；我国高度重视并积极应对气候变化，制订了《应对气候变化国家方案》，采取了一系列切实行动，为应对气候变化，实施《联合国气候变化框架公约》做出了实质性的贡献；参与WTO贸易与环境谈判，为维护国家利益和参与国家宏观决策发挥了重要作用；与联合国环境规划署和其他联合国机构和国际组织的合作有了新的发展。联合国环境规划署在中国建立了其世界上第一个国家级代表处。与主要大国和大国集团的双边环境合作得到进一步加强和改善，“加强双边”战略有了新的突破；先后与美国、加拿大、埃及、西班牙签署或续签了环保科技合作谅解备忘录；启动了中欧环境部长政策对话并签署了合作文件。中日韩三国环境合作进入成熟阶段；东盟—中日韩（10+3）机制下的环境合作开始起步；亚欧环境政策对话深入推进，“稳定周边”战略初步实现。

2008 年 4 月环境部部长周生贤和欧盟环境委员会委员斯塔夫罗斯・迪马斯共同出席第三次中欧环境政策部长对话会

在 2008 年第 29 届奥运会期间，中国政府和联合国环境规划署在双方签署的《谅解备忘录》的框架下，开展了许多绿色奥运合作活动。2007 年 10 月 25 日，由国际奥委会、北京奥组委和联合国环境规划署联合召开的第 7 届世界体育与环境大会在京举行。联合国助理秘书长、联合国环境规划署副执行主任沙夫卡特・卡卡赫尔（Shafqat Kakakhel）出席开幕式并致辞。卡卡赫尔还授予北京奥组委联合国环境规划署保护臭氧层公众意识奖。联合国环境规划署后来对北京奥运会的环保工作作了评估，给予高度评价。

通过我国与世界许多国家和国际机构开展的在环境管理和环保科技方面的合作，提高了我国环保工作的管理和科技水平。通过借鉴发达国家有关环境保护的法律法规、标准和制度，如环境影响评价、污染者付费、排污许可证、总量控制等，建立了具有中国特色的环境政策、管理制度体系，加快了环境保护法制化建设。通过引进清洁生产、循环经济概念原则和方法及国际环境标准 ISO 14000 等先进管理经验和手段，促进了工业污染防治由末端治理向全过程控制转变。

我国还通过国际合作，从国外引进了大量用于环境保护的资金。国际社会已建立了一些应对全球环境问题的资金机制，例如“全球环境基金”“《关于消耗臭氧层物质的蒙特利尔议定书》多边基金”和《京都议定书》下的“清洁生产机制”等。世界银行和亚洲开发银行等国际金融机构也对发展中国家提供优惠贷款和赠款，用于开展环境保护项目。此外，环境保护也是一些发达国家的发展援助机构对发展中国家援助的重点。我国利用这些机制，引进资金，推动了我国的污染防治和环境管理能力建设，也为全球环境保护和可持续发展事业做出了贡献。

我国环保民间组织在国际环境合作中也十分活跃。1978 年，中国环境科学学会成立，这是我国最早的环保民间组织。自成立以来，它开展了许多与国际组织、国外学术机构和高等院校在环境科学领域的合作和交流。20 世纪 90 年代，先后成立了中华环保基金会、中国环保产业协会和中国环境文化促进会等由政府支持的环保民间组织，还成立了许多如“自然之友”和“北京地球村”等草根民间组织。2005 年，中华环保联合会成立，由前国务委员、全国政协副主席宋健担任主席。截至 2005 年年底，我国共有各类环保民间组织 2 768 家。我国环保民间组织与世界自然保护同盟和世界野生生物基金会等国际组织开展了大量的国际合作活动。中华环保联合会 2008 年被接纳为世界自然保护同盟的成员，2009 年取得了联合国经社理事会和联合国环境规划署的资商地位，标志着中国环保民间组织在世界环境与发展的舞台上将发挥越来越重大的作用。

中国在哥本哈根气候大会上的主要立场

编者按

2009 年哥本哈根气候大会以后，英国《卫报》发表了一篇署名马克·李纳斯（Mark Lynas）的文章，题目是《我是如何知道中国毁掉哥本哈根协议的？我在现场》。国际可持续发展研究院（IISD）副总裁、报告部主任兰斯顿·吉姆·高利（Langston James “Kimo” Goree）给本书作者发来电邮，要他为 IISD 董事会写一个材料，对李纳斯的文章发表看法，并阐述中国政府在哥本哈根大会上的立场。下面这篇文章是本书作者根据吉姆要求写出的（原稿是英文）。

我完全不同意李纳斯的“中国破坏了哥本哈根谈判”的说法。虽然许多人说，哥本哈根是一个失败，是一场灾难，但联合国秘书长潘基文说：“《哥本哈根协议》是向达成一项减少和控制温室气体排放全球协议迈出的重要一步。”这是对气候大会和《哥本哈根协议》的公正评价。115 位世界领袖出席会议，这本身就具有重要意义。中国为促成《哥本哈根协议》和会议其他积极成果做出了重要贡献，怎么能说中国破坏了谈判呢？中国支持《哥本哈根协议》，而苏丹反对，怎么能说“苏丹是中国的傀儡”呢？李纳斯说：“中国然后要求删掉所有有关数字。”但《哥本哈根协议》中明明还有一些有关的数字。没有中国的支持，这些数字是不可能列入的。中国提出要求加入的有关数字，有的也没有被接受。李纳斯虽然在现场，但他并没有忠实和客观地反映中国的立场。

《哥本哈根协议》虽然没有得到通过，但大会通过的决议“注意到《哥本哈根协议》”，为以后达成一项全球协议打下了基础。

我这里对中国为何反对在《哥本哈根协议》中列入某些数字做些分析。李纳斯说：“由于中国代表的反对，‘工业化国家到 2050 年削减 80%’这一原已达成一致的目标，以及‘全球到 2050 年削减 50%’的长期目标都没有列入。”首先必须指出，这两个目标，各国从未达成一致。其次，中国为什么反对列入这两个数字？关于目标问题，中国总理温家宝在哥本哈根说：“确定一个长远的努力方向是必要的，更重要的是把重点放在完成近期和中期减排目标上，放在兑现业已做出的承诺上，放在行动上。”中国和其他发展中国家要求发达国家严格实现《京都议定书》所规定的第一个承诺期，即短期减排指标。也要制定中期目标，要求发达国家按照政府间气候变化委员会（PICC）的科学建议，将温室气体排放到 2020 年在 1990 年的基础上至少减少 25%～40%。中国曾要求将这个数字列入《哥本哈根协议》，但发达国家坚决反对。千里之行，始于足下，如果连近期目标也做不到，谈何长期定量目标？第二，李纳斯没有提及美国在这个问题上的立场。在长期目标问题上，美国与中国持同样的立场。美国仅承诺到 2020 年在 1990 年的基础上减少 4%，没有对长期指标作任何承诺。没有美国的承诺，80%这个数字是不现实的。第三，25%～40%、80%和 50%这几个数字是互相联系的。发达国家削减 80%，那么，为了实现全球 50%的减排目标，发展中国家削减多少呢？这一点并不清楚。如果各国就这一点达成协议，那么中国和其他发展中国家将不得不接受具有法律约束力的减排指标。发展中国家不可能这么做。

李纳斯说："中国代表坚持删除'将全球升温控制在 1.5 ℃以下'这个目标"。中国这么做，是因为 2℃是绝大多数国家能够接受的底线。因为，通过采取减缓和适应措施，升温控制在 2℃以下足以防止出现危险的后果，也不会影响发展中国家的发展。

下面对中国在哥本哈根采取的其他一些立场作一介绍。

中国坚持"共同但有区别的责任"的原则，反对对此原则重新定义。一些国家试图转嫁历史责任和混淆现实能力，敦促中国和其他经济高速增长的发展中国家接受具有法律约束力的温室气体减排指标。中国反对将发展中国家分类，坚持所有发展中国家具有同样的权利和义务。

中国坚持将减缓和适应置于同等重要的位置。在减缓方面，中国认为发达国家应当落实《联合国气候变化框架公约》和《京都议定书》的规定带头率先大幅度减少温室气体的排放，并向发展中国家提供资金和技术支持。同时，发展中国家应根据他们的国情，在发达国家资金和技术支持下，在可持续发展的框架内采取合适和有效的减排措施。根据《联合国气候变化框架公约》的规定，发达国家要有法律约束力的减排指标，而发展中国家要采取自愿的行动，努力减少温室气体的排放。中国认为，适应对发展中国家更为重要。在取得财政和技术支持的情况下，它们应当采取现实的、紧迫的和积极的适应行动。

资金和技术。中国认为，发达国家应当兑现其做出的向发展中国家提供资金和技术的承诺，使发展中国家能够得到采取减缓和适应行动的必要的资金、技术和能力。作为发展中国家的中国有权取得这种资金和技术，但考虑这些资金极其有限，应优先保证最不发达国家、小岛屿国家、非洲国家等发展中国家的需要。哥本哈根会议以后，一些国外媒体评论说，中国已不需要发达国家提供资金。中国外交部发言人澄清说，这一说法是不正确的。

《联合国气候变化框架公约》和《京都议定书》是应对气候变化的主要工具。巴厘岛气候变化大会通过的《巴厘岛路线图》决定，气候谈判继续实行双轨制，即在《联合国气候变化框架公约》下的长期合作特别工作组（AWG-LCA）和《京都议定书》下的附件一缔约方进一步承诺特别工作组（AWG-KP）两个渠道下进行谈判。为什么中国采取这个立场呢？因为中国希望通过这两个渠道的谈判，落实《巴厘岛路线图》，保证发达国家将继续承担具有法律约束力的减排和资金、技术义务，而发展中国家将采取自愿的减排行动，继续坚持共同但有区别的责任原则。

为什么中国采取这些立场？中国同广大发展中国家一样，是一个有 13 亿人口的发展中国家，其人均国民生产总值刚超过 3 000 美元。根据联合国的标准，中国有 1.5 亿贫困人口，因此中国面临着发展经济，改善人民生活，保护环境，应对气候变化的多重挑战，但是，中国仍将做出最大的努力，减少温室气体的排放。中国代表团在哥本哈根承诺，到 2020 年，在 2005 年的基础上，将单位国内生产总值（GDP）CO_2 排放减少 40%～45%。实现这个目标，中国必须做出巨大的努力。

关于落实联合国可持续发展大会决定的两点建议

——在2012年国家环境咨询委和环境保护部科技委暑期座谈会上的发言

联合国可持续发展大会做出了一些重要决定，其中包括：①建立一个政府间高级别政治论坛；②加强联合国环境规划署；③建立一个包容各方的、透明的政府间进程，以期制订全球可持续发展目标；④准备一个报告，提出可持续发展的融资方案等。27届联大将对这些问题进一步讨论，做出相关的决议。

关于我国如何落实联合国可持续发展大会的决定，我提出两点建议。

（一）我国应当制订出有利于我国和发展中国家的方针和政策，积极参与上述问题的讨论和谈判。在高级别政治论坛建立以后，要积极参加它的活动；在可持续发展目标制订出来以后，要制订出行动方案和采取有力措施，加以实现。在做这些工作中，建议吸收各相关部门，特别是发展和环保部门的官员和专家参加，以保证可持续发展的三大支柱，即经济发展、社会发展和环境保护的利益都得到充分反映，同时，也应听取民间团体、企业和其他利益相关者的意见。

1992年联合国环境与发展大会以后，联合国可持续发展委员会是审议联合国环境与发展大会决议的执行情况，并提出促进全球可持续发展的方案和计划的一个论坛。我国环保主管部门（国家环境保护局）在开始几年曾积极参与，做出有益贡献。但最近几年，在联合国可持续发展委员会会议上就见不到环境保护部的代表了，因此在执行该委员会的决议过程中，环境保护部恐怕也难以实质性的参与了。其他国家也有类似的问题。这是联合国可持续发展委员会不能很好发挥作用的原因之一。建议在高级别政治论坛筹建和运转过程中，各有关部门，包括外交部门、发展部门和环保部门加强协调，各部门都应广泛参与。

（二）成果文件《我们憧憬的未来》特别强调了三个里约公约的重要性，要求各方按照《联合国气候变化框架公约》《生物多样性公约》和《联合国荒漠化公约》的原则和规定，充分履行其在这些文书中所作承诺，在各级采取有效的具体行动和措施，并加强国际合作。

这三个公约在我国是由三个不同部门牵头实施的。建议在国际谈判和国内履约过程中，加强各部门之间的协调和合作，牵头部门要充分听取其他相关部门的意见，保证他们的充分参与，也要充分发挥民间团体、企业和其他利益相关者的作用。

现在这方面还存在问题。例如《荒漠化公约》，我国由林业部门牵头。但荒漠化问题不仅仅是一个林业的问题。自2005年以来，我作为国际可持续发展研究院报告部成员，参加了所有该公约的缔约方大会和其他重要会议。在会上几乎从未看到环保部门的代表，农业和水利部门的代表也很少看到。可想而知，在履约过程中，这些没有参加谈判的部门恐怕很难发挥重大的作用。因此我特别建议，在国际谈判和履约过程中各部门之间要加强协调和合作，保证有关部门的充分参与。

第三篇　媒体访谈

中国客人访问德卢斯实验室*

Diane Ollis

一个由高级政府官员和科学家组成的中国代表团于星期三访问了美国国家环境保护局德卢斯实验室。它揭开了两国将要开展的环境科学合作项目的序幕。

美利坚合众国和中华人民共和国有许多共同的环境污染问题。1980年以来，两国一直在寻求交流解决这些问题的科学信息和技术的方法。

星期三中国代表团对德卢斯实验室的访问是执行《中美环境保护科学技术合作议定书》的一部分。《中美环境保护科学技术合作议定书》的签署是中美关系正常化努力的一个结果。

中国国家环境保护局局长曲格平说："自1980年签署《中美环境保护科学技术合作议定书》以来，中美环保合作有了迅速的发展，主要表现在人员和信息交流方面。我们这次访问的目的是与美国国家环境保护局各研究机构探讨开展联合研究的可能性，确定可能的合作领域和项目。"

曲格平和德卢斯实验室主任贾沃斯基（Norbert Jaworski）说，他们希望，通过星期三和今天早上的会谈，双方能在环境污染对水生生物的影响方面找到共同感兴趣的合作研究领域。

中国代表团由4人组成，包括中国国家环境保护局局长曲格平、城乡建设环境保护部外事局副处长吴子锦、中国科学院环境化学研究所办公室副主任夏堃堡和武汉水生生物研究所研究员王德明。

他们是一个正在美国各地访问的由八人组成的中国环境保护代表团的一部分。代表团是应美国国家环境保护局的邀请来美访问的，于1983年11月26日抵达美国。全团已经访问了北卡罗来纳州的美国国家环境保护局研究三角公园实验室。代表团其余成员现仍在那个实验室参观和该所讨论合作事宜。代表团下周将在华盛顿与美国国家环境保护局官员会谈，就《中美环境保护科学技术合作议定书》执行情况进行回顾，并就如何进一步加强中美环保科技合作交换意见。

通过一名翻译，曲格平说，参观了德卢斯实验室以后，他认为这是一个高水平和高效率的实验室，对贾沃斯基主任称赞该实验室研究人员工作出色。

---

* 本文原载1983年12月1日美国报纸News-Tribune & Herald，原文是英文。

曲格平说，星期三早晨他醒来以后，在苏必利尔湖畔散步。他说："我发现这里空气很新鲜，噪声很少，水质也很好。它很可能将成为一个著名的旅游胜地。"他还说："这是一个美丽而又清洁的城市，我希望这里的人民健康长寿。"

美国 News-Tribune & Herald 报登载的代表团访问德卢斯实验室的照片，左起：夏堃堡、贾沃斯基、吴子锦、曲格平、王德明

曲格平说，下周他将在华盛顿会见考斯塔尔局长，就进一步加强中美环保合作交换意见。他希望中国科学院水生生物研究所与德卢斯实验室能够在环境污染对水生生物的影响方面开展合作研究。

贾沃斯基主任表示，他的实验室非常愿意与中国有关研究机构开展合作。

《科学》杂志最近报道说，中国增加粮食产量的努力和工业化造成了污染和生态破坏，包括荒漠化、水土流失、水污染和农用化学品污染、以及燃煤工业造成的大气污染和酸雨等。

代表团团员王德明来自中国武汉水生生物研究所，这个研究所与德卢斯实验室从事同一领域的研究。他将在德卢斯停留到下周四，以更多地了解该实验室正在进行的研究工作，以及商讨如何开展两个研究机构之间的合作。

联合国环境规划署高级委员会气氛和谐*

中国呼吁加强淡水领域的国际合作

新华社内罗毕3月3日电（记者徐剑梅）出席联合国环境规划署部长与官员高级委员会第2次会议的中国代表夏堃堡3日在发言中呼吁，世界各国应加强淡水领域的国际合作，国际社会应发展和推广适用于发展中国家的实用和廉价技术，用于水资源的保护和水污染的治理。

夏堃堡指出，淡水是人类首要和基本的需要，但目前在许多国家，尤其是发展中国家，淡水的短缺和污染已成为一个极其严重的问题，直接威胁着各国的经济发展和人类福利的改善，因此，国际社会迫切需要加强在淡水领域的合作。

他说，淡水问题已作为一个优先的环境问题被列入了全球环境议程，这是令人欣慰的。他认为，在淡水领域的国际合作中，发达国家应向发展中国家提供额外的资金和相关的技术援助。国际金融机构也应将资金更多地投入到水资源保护和水污染控制项目中。

夏堃堡说，淡水领域的国际合作既应保证水资源的保护和可持续性，向全人类提供充足清洁的淡水，又应保证其在人类生活和经济发展中的有效利用，并在淡水资源的管理中充分考虑到生产，消费和消除贫困的需要。此外，国际淡水的合作还应充分考虑到各国经济、社会不同发展阶段和具体国情，并充分照顾发展中国家的特殊需要。

他最后说，中国政府十分重视淡水资源的管理。中国已采取许多措施保护水资源和控制水污染，并已取得明显成效，中国希望进一步加强同国际社会在这一领域的合作，为全球淡水资源的保护做出贡献。

据联合国资料统计，目前全球有17亿人口喝不到干净的饮用水，每天有2.5万人因饮用不洁水死亡。

这次为期3天的会议是2日开始在内罗毕的联合国环境规划署总部举行的。

联合国环境规划署强调自身改革

新华社内罗毕3月4日电（记者王金余）联合国环境规划署部长与官员高级委员会

---

* 1998年3月2—4日在肯尼亚内罗毕召开联合国环境规划署部长与官员高级委员会第2次会议。这是新华社驻内罗毕记者徐剑梅和王金余采访本书作者后发出的三则新闻稿。

第 2 次会议 4 日在这里闭幕。与会者一致认为，联合国环境规划署应进行自改革，提高工作效率，加强与其他联合国机构的协调，从而确保其作为全球环境主导机构的地位。

与会者表示，应当支持联合国环境规划署执行主任特普菲尔为改革和振兴该机构所作努力。此次会议主席莫约在闭幕会议上说，加强联合国环境规划署在环境领域的发言权符合所有国家的利益，也符合环境保护的利益。

会议期间，联合国环境规划署执行主任特普菲尔表示，希望成员国对联合国环境规划署的捐款数额能够恢复到 1992 年的水平。他指出，自 1992 年以来，成员国对联合国环境规划署的捐款减少了 1/3，联合国环境规划署目前的资金状况与它所担负的任务是不相称的。

中国代表团团长、中国常驻联合国环境规划署副代表夏堃堡对联合国环境规划署在全球环境事务中所发挥的重大作用予以充分肯定。他指出，1992 年联合国环境与发展大会后，联合国环境规划署尽管面临种种问题和困难，但在全球环境事务中仍发挥着其他国际组织所不可替代的作用。

联合国环境规划署部长与官员高级委员会是根据去年在内罗毕召开的联合国环境规划署第 19 届理事会的一项决议成立的，由 36 个成员国组成，该委员会负责向联合国环境规划署及其执行主任提出有关建议和意见。

环境规划署高级委员会气氛和谐

新华社内罗毕 3 月 12 日电（记者王金余）联合国环境规划署部长与官员高级委员会 3 月 2—4 日在内罗毕举行第 2 次会议，讨论并通过了有关联合国环境规划署的资金、改革与振兴以及淡水问题的结论，会议开得比较顺利，气氛也比较和谐。

这次会议的气氛与去年 2 月在这里召开的联合国环境规划署第 19 届理事会形成鲜明对照。在那次会议上，少数几个发达国家与发展中国家未能就联合国环境规划署改革等问题达成协议，会议不能如期结束，只能宣布无限期休会。在会议宣布休会以后，英国环境大臣格默代表英美和西班牙三国发表了一份措辞强硬的声明，宣布英美两国将暂停向联合国环境规划署捐款。英美的行动给联合国环境规划署带来严重困难。

一年后的今天，美国代表在高级委员会上宣布，1998 年美国对联合国环境规划署的捐款比去年将增加 100 万美元，德国代表也表示将为联合国环境规划署在全球淡水等领域的活动捐款 50 万美元。

两次会议，缘何两种气氛？出席高级委员会第 2 次会议的中国代表团团长、中国常驻联合国环境规划署副代表夏堃堡认为：

（一）加强联合国环境规划署是南北共同愿望。环境问题是当今世界三大问题之一，联合国环境规划署在解决全球环境问题中一直发挥着别的机构所无法替代的作用。在第 19 届理事会上，尽管部分发达国家与发展中国家在一些问题上的分歧使会议不欢而散，但第 19 届理事会复会后通过的《内罗毕宣言》仍然一致要求建设一个“强大、有效和有活力”的联合国环境规划署。第 19 届理事会的紧张气氛反映了南北双方在联合国环境规划署改革问题上存在的分歧，而本次会议反映了各国加强联合国环境规划署，以促进全球环境与发展事业的共同愿望。

（二）南北双方对新执行主任寄予希望。高级委员会第 2 次会议是联合国环境规划署新任执行主任特普菲尔主持的第一次重要会议。发达国家和发展中国家代表都希望会议出现友好、合作、和谐的气氛，为新执行主任的工作创造良好环境。发展中国家在为会议准备立场文件过程中，尽量避开一些容易引起争论的问题，就是出于这种考虑。

据了解，新执行主任特普菲尔任德国环境部长和建设部长，担任过联合国可持续发展委员会主席，在全球环境事务中是一位享有声望的活动家。他是联合国高级管理委员会的成员，在联合国各项事务中拥有较大发言权。他担任联合国环境规划署执行主任后，联合国秘书长安南对他很信任，让他兼管联合国人居中心和联合国内罗毕办事处，授权他组成一个特别工作小组，就如何改革和加强联合国在环境和人类居住领域内的作用问题，在 1998 年 6 月 15 日前提出建议和方案。

据夏堃堡分析，出于特普费尔的特殊地位以及他拥有的特殊权力，无论是发达国家还是发展中国家都希望通过他振兴联合国环境规划署，使联合国环境规划署在全球环境事务中发挥更大作用。但是，就目前而言，发达国家仍持观望态度。美国对联合国环境规划署的捐款比去年有所增加，但离历史最高水平仍相距甚远，就表明了这种态度。发达国家的捐款数额何时能够达到 1992 年的最高水平。并且在此基础上逐年有所增加，恐怕要取决于特普菲尔振兴联合国环境规划署计划能否实现，取决于特普菲尔在一些关键问题上能否按他们的意愿行事。

在开幕会上，特普菲尔指出，1992 年联合国环境与发展大会后，各国领导人把注意力集中到解决地区冲突和经济问题上，可持续发展的观念有所削弱。他认为，如何使可持续发展成为各国制订政策的中心议题，这将是联合国环境规划署面临的最大挑战之一。

目前，许多新的全球性环境问题有待解决，过去 25 年签订的各项环境协定或公约有待执行，联合国环境规划署与联合国其他机构之间的关系有待协调，联合国环境规划署秘书处的管理体制有待改革，联合国环境规划署的财政拮据问题有待彻底解决。因此，摆在特普菲尔面前的任务是任重而道远。

特普菲尔今后能否有所作为，今后几个月将是关键。今年 5 月的联合国环境规划署特别理事会能够解决什么问题。今年 6 月特普菲尔领导的特别工作小组能够拿出什么样的建议和方案，人们将拭目以待。

中国积极参加全球环境保护*

国家环境保护局外事办公室主任夏堃堡最近告诉新华社记者，中国很快要颁布实施1992年在里约热内卢召开的联合国环境与发展大会所通过的《21世纪议程》的行动计划。夏堃堡说这个计划要求我们在21世纪做出更大的努力，协调中国的经济发展和环境保护，为建成一个美丽和资源丰富的世界做出贡献。

夏堃堡还说，我们也在积极制定联合国环境与发展大会开放签字的《联合国气候变化框架公约》和《联合国生物多样性公约》的行动计划。

李鹏总理参加了这个称之为地球高峰会议的里约热内卢联合国环境与发展大会。中国代表团由60个成员组成，代表团团长是宋健国务委员，代表团还包括9名部长和副部长。

夏堃堡告诉记者，中国尊重自1972年联合国人类环境会议以来所批准的和加入的所有国际环境公约和协议。

他说，中国参加斯德哥尔摩会议是我国参加全球环境保护工作的第一个重大步骤。

他说，20年以来，中国已经批准或者加入了将近50个国际环境公约，包括《保护臭氧层维也纳公约》《关于耗竭臭氧层物质的蒙特利尔议定书》和《关于控制危险废物越境转移的巴塞尔公约》等。

《关于耗竭臭氧层物质的蒙特利尔议定书》多边基金执行委员会迄今为止已经批准了我国10多个项目，用来淘汰耗竭臭氧层物质的主要化学品氟氯碳，涉及制冷行业、清洗和电子等行业。夏堃堡说，我们现在已经正在实施其中的一些项目，其他的一些项目也很快就要加以实施。

夏堃堡说，中国五个大型工业城市，包括北京、天津、上海、西安和沈阳，已经纳入联合国全球环境监测系统。这些城市定期地向联合国环境规划署和世界卫生组织提供相关的数据。

中国也参加了联合国环境规划署的环境资料源查询系统和国际潜在有毒化学品登记中心的工作。这两个组织的国家联络点分别设在中国科学院生态环境研究中心和国家环境保护局所属中国环境科学研究院。

国家环境保护局和联合国环境规划署合作出版了中文版的《世界环境》杂志。这个杂志不但在中国国内发行，而且也向海外的华人社团发行。此外，1988年以来，英文版的《中国环境报》也在全球发行。夏堃堡说，这些出版物的目的是为了提高公众的环境

* 本文原载1993年9月21日《中国日报》，原文是英文。

意识。他还说，自1985年以来，中国每年都要庆祝“6·5世界环境日”。

另一个年度活动是关于联合国环境规划署的一项奖项，就是“全球500佳”奖项。夏堃堡告诉记者，自1987年以来，中国已经有15个个人或者单位获得了这个殊荣。

中国还向世界各国，特别是发展中国家传授如何在发展过程中防止环境破坏的经验。1977年，在内罗毕召开了一次联合国环境规划署的会议，通过了《防止荒漠化行动计划》。根据这个计划，并应联合国环境规划署的请求，中国已经组织了3次防止荒漠化培训班，培训了来自27个国家的40名荒漠化方面的专家。应联合国环境规划署的邀请，中国还派出了专家组到了坦桑尼亚和埃塞俄比亚向当地的专家传授我们在治沙方面的技术和经验。夏堃堡还说，中国还为非洲法语国家和英语国家分别举办了生态农业培训班。

绿色资金呈上升趋势*

国家环境保护局一位高级官员最近对本报记者说，为了实施《中国跨世纪绿色工程规划》，我国已经接受了30亿美元的国外资金。《中国跨世纪绿色工程规划》是中国制定的1996—2010年的环境工程规划，是国家环境保护“九五”计划和2010年远景目标的重要组成部分，是把环境保护纳入国民经济计划的重大举措。这个规划的第一阶段需要大约185亿美元的资金来实施用于控制空气、水和固体废弃物污染，保护生态系统和完成环境保护国际义务的大约1 000多个项目。国家环境保护局国际合作司司长夏堃堡向本报记者透露，现在已经收到了30亿美元资金，这些资金主要来自世界银行、亚洲开发银行和日本。

国家环境保护局的数据表明，在过去的几年中，中国的环境质量恶化了，全国70%的污染物是由工业生产排放造成的。

在中国35个大城市当中，只有五六个城市能够达到国际环境质量标准。

酸雨影响了我国国土面积的29%。大部分河流，特别是流经城市的河段已经被污染了。

作为《跨世纪绿色工程规划》的一部分，日本海外经济合作基金提供了8.8亿美元来实施9个项目，夏先生说。

这些项目主要是为了治理我国北方工业城市的大气污染，包括甘肃省的兰州，内蒙古自治区的包头和呼和浩特，还有辽宁省的本溪和沈阳。

防治广西壮族自治区柳州市的酸雨也是这9个项目中的一个。

日本提供的是贷款。这些贷款要在河南、湖南、黑龙江和吉林省建设一批污水处理厂，他们的目的是为了治理淮河、湘江和松花江的污染。这些河流由于高速的工业发展已经受到了污染。

夏堃堡说，为了完成这9个项目总共需要136亿元人民币，合16.4亿美元。

除了日本以外，中国还同美国、加拿大、澳大利亚、乌克兰、芬兰、挪威等国家签署了双边环境合作协议或备忘录。

挪威将提供1 000万美元的低息贷款用于在浙江省建立两个污水处理厂。

---

* 本文是原载1993年9月21日《中国日报》头版头条的英文稿的中译文。

科特迪瓦有毒垃圾污染事件*

《北京青年报》记者 马宁

《北京青年报》编者按：2006年8月下旬，一艘外国货轮通过代理公司在科特迪瓦经济首都阿比让10多处地点倾倒了数百吨有毒工业垃圾，引起严重环境污染，导致7人死亡，因不良反应而就医的超过3万人次。污染事件引发科特迪瓦过渡政府集体辞职。《北京青年报》记者就此事对夏堃堡和正在中国访问的联合国环境规划署执行主任高级法律顾问、政策实施司前司长卡尼亚罗进行了采访。

污染后的责任和赔偿尚无强制法律　联合国将会应邀对科特迪瓦垃圾事件进行调查

应科特迪瓦政府的要求，联合国已表示将根据国际废弃物处置公约，对这起跨国运输和倾倒有毒废弃物事件展开公开调查。联合国环境规划署前环境应急协调员、现中国国家环境保护总局科学技术委员会委员夏堃堡昨天向记者介绍了联合国处理此类环境污染紧急事件的通行做法。

夏堃堡说，按照惯例，应相关国家政府的要求，联合国环境规划署将首先派遣高级专家对污染事件的原因、范围、程度、性质、已经造成和潜在的影响进行调查和评估，提出处理意见并形成报告，报送给联合国环境规划署执行主任。调查应邀请当事国专家参加，由当地政府部门负责安排。联合国环境规划署应对紧急污染事件设有应急机制，保证专家尽快到位和调查尽快完成。随后，联合国环境规划署将对污染事件进行内部研究，由环境紧急事件应急部门制定出治理污染项目建议书。夏堃堡说，联合国在有关国家实施治污项目是完全无偿的，因此有些情况下需要向发达国家的对外援助部门筹募项目资金，之后就可以到当事国实施治污项目了。

夏堃堡介绍说，2000年，罗马尼亚的一座金矿储存剧毒物质氰化物、重金属的池子发生泄漏，造成多瑙河污染事件。联合国环境规划署就启动了应急机制协助该国调查并治理污染。

至于造成污染后的赔偿问题，夏堃堡表示，由于《巴塞尔公约责任和赔偿议定书》

---

* 本文原载2006年9月18日《北京青年报》。

尚未得到足够国家的批准而生效，所以目前尚无有关此类事件赔偿的强制性法律文件，这次科特迪瓦污染事件还是只能按照国际惯例处理。

允许废料进口严重违反国际公约 责任人应受严厉处罚

联合国环境规划署执行主任高级法律顾问、政策实施司前司长卡尼亚鲁先生昨天在接受本报记者电话采访时对科特迪瓦污染事件表示震惊。他说："这是对《巴塞尔公约》和《巴马科公约》的公然违背，责任人应该受到严厉处罚。"

《巴塞尔公约》的正式名称为《控制危险废物越境转移及其处置巴塞尔公约》，1992年5月正式生效。已有包括中国在内的近百个国家签署了这项公约，美国拒绝在公约上签字。《巴塞尔公约》旨在遏制越境转移危险废物，特别是向发展中国家出口和转移危险废物。公约《巴塞尔公约》要求各国把危险废物数量减少到最低限度，用最有利于环保的方式尽可能就地储存和处理。《巴塞尔公约》明确规定：如确有必要越境转移废物，出口国必须事先向进口国和有关国家通报废物的数量及性质；越境转移危险废物时。出口国必须持有进口国政府的书面批准书。

卡尼亚鲁向记者介绍说，《巴塞尔公约》是一个全球性的公约，而实际上1992年非洲各国还签署了一个更加严格的区域性公约《巴马科公约》，禁止在任何情况下向非洲进口危险废物和危险废物在非洲境内的跨界运输。《巴马科公约》签署的背景是在此之前发达国家向非洲等发展中国家转移危险废物的情况严重，而一次意大利向非洲转移废物的事件最终导致了《巴马科公约》的诞生。此公约签署之后，向非洲转移废物的事件明显减少。

卡尼亚鲁气愤地表示，根据《巴马科公约》，非洲任何国家政府根本就不能签署允许废物进口的批准书。这次事件是自1992年《巴马科公约》签署之后最严重的一次转移废物并造成污染的事件，该国政府的有关官员不仅必须辞职，而且应该受到监禁、罚款等更加严厉的法律处罚。

中国，不存在独立的环境问题*

《工会博览》杂志记者　句艳华

随着我国经济的快速发展，环境保护逐渐成为举国上下高度关注的问题。党和国家也在逐步提升环保在我国各项事业中的战略地位。环境保护关系到人民群众身体健康，关系国计民生，关系社会稳定，关系和谐社会的建设，更关系到我国目前形势下经济社会的可持续发展。人类共有一个地球。任何一国的环境问题，都关系到全人类的健康和福利。环境保护工作只有通过各国的通力合作才能搞好。因此，环境领域的国际合作十分重要。借鉴与吸收国际环境保护工作的先进经验，不断深化和加强国际环境合作是我国环境保护工作的重要领域，同时环境外交也是我国外交工作的重要组成部分。全国“两会”召开前夕，本刊就环境保护的国际合作以及中国目前的环境保护形势采访了国家环境保护总局科技委员会委员、中华环保联合会理事，前联合国环境规划署驻华代表夏堃堡。

记者：环保领域的国际合作对我国的环保事业具有怎样的意义？

夏堃堡：我国的环境保护事业基本与世界同时起步。我国环境国际合作的开端以我国政府派团参加 1972 年在瑞典斯德哥尔摩召开的联合国人类环境会议为标志。会上，我国政府充分认识到了环境保护的重要性。1974 年，我国成立了第一个政府环保主管机构——国务院环境保护领导小组和国务院环境保护领导小组办公室，由此翻开了我国环保事业的篇章。此后，中国开始以积极务实的态度参与国际环境事务，也逐步加大了对环保工作的重视。

1992 年，李鹏总理出席了在巴西召开的联合国环境与发展会议。2002 年，朱镕基总理出席了在南非召开的可持续发展世界首脑会议。同时，中国还批准或加入环境与资源保护国际公约和条约 50 余件。我国的环境国际合作工作日益活跃。高层环保交流频繁，多边、双边、区域合作良好，与 30 多个国家具有双边合作关系。与联合国环境规划署、联合国开发计划署、世界银行、亚洲开发银行、全球环境基金等国际组织也建立了密切的合作关系，广泛、深入地开展了有关国际公约的履约工作。可以说，中国的环保事业是在国际环保运动的积极推动下开始和发展的。

30 多年来的实践证明，环境保护国际合作在引进国外的资金、技术、理念、法律法

* 本文原载 2007 年第 8 期《工会博览》。

规、环境标准、管理思想、治理经验甚至是教训等方面有非常大的意义，有力地促进了国内环保工作的开展。而且也有益于提高我国的国际地位，营造我国负责任的环境大国形象。

环境影响评价、污染者付费、排污许可证、总量控制，清洁生产、循环经济的概念、原则和方法及国际环境标准 ISO 14000 等先进管理经验和手段，都是在借鉴国际经验的基础上形成的。环保领域获得的外国赠款、引进的贷款占我国所有行业获得的外国赠款和引进的贷款比例很高。1991 年以来，全球环境基金已为我国批准了近 50 个国家项目，总计批准的赠款达 4.688 5 亿美元，是该基金最大的受援国。我在联合国环境规划署任职期间，曾参与了《长江流域自然保护和洪水控制》全球环境基金等项目的工作。世界银行是中国环保事业的有力支持者之一。自 20 世纪 90 年代初至今，贷款支持了中国 24 个环保项目。亚洲开发银行在 1986—2001 年共向中国提供 23 亿多美元贷款帮助改善环境，几乎占亚洲开发银行向中国贷款总额的四分之一。

记者：作为最大的发展中国家以及环境大国，中国是怎样履行国际环境义务的？

夏堃堡：中国是环境大国，解决好我国的环境问题是对全世界的巨大贡献。在采取一系列措施解决本国环境问题的同时，中国积极参与环境保护领域的国际合作，履行国际环境义务，扩大了国际影响，树立了负责任的环境大国形象。

中国是历届联合国环境规划署理事国，对联合国系统开展的环境事务十分支持并积极参与。加入了联合国环境规划署的“全球环境监测网”“国际潜在有毒化学品登记中心”和“国际环境情报资料源查询系统”，并将中国防治沙漠化、建设生态农业的经验和技术传授到许多国家。到 1996 年，我国已有 18 个单位和个人被联合国环境规划署授予“全球 500 佳”称号。

此外，前面也提到了，我国积极发展环境保护领域的双边合作，由于近年我国提高了对环境保护的重视，合作愈加活跃。

我国一贯严肃认真履行国际环境公约及协议。在《中国 21 世纪议程》的框架指导下，编制了一系列重要文件、国家方案或行动计划，认真履行所承诺的义务。例如，我国积极履行保护臭氧层的《维也纳公约》和《蒙特利尔议定书》，顺利完成了《蒙特利尔议定书》规定的阶段性削减指标。据估计，中国淘汰消耗臭氧层物质占所有发展中国家淘汰总量的 50%。

1992 年，我国建立了“中国环境与发展国际合作委员会”。我曾参与了该委员会的创立及其第一阶段的工作。该委员会被国际社会誉为国际环境合作的典范。此外，中国是发展中国家中为数不多的全球环境基金捐资国之一，在历次增资中发挥了积极作用。

记者：您认为在借鉴国际先进的环境治理经验时，我们应该注意什么？

夏堃堡：环境保护领域的国际合作非常重要，因此我们首先应积极参与全球环境合作，加强国内有关部门的协调与合作，切实履行我国签署和加入的国际环境条约。其次，要继续借鉴国外先进的技术、管理、法律法规、执法监督等方面的经验，坚持走可持续发展的道路。第三，要引进国外最先进的和最适用的科学技术和经验。

记者：2008 年北京奥运临近，全世界都在关注中国的环境问题。我们都知道，“十一五”规划中明确提出了“二氧化硫和化学需氧量排放量下降 10%”的约束性指标。作为一位资深外交官，您认为，除上述外还有什么问题亟须重视？

夏堃堡：把大气污染和水污染的治理作为我国环保工作的重中之重是非常正确的，但此外我国目前的生态恶化尤其是荒漠化问题也应得到更高重视。我国荒漠化形势十分严峻，据最新报告，中国荒漠化和沙化土地面积共 438 万平方公里，占我国总面积的 45%。因荒漠化造成的直接经济损失约为 541 亿元人民币。荒漠化不但破坏了土地资源，使其失去生产力，也造成了农村和城市的大气污染，严重危害人体的健康和社会的发展和我国现代化目标的实现。

我国荒漠化的肇因主要是草场退化。而草场退化的原因主要是从前的盲目垦殖，现在的过度放牧、樵采和滥挖。我国 20 世纪 70 年代草地退化面积占 10%，80 年代中期占 20%，90 年代中期占 30%，目前已上升到 50%以上，而且仍以每年 200 万公顷的速度发展。政府采取的退耕还草、退牧还草、限制载畜量等措施在实施中尚存在不少问题。有的地方退耕还草后的土地又退回去了。近年来，在土壤条件脆弱的干旱和半干旱地区还出现了较大规模的商业造林行为，这非常容易造成土地退化，也应重视。

解决我国的荒漠化问题，一是切实贯彻执行相关政策；二是改革我国现有的畜牧制度，“改放养为圈养，大力发展草产业”的方法是国际上的成功先例，我们可以拿来借鉴，应坚决禁止商业造林行为；三是针对不同地区采取不同战略进行防治，保护已经退化和正在退化的草地，禁止放牧；四是对已完全沙化的土地要防沙固沙，大力发展沙产业，对有可能恢复的要积极恢复。

环保：学习荷兰好榜样*

《北京青年报》记者 刘一

中国环境保护部科技委员会委员、原国家环境保护局国际司司长、联合国环境规划署驻华代表夏堃堡表示，在环境保护和可持续发展方面，中国和荷兰的合作由来已久，早在 1996 年，中荷就签署了环境合作备忘录。在此合作框架下，双方在环境政策和环境法律法规的制定和执行以及环境综合指标体系等方面开展了一些合作活动。

夏堃堡说，荷兰等西欧国家重视环境的立法、执法和监管，在环境方面投入多，清洁生产程度高。同时，公众环保意识比较高，注意在生活中实行可持续消费。中国随着经济迅速发展，环境污染和生态破坏问题相当严重，在主要依靠自身力量治理的同时，也需要通过国际合作，引进资金和技术，促进我国的环保工作。

夏堃堡说，荷兰在新能源的开发利用、清洁煤技术、清洁生产等方面有先进的技术和经验，中荷在这些领域已经开展了一些合作活动。双方应进一步加强合作。

首先是新能源的开发和利用。能源和环境问题密切相关，对实现可持续发展至关重要。目前，煤炭依然在中国能源消费总量中占主导地位。燃煤是造成我国大气污染的主要原因之一。荷兰在发展风能、太阳能等可再生能源方面，具有丰富的经验。中国已制订了 2010 年可再生能源在能源结构中比例达 10%，2020 年达 16%的目标。为实现此目标，需要加强和荷兰等国在这方面的合作。

中国在短期内不可能大规模减少煤炭的使用，应采用先进的燃烧技术，提高能源效率，减少二氧化硫、氮氧化物和二氧化碳等污染物的排放。在这方面，可以借鉴荷兰在清洁煤方面的先进技术和经验。

此外，为了避免“先污染后治理”，要继续推广清洁生产，学习荷兰在该领域的先进经验和技术。清洁生产是一种生产模式，指从资源开采、产品生产和废弃物的处置的全过程中，最大限度地提高资源能源的利用效率和减少资源消耗和废弃物的产生。从 1999 年开始，中荷两国在安徽、云南的 26 个企业中开展了清洁生产的合作项目，重点为水泥、化肥等四个行业。在这些试点企业中取得的成果应推广到其他企业。

* 本文原载 2008 年 10 月 27 日《北京青年报》。

中国专家评两华裔部长访华：气候变化是大国博弈舞台*

《北京青年报》记者 杨 晓

美国人阔气的生活方式使其人均碳排放达到中国的4倍。骆家辉、朱棣文两位部长强调“大自然母亲不能容忍拿以前的错误当借口而继续犯错误”，并警告“中国未来30年的碳排放将是美国200年的总和”。催促中国带头减排是两人此行的主要目的，而记者采访中国专家了解到，气候变化是高度政治问题，是大国博弈的舞台。

美国要给中国加码

据环境保护部科技委员会委员、前国家环境保护局国际合作司司长夏堃堡介绍，美国等发达国家提出要求发展中大国也承担具法律约束力的温室气体定量减排指标，而两位部长来访正是游说中国接受这个提议。但中国等发展中国家坚持应在可持续发展的框架下应对气候变化，2012年以后气候变化的国际安排不应以牺牲发展中国家的可持续发展为代价。

他说，“在可持续发展框架下，在发达国家技术和资金支持下，中国将尽最大努力，采取适当的有效的减排措施和行动，降低碳排放增加的速度。”

中国国际问题研究所国际战略专家董漫远持相同观点，中国要发展，要解决人民的生存问题，而美国等发达国家则是饱和发展。中国的碳排放是生存性排放，而发达国家则是奢侈性排放。要求中国等发展中国家承担具法律约束力的减排指标是故意忽视发展中国家相对较低发展阶段的事实。

美国生活方式加剧碳排放

记者发现，空可乐瓶在美国可能被随意丢弃，即便超市用10美分来回收；而在中国，有人甚至为5分钱回收价而到垃圾箱中翻捡。在“美国梦”里，独立房屋和汽车是必备品，而这种生活方式却与骆家辉、朱棣文所提出的减排相悖。

对此夏堃堡认为，美国在环保科技、节能技术、降低污染等领域处于世界领先地位，

---

* 本文原载2009年7月18日《北京青年报》。

总的来说美国的环保搞得不错。但是，美国人奢侈的生活方式是该国碳排放总量居世界第一的重要原因之一。

他说，“美国单位 GDP 碳排放要比中国低，但是人均碳排放则是中国的 4 倍。一方面他们环保科技搞得好，另一方面他们又普遍存在浪费现象。因此发达国家应首先采取可持续的消费方式，以减少碳排放。”

发达国家转让高科技不要心太黑

骆家辉在访问过程中不止一次提出“双赢”这个词，认为美国环保科技可为中国创造就业机会，可改善中国环境。而董漫远认为，为了减缓全球变暖趋势，美国等发达国家应以优惠和减让性的条件，向发展中国家转让环保科技。

他说，发达国家靠过去大量碳排放换来当今的繁荣，进而有足够的资金进行节能环保科技研发。他们甚至在酝酿以节能环保、新能源、新材料为核心的下一次产业革命。与此同时，发展中国家却没有这样多的研发资金，不得不依靠向发达国家进口技术。一方面，发展中国家该做的是顺应下一次产业革命的方向而加大研发力度；而另一方面，发达国家也应该为自己过去和现在的碳排放买单，即用自己的技术帮助发展中国家。“无偿帮助的可能性不大，但起码不要心太黑。”董漫远说，“说到底，气候变化是一个高度政治问题。发达国家希望在气候变化问题上站在道德高点，但该问题涉及各国生存与发展，进而演化为大国之间的博弈。真正达成谅解还需来日方长。”

低碳经济不仅仅是为了应对气候变化*

《中国产经新闻》记者 晏琴

当世界经济陷入阴霾，世界很多发达国家纷纷将刺激经济的重点放在新能源开发、节能技术、智能电网等领域，将低碳经济、低碳技术作为新的战略增长点。

那么，低碳经济对于中国来说，究竟是一种时尚还是一种必然的战略选择？本报记者就此专访了环境保护部科技委员会委员、前联合国环境规划署驻华代表夏堃堡先生。

低碳经济就是绿色经济

《中国产经新闻》：低碳经济的概念在国际上并没有统一的定义，最早由英国人提出，之后被很多国家采用。您对低碳经济的理解是什么？

夏堃堡：我的理解是，低碳经济就是绿色经济，是实现可持续发展的必由之路。低碳经济，就是最大限度地减少煤炭和石油等高碳能源消耗的经济，也就是以低能耗低污染为基础的经济。

在应对全球气候变化的大背景下，低碳经济和低碳技术日益受到世界各国的关注。低碳技术涉及电力、交通、建筑、冶金、化工、石化等部门以及在可再生能源及新能源、煤的清洁高效利用、油气资源和煤层气的勘探开发、二氧化碳捕获与埋存等领域开发的有效控制温室气体排放的新技术。

低碳经济包括两个部分，一个是低碳生产，一个是低碳消费，就是要建立资源节约型、环境友好型社会，建设一个良性的可持续的能源生态体系。低碳经济可以通过提高能源效率、节约能源、发展和利用可再生能源、减少煤炭的使用，增加天然气的使用以及发展和使用氢能等新能源来实现，还要通过大力推广可持续的生活方式来实现。

《中国产经新闻》：也就是说，中国要完成向低碳经济转型，就需要在低碳生产和低碳消费两方面一起发力。

夏堃堡：是的。低碳生产是一种可持续的生产模式。要实现低碳生产，就必须实行循环经济和清洁生产。我国已经发布了《循环经济促进法》和《清洁生产促进法》，在电力、钢铁、化工和轻工等许多行业，已开展了循环经济和清洁生产工作。现在重要的

* 本文原载2010年2月1日《中国产经新闻》。

是要切实落实两个法律的实施。

按照低投入、低消耗、高产出、高效率、低排放、可循环和可持续的原则发展低碳经济。节能、节水、节地与削减污染物总量有机结合起来，实行统筹规划、同步实施。制订政策和措施，大力发展风能、太阳能、地热、生物质能、氢能等可再生能源；在经过最严格的环境影响评价，采用最安全最先进的技术和最严格的环境监测的前提下，积极发展核电；在保护生态环境的基础上有序开发水能，主要是中小水电；大力推广清洁煤技术。推动能源结构的低碳化。

提倡低碳消费，也就是实行可持续的消费模式。低碳消费也是绿色消费，是绿色经济的重要部分。

随着我国经济的发展和人民生活水平的提高，过度消费现象越来越严重。政府应采取必要的经济政策和行政手段，推进绿色生活方式，例如尽量不用塑料袋、废物回收、购物先算碳排放、提倡一水多用、电器关闭不待机、拒绝一次性用品、不必要时不开车等。北京所采取的汽车限行和超市不免费发放塑料袋等措施是促进绿色消费的有效措施，应大力推广。也要考虑制订相关的规章制度，促进绿色消费。

低碳经济是有内在要求的

《中国产经新闻》：中国发展低碳经济除了应对气候变化外部压力外，有哪些内在要求？

夏堃堡：发展低碳经济，不光是为了保护气候，而是为了保护整个人类赖以生存的环境。保护气候只是保护环境的一个方面。非低碳的发展方式，不仅仅会破坏气候，大气环境、水环境和其他各种自然生态环境都会遭到破坏。

改革开放以来，我国经济得到了高速的发展，人民生活有了很大的改善，但是，一些地方把经济发展放在首位，把环境保护放在一个次要的位置。经济是发展了，但是生态环境却在恶化。各种污染物的排放严重影响了人民的身体健康，也影响了国民经济的可持续发展。中国人民生活质量的提高不仅仅是 GDP 的提高，环境好坏也是很重要的一个部分。

因此，发展低碳经济也是为了保证我国国民经济的健康发展和保护我国人民的健康和福利。

中国的环境问题，在很大程度上是由于经济结构不合理造成的。钢铁、有色、建材、化工、电力和轻工等行业的高速过热发展，造成了严重的环境污染。这些行业中，存在着许多设备陈旧、技术落后、污染严重的企业。

我国排放标准普遍低于先进国家的标准，即使达标企业也排出了大量的污染物；工业能源效率普遍低下，使二氧化碳和其他污染物的排放十分严重；由于环境影响评价机构的人员素质和腐败现象等原因，环评没能发挥其应当发挥的作用。

一些地区经济的高速增长在很大程度上是以牺牲我国环境和资源为代价取得的。要扭转我国环境形势日益恶化的趋势，必须降低发展速度，就是降低高碳产业发展速度，提高发展质量。

《中国产经新闻》：面对国内的要求，中国应该采取哪些措施予以推进？

夏堃堡：加快经济结构调整，加大淘汰污染工艺、设备和企业的力度；对我国现行的外向型的经济发展战略做出必要的调整，限制高碳经济模式下生产出的产品的生产和出口，大力发展低碳产品的生产和出口。

提高各类企业的排放标准，提高钢铁、有色、建材、化工、电力和轻工等行业的准入条件，新建项目必须符合国家规定的准入条件和排放标准。

加强对环境影响评价机构的资质审查和管理，坚决打击环评中的腐败现象，保证环境影响评价的质量；制定必要的经济政策和惩罚措施。排污收费制度要改进，罚款只有超过采取防治措施的代价的情况下，这一措施才会有效。

扩大“区域限批”措施的范围，即在没有环境容量的区域，停止批准新建增加污染排放量的项目，包括能达标排放的污染项目，直到这一地区有了环境容量为止。如果这些措施而降低 GDP 的发展速度，也在所不惜。

节能减排目标既是挑战也是机遇

《中国产经新闻》：中国在哥本哈根会议上，宣布到 2020 年中国单位国内生产总值二氧化碳排放比 2005 年下降 40%～45%，并将其作为约束性指标纳入国民经济和社会发展中长期规划。您如何看待减排目标对中国的影响？

夏堃堡：温家宝总理和中国代表团团长解振华都表示，中国要完成 40%～45%这个指标要付出艰苦卓绝的努力，这是一个挑战。中国仍然是发展中国家，人均 GDP 不高。在传统经济发展模式下，节能减排与经济增长有一定的矛盾，但是从科学发展角度来看，节能减排与经济发展又是完全一致的。在当前经济形势下，一方面，以牺牲资源和环境代价来换取经济的粗放增长是不可持续的。另一方面，我国政府提出的二氧化碳减排目标，有利于促使我国加大调整产业结构力度，有利于促进低碳经济的发展，有利于推动我国向可持续的经济增长模式的转变。这对于我们来说是个机遇。

《中国产经新闻》：有外国媒体报道说，中国政府提出自主减排，表明中国不再需要发达国家提供资金来应对气候变化。这种说法对吗？

夏堃堡：不对。按照《联合国气候变化框架公约》的规定，发达国家有义务向所有发展中国家就减缓和适应气候变化提供资金。中国所作出的减排承诺，并不表明我国放弃接受发达国家向我国提供资金应对气候变化的权利。中国是一个发展中国家，发达国家有义务向我国就减缓和适应气候变化提供新的和额外的资金，以及以优惠和减让性条件向我国提供技术。

《中国产经新闻》：关于低碳领域的国际合作，您有什么看法？

夏堃堡：我们应该大力开展国际合作，引进低碳技术。现在国际上已经有许多成熟的低碳技术。我们在努力发展和应用自己的低碳技术的同时，要大力从国外引进这些先进技术。

2007 年在印度尼西亚巴厘岛举行的联合国气候变化大会通过了“巴厘岛路线图”，其中包括一个加速向发展中国家减缓和适应气候变化方面的技术转让的战略性方案。我们要充分利用这一机制，以及《联合国气候变化框架公约》和《京都议定书》下的“清洁发展机制”和其他机制，引进资金和先进的低碳技术，促进我国低碳经济的发展，促进我国应对气候变化的工作，减缓温室气体排放增加的速度，实现经济发展和气候变化应对之间的平衡。

坎昆前夜暗战*

《中国经济和信息化》杂志记者　周夫荣

坎昆联合国气候变化大会将于2010年11月底召开，首任联合国环境规划署驻华代表夏堃堡详解各方主要博弈点。

作为前环境外交官，夏堃堡对国际气候谈判和低碳经济的诸多问题尤为关注：哥本哈根世界气候大会的激辩之声犹在耳际，即将召开的坎昆会议上主要谈判冲突点是什么，它是否会和哥本哈根会议一样无果而终？发达国家大力呼吁发展低碳经济，这对于发展中国家来说是不是一场阴谋？中国应该如何发展结合国情的低碳经济？2010年9月23日，《中国经济和信息化》杂志记者就这些问题采访了夏堃堡。

坎昆博弈点

《中国经济和信息化》：哥本哈根会议之后，新一轮国际气候谈判又将在坎昆开启，前景是否乐观？

夏堃堡：今年早些时候，《联合国气候变化框架公约》下的长期合作行动特设工作组（AWG-LCA）和《京都议定书》下的附件1缔约方继续减排承诺特设工作组（AWG-KP）在德国波恩召开了两次会议。通过两次谈判，各国仍未能就缔约国会议主席新的谈判文本草案达成一致意见。谈判的首要障碍就是发达国家不愿对其到2020年的量化减排指标做出明确承诺。今年8月，今年联合国第3次气候变化谈判继续在德国波恩举行，在为期一周的激烈交锋后，两个特设工作组终于形成了新的谈判文本草案。10月，第4次谈判将在中国天津举行。天津会议是11月召开的墨西哥坎昆联合国气候变化大会前最后一次谈判，通过承办这次会议，中国希望能够维护联合国作为气候谈判的主渠道和双轨谈判机制。我们相信，只要各方坚持将公约、议定书作为法律基础，按照谈判进程由缔约方驱动、公开透明、广泛参与、协商一致的原则，尽快把哥本哈根协议取得的共识落实到公约和议定书两个工作组的案文中，集中谈判仍有分歧的核心问题，寻求务实的解决方案，坎昆会议就一定能取得预期成果。

---

* 本文原载2010年10月10日第15期《中国经济和信息化》杂志。

《中国经济和信息化》：坎昆会议各方主要博弈点有哪些？

夏堃堡：坎昆会议能否取得进展，关键是各国能否在一些重大问题上达成一致意见。分歧主要集中在以下几个问题上：

发展中国家坚持认为，《联合国气候变化框架公约》及《京都议定书》是各国经过长期艰苦努力取得的成果，凝聚了各方的广泛共识，是国际合作应对气候变化的法律基础和行动指南，因此，对2012年以后应对气候变化的国际安排应在此框架内进行。

发达国家想对《京都议定书》进行修改，搞一个新的协议，实际是要发展中国家接受有法律约束力的减排指标。根据“共同但有区别的责任”的原则，发达国家必须率先大幅量化减排并向发展中国家提供资金和技术支持，这是不可推卸的道义责任，也是必须履行的法律义务。发展中国家应根据本国国情，在发达国家资金和技术转让支持下，尽可能减缓温室气体排放，适应气候变化。中国政府已经提出自主减排，并提出了具体目标。

发达国家的减排指标也是分歧所在。要使全球升温不超过2℃，到2020年，工业化国家温室气体排放必须在1990年基础上减少25%～40%。美国承诺到2020年将温室气体在2005年基础上减少17%，如果以1990年为基础，实际美国只同意减少4%，离要求相差很远。

此外，还有资金和技术问题，这一直是发达国家和发展中国家争论的焦点。气候变化主要是由于发达国家长期排放温室气体的结果，发达国家应当向发展中国家提供应对全球气候变化所需要的新的和额外的资金，并以优惠和减让的原则向发展中国家提供先进的技术，特别是低碳技术。

在哥本哈根会议上，资金问题有了一定进展。发达国家承诺在2010—2012年向发展中国家提供300亿美元，作为减缓和适应气候变化所需的新的额外资金，并同时承诺到2020年每年筹措1 000亿美元，以满足发展中国家的需要。《哥本哈根协议》决定成立绿色气候基金，作为《联合国气候变化框架公约》的资金机制。《哥本哈根协议》还决定成立一个促进技术开发和转让的技术机制，但是由于《哥本哈根协议》没有通过，这些还只是一纸空文。

低碳非阴谋

《中国经济和信息化》：发达国家一边鼓吹低碳经济，一边又把发展中国家变成他们兜售环保节能设备的市场，这是否说明发展低碳经济是发达国家遏制发展中国家的阴谋？

夏堃堡：应对气候变化的有效策略就是发展低碳经济，这是当务之急，发达国家提倡低碳经济不能说是阴谋。

欧盟已经在大幅削减温室气体排放量和化石能源消费量，并单方面承诺到2020年将温室气体排放量在1990年基础上至少减少20%，将可再生清洁能源消耗的比例提高到20%，将煤、石油、天然气等化石燃料的消费量减少20%。

奥巴马上台后，美国对控制气候变化态度有所转变，也开始重视发展低碳经济，强调发展新能源，以减少温室气体的排放和对海外石油的依赖。美国也在进一步支持发展核电、新型汽车等。但总的来说，美国在发展低碳经济，因对气候变化方面在发达国家中是最为消极的。

在日本，很多人已经卖掉高级轿车，改用节能车。日本石化资源严重短缺，多年来一直积极开发新能源、可再生能源和清洁技术，计划在2020年左右将太阳能发电量提高20倍，将电动汽车的比例提高到50%。

我国也十分重视低碳经济的发展。中国制定和实施了《应对气候变化国家方案》，先后制定和修订了节约能源法、可再生能源法、循环经济促进法、清洁生产促进法、森林法、草原法和民用建筑节能条例等一系列法律法规，把法律法规作为实行低碳经济，应对气候变化的重要手段。同时采取了许多措施，大力发展低碳经济。1990—2005年，单位国内生产总值二氧化碳排放强度下降46%。

《中国经济和信息化》：能否说发展低碳经济是个政治问题？

夏堃堡：气候变化是一个环境问题，也是一个发展问题，现在也成了国际政治中的一个重要问题。发展低碳经济最主要的目的是为了应对气候变化，保护全球环境，因此也是一个政治问题。

中国低碳经济

《中国经济和信息化》：中国现阶段发展低碳经济，与发达国家相比，要付出哪些代价？

夏堃堡：我国进入工业化才30多年，对煤炭、石油等高碳产品的依赖性特别高，直接导致二氧化碳的排放量居高不下。

温家宝总理在哥本哈根会议上承诺，到2020年中国单位GDP二氧化碳排放量比2005年下降40%～45%。这是一个巨大的挑战。

我国近几年国内生产总值（GDP）年平均增长10%以上。全国有200多个地级市平均GDP是17%，有的达到了30%以上。这种增长在很大程度上是以牺牲我国环境和资源为代价取得的。要实现我国减排承诺，扭转我国环境形势日益恶化的趋势，必须降低发展速度，就是降低高碳产业发展速度，提高发展质量。要加快经济结构调整，加大淘汰污染工艺、设备和企业的力度；提高各类企业的排放标准；提高钢铁、有色、建材、化工、电力和轻工等行业的准入条件，新建项目必须符合国家规定的准入条件和排放标准；制定必要的经济政策和惩罚措施。如果这些措施而降低GDP的发展速度，也在所不惜。

发展低碳经济，积极开展节能减排，加大产业结构调整力度，推动经济增长模式的转变，这对于我们来说也是一个机遇。

《中国经济和信息化》：什么是低碳发展模式，如何发展低碳经济？

夏堃堡：发展低碳经济主要的内容：一是提高能源效率和节约能源；二是大力发展新能源和可再生能源。发展核电要采用世界上最先进和最安全的技术，要采用最严格的措施，加强核设施的安全监督管理；发展水电要进行严格的环境影响评价，在不破坏生态环境的前提下，有序地发展水电，要以发展中小型水电为主，发展生物能要注意不影响粮食安全，不造成土地退化；要特别重视发展太阳能、风能、地热能、潮汐能、氢能等可再生能源，把它们作为新能源发展的重中之重；三是国家要出台相关优惠政策，扶持这类可再生能源的发展，金融机构要实行“绿色信贷”，大力支持它们的发展。低碳经济的第三个方面是实行碳捕获和储存，减少二氧化碳的排放。

此外，还要实行可持续的生活方式。中秋节时，我发现月饼包装盒一个比一个精美，过度包装现象十分严重。这是高碳的生活方式，应加以反对。

夏堃堡说：“环保节能理念应该融入我们日常生活之中。我家的洗澡水从来不马上倒掉，全部用来冲洗马桶或者拖地。”

低碳经济不仅仅是为了应对气候变化。实行低碳经济，不仅仅能减少二氧化碳等温室气体的排放，同时能减少二氧化硫、氮氧化物和颗粒物等污染物的排放。发展低碳经济也是为了保证我国国民经济的健康发展和保护我国人民的健康和福利。因此，我们必须大力发展低碳经济。

我们要大力开展低碳经济领域的国际合作。国际上已经有许多成熟的低碳技术。我们在努力发展和应用自己的低碳技术的同时，要大力从国外引进这些先进技术。我们要充分利用《联合国气候变化框架公约》和《京都议定书》下的“清洁发展机制”和其他将要建立的机制，引进资金和先进的低碳技术，促进我国低碳经济的发展，促进我国应对气候变化的工作，减缓温室气体排放增加的速度，实现经济发展和气候变化应对之间的平衡。

那年我们在里约*

——亲历者讲述 1992 年联合国环境与发展大会

《中国环境报》记者 霍 桃 郭 婧 特约记者 郄建荣 邹 晶

编者按

20 年前里约热内卢举办了一场全人类的环境盛会，20 年后世界各国元首将再次相聚在这个美丽的南美海滨城市。本报特别采访了曾经亲历过 1992 年联合国环境与发展大会筹备及现场的几位世界环境名人，他们将带读者一起，感受联合国环境与发展大会的点点滴滴，回顾那一幅幅令人难忘的历史画面，重温那一个个载入史册的永恒瞬间。

莫瑞斯·斯特朗

1972 年人类环境会议秘书长，联合国环境规划署（UNEP）首任执行主任，曾经主持筹备 1992 年联合国环境与发展大会。

为什么要召开联合国环境与发展大会?

记者：请问 1992 年联合国环境与发展大会（以下简称环发大会）是在什么背景下召开的？

曲格平：在 1972 年的瑞典斯德哥尔摩人类环境会议上，发达国家振臂疾呼环境问题的严峻程度，而发展中国家的认识极其粗浅，大都未予回应。并且会议单纯就环境污染谈环境污染，没有认识到环境与发展之间的关系，也没有提出有效解决全球环境问题的具体措施。20 年后，发达国家和发展中国家认识到了环境与发展之间的关系，找到了环境问题的根源，特别是双方共同认识到解决环境问题的紧迫性，愿意坐到一起合作，明确具体责任。

莫瑞斯·斯特朗：1972 年斯德哥尔摩会议虽然取得了一定成果，但是还远远不够。环境问题越来越严重，政府

* 本文原载 2012 年 6 月 12 日《中国环境报》里约大会 20 周年纪念特刊。

曲格平

作为中国代表团成员出席了 1972 年人类环境会议和 1992 年联合国环境与发展大会，是中国环境保护事业的开创人之一。

费尔南多·科洛尔

1992 年联合国环境与发展大会主席，时任巴西总统。现任巴西参议员，也是里约 + 20 峰会的提议者。

夏堃堡

前国家环境保护局国际合作司司长，首任 UNEP 驻华代表，1992 年联合国环境与发展大会中国筹备小组成员。

对环境的治理也不够有效。所以联合国决定在斯德哥尔摩会议 20 周年之际再度召开大会。

记者：为什么环发大会由发展中国家巴西主办，而不是经济实力更强大的发达国家？

莫瑞斯·斯特朗：当联合国确定 1992 年要召开联合国环境与发展大会时，瑞典再次成为发起者，并希望在斯德哥尔摩承办第 2 届会议。这时，巴西提出愿意做东道主。瑞典意识到如果会议在巴西召开可能更有把握成功，有助于其他发展中国家的积极参与，于是将这次机会让给了巴西。

费尔南多·科洛尔：1992 年的巴西正处在一个非常敏感的时期，当时，巴西有许多森林被破坏，引起了欧洲人的担心和恐慌。一旦亚马孙热带雨林被过度砍伐，将直接影响整个欧洲的气候。

巴西之所以提出申请就是要向世界证明，在环境问题上巴西不怕别国的指责，巴西愿意与世界各国一起交流环境保护的经验和心得。当时，加拿大也曾提出主办此次会议的申请，联合国最终决定在巴西召开联合国环境与发展大会。

记者：那次联合国环境与发展大会是不是经历了相当长的筹备期？

曲格平：是的。会议筹备时间相当之久，在此期间，联合国环境与发展大会筹委会举行了 4 次全体会议，从工作和技术层面为大会编写了相关文件。当时，发达国家集结成了“西方同盟”，而发展中国家仍是一盘散沙。在大会召开前，为了凝聚共识、摆明立场，我国邀请了 41 个发展中国家的环境部长在北京举行磋商，发表了《北京宣言》，阐明了发展中国家的共同立场和主张，为改变发展中国家在国际舞台上软弱、被动、涣散的局面起到了重要作用。

夏堃堡：为了筹备此次会议，联合国成立了联合国环境与发展大会筹备委员会，召开了 4 次筹委会会议。第一次会议于 1990 年 8 月在内罗毕举行，最后一次于 1992 年 3 月在纽约举行。整个筹备过程历时两年。中国成立了筹备小组，由外交部牵头，国家科委、国家计委和国家环境

许正隆
高级记者，曾任中国环境报社社长兼总编辑。1992 年联合国环境与发展大会赴巴西里约采访。

保护局为成员单位，我代表国家环境保护局参加了筹备小组。它的任务主要是提出中国参加联合国环境与发展大会筹备会议和以后参加联合国环境与发展大会正式会议的对案及立场。我国积极参加了联合国组织的各项筹备活动。联合国环境与发展大会的筹备过程中取得了比较大的成果。发展中国家形成了“77 国集团和中国”的协商机制，这个机制是发展中国家在联合国环境与发展大会筹备过程中形成的，现在在其他外交活动中也采用这个机制，这是一个非常有效的机制。

东道主怎么迎宾纳客？

记者：参加联合国环境与发展大会的国家和元首有多少？日程是怎么设定的？

曲格平：这次会议于 1992 年 6 月 3—14 日在巴西里约热内卢举行，有 183 个国家的代表团以及联合国及其下属机构等 70 个国际组织的代表参加了会议。其中，102 位国家元首或政府首脑亲临会场。6 月 1—2 日为高级官员磋商，6 月 3—11 日为部长级会议，6 月 12—14 日为首脑会议。

记者：作为亲历者，您能否回忆起当时会场的状况以及周边环境？

曲格平：里约中心离里约市区有 40 多公里，联合国环境与发展大会的会场就设在这里。从外表看，这个会场貌不惊人，活像一个体育场，既无豪华点缀，又没有高大的建筑。很有意思的是，代表团办公室的布置反映了南北差距的现实。在这里，发达国家的办公室一般很宽敞，设备讲究，而发展中国家则因经费关系只得租用小间，里面一张桌子、几把椅子，十分简陋。

许正隆：里约中心贵宾入口处不用通常的地毯，而是铺用象征自然和生命的绿地毯。悬挂在会议主要大厅的特制大钟，上部显示全球人口增长情况，下部展示耕地状况，它时刻提醒你：每秒钟全球增加 13 人，每 8.23 秒减少耕地 1 公顷。大会的会徽：一只巨手托着有一枝鲜嫩树枝的地球，告诉人们：“地球就在我们手里。”

会议进行中有哪些插曲？

记者：在这样一场牵涉到各国切身利益的大会上，会议进行过程中有没有激烈交锋的场面？

曲格平：当时，摆在世界各国面前的首要问题就是责任的划分，特别是温室气体的产生，究竟谁来承担主要责任。最终大会取得共识，《联合国气候变化框架公约》和《联合国生物多样性公约》开放签字，提出世界环境问题主要是发达国家造成的，特别是气候变暖，主要是发达国家长期排放温室气体造成的，这种排放量占到80%以上。这就是著名的“共同但有区别的责任”原则。这个结论来之不易，经过了专家们的反复论证、科学计算，我参与了期间数次马拉松式的谈判过程，交锋异常激烈，夜晚都不能安睡，是对体力和脑力的严峻考验。

有时，为了一个用词，代表们争执不下，这实际就是互相抬杠、拖延时间。有时发生这样的情况：甲方在这段里加上几句，乙方就在另一段中添几个字，彼此作为交换，结果把文本弄得越来越长，有的则文理不通、前后矛盾。最终大会不得不做出硬性规定以避免这种争执继续。

记者：在国际会议上，美国的态度向来十分关键，这次会议美国有没有参会？

费尔南多·科洛尔：大会签署了三个重要文件，即《里约环境与发展宣言》《21世纪议程》《关于森林问题的原则声明》。当时参会的所有国家或政府首脑都代表本国政府在这三个重要文件上签名，唯独美国总统既没有来参会也没有签字。美国不签字，有可能对协议的执行带来困难。

于是，我们准备到华盛顿去，带着文件到美国让他们签字。会议离结束还有最后24个小时，美国总统确定要来参会。

记者：大会上除激烈的争执之外，有没有让人看到文明的、温情的一面？

许正隆：既然是开会，免不了有磋商、有争议、有交锋，但是绝无“谩骂和攻击”。众所周知，美国与古巴，这两个毗邻国家唇枪舌剑几十年，联合国环境与发展大会上，两国的元首坐到了一起，人们自然担心：“仇人相见”会不会“分外眼红”。结果出人意料，他们表现得彬彬有礼——6月12日，美国总统布什（即老布什）在首脑会议上讲话结束时，古巴国务委员会主席卡斯特罗频频鼓掌；在此之前，布什也为卡斯特罗鼓了掌。在回答法新社记者“布什总统发言后你是否鼓掌”的提问时，卡斯特罗说：“他做出了漂亮的姿态，我做出了同样的答复。”

记者：时间一晃过去20年，请问当时留给您印象最深的场景是什么？

曲格平：这次会议对我个人来说，意义也非同寻常。在这次会议上，我被授予了联合国环境大奖。在领奖台上，我说：“荣誉属于我的古老而伟大的祖国，属于我的勤劳而淳朴的11亿同胞，属于我的为环保事业共同奋斗的中国同事们。”联合国环境奖评选委员会把荣誉授予我，也是对中国环境保护事业的巨大支持和对中国人民的深厚友谊。

许正隆：6月11日下午，中国总理李鹏一出现在大厅，中外记者们便蜂拥而至，挤成一团。当李鹏总理在公约上签字后，与联合国环境规划署执行主任托尔巴博士热烈拥抱。有几位记者苦于没有拍到这个热烈的场面，急得不停地高喊：“再来一次！再来一次！”李鹏和托尔巴只好微笑着在记者的镜头前又拥抱了一番。

发达国家的承诺兑现了吗？

记者：您如何评价20年间会议成果的实施情况？

曲格平：在联合国环境与发展大会上，资金、技术转让和机构设置三个关键问题的谈判十分艰难，最终发达国家做出了一定承诺，即必须提供“新的、额外的资金”，以帮助发展中国家改善环境。这笔资金要求达到发达国家国民生产总值的 0.7%，即每年大约为1 200亿美元。同时还规定：发达国家要以“优惠的、非商业性的”条件转让技术，即向发展中国家提供清洁的和无害的环境技术。

但在付诸实施的过程中还有许多不尽如人意的地方。比如资金问题，美国拒不接受提供 0.7%的额外援助资金，即便是原则接受这项规定的国家，也只有北欧几个国家兑现承诺提供 0.7%的对外援助，其他发达国家都没有履行承诺。不仅如此，发达国家官方发展援助（简称 ODA）还在不断减少。而优惠的条件向发展中国家提供清洁和无害技术的问题，更是被他们抛诸脑后。事实是，这种有利于环境的技术已经成为他们赚取更大利润的手段。20年来，发展中国家虽几经斗争，但发达国家提供额外资金和转让技术的承诺一直未能兑现。我曾被聘请担任全球环境基金（GEF）的高级顾问，我看到，每年收到的援助资金仅为20亿～30亿美元，与规定的1 200亿美元差距很大。

对里约+20峰会有何展望？

记者：当今世界同 20 年前已大不相同，全球政治经济形势发生了深刻变化，您认为里约+20峰会的召开处于一个什么样的背景之下？

莫瑞斯·斯特朗：虽然整个世界都在迅猛发展，但是人类却正在陷入一个很危险的局面。所以即将召开的里约+20峰会可以说正逢其时，我们必须做出一些真正的决策来改变我们现在的发展道路。

里约+20 峰会面临的政治和经济环境都不如 1992 年时好。中国现在情况特殊，可谓一花独放，是现今最具活力的国家，但是西方国家的状况就不那么乐观了。比如美国和欧洲政府都缺乏经费，所以现在全球的状况很复杂。

记者：您希望里约+20峰会在哪些方面取得进展？

费尔南多·科洛尔：里约+20峰会应考虑选择一个新的绿色经济方案，改变现有的经济发展模式。此外，里约+20峰会在签署协议方面应做出更大努力。1992年联合国环境与发展大会上签署的三个文件是人类环境史上弥足珍贵的财富，希望这三个文件在里约+20峰会上不会有任何修改。

风云变幻 晴雨知否*

《中国环境报》记者 曹 俊

在联合国可持续发展大会，即里约+20峰会即将召开之际，本报记者对前国家环境保护局国际合作司司长、首任联合国环境规划署驻华代表、现环境保护部科技委员会委员夏堃堡作了专访。“20年后的今天，国际环境外交形势远比20年前更为错综复杂。”夏堃堡感慨道。

“里约+20峰会召开在即，但在筹备会中，分歧层出不穷。”夏堃堡说，“到目前为止，谈判案文扩展到了80多页，329个段落，但仅70个段落达成了一致。”

“20年前，几乎只有两个阵营，即发达国家和发展中国家，双方分别用同一个声音说话。但20年后的今天，虽然发达国家和发展中国家之间仍然存在着巨大的基本的分歧，但发展中国家内部在某些问题上也出现了不同意见。”夏堃堡补充说。

原则：“共同但有区别的责任”原则能不能继续？

在环境外交中，“共同但有区别的责任”是一条重要的原则。也就是说，从历史和现实的角度看，发达国家要对全球环境问题负主要责任，因此发达国家要带头作出努力，应向发展中国家提供为保护全球环境所需要的新的、额外的资金，并以优惠和减让性条件向发展中国家提供环境友好的技术。与此同时，发展中国家也要在力所能及的情况下，尽最大努力采取措施，保护环境。

“但在实施中，困难重重。按照《21世纪议程》确定的目标，经济合作与发展组织成员国向发展中国家提供的官方发展援助（ODA），应达到各国国民生产总值（GNP）的0.7%。”夏堃堡说，“但迄今为止，只有少数几个发达国家做到了，几个大的发达国家ODA不但没有增加，反而比联合国环境与发展大会前减少了。技术转让方面更是进展甚微。”

“发展中国家对发达国家表示失望，他们没有兑现当初在联合国环境与发展大会做出的各项承诺。发展中国家强调‘共同但有区别的责任’的原则，要求发达国家重申这些承诺。”夏堃堡说，“但发达国家对这些要求置之不理，甚至希望在此次会议上抛弃‘共同但有区别的责任’这一原则。”

---

* 本文原载2012年6月12日《中国环境报》里约大会20周年纪念特刊。

资金：已有承诺还未兑现，新建议是否可行？

据夏堃堡介绍，在最近召开的谈判成果文件（草案）第三轮非正式磋商会上，关于资金问题，发展中国家提议，发达国家承诺，在 2013—2017 年，每年向发展中国家提供 300 亿美元的资金，从 2018 年起，将这一数字提高到 1 000 亿美元，并提出建立一个资金机制，也可称之为可持续发展基金。

“发达国家显然很难同意。”夏堃堡说。“近几年来，发达国家面临着严重的金融危机，经济已不如 20 年前那般景气，新兴经济体的崛起，引起了世界的广泛关注。发达国家以此为借口，企图重新划分责任。”

夏堃堡介绍说，欧盟表示同意实现在官方发展援助和筹措资金方面已经做出的承诺，但表示不能接受发展中国家提出的新的建议；美国强调各国国内筹资，避而不谈向发展中国家提供新的额外的资金；日本和加拿大等发达国家对发展中国家的建议明确表示持保留态度。

绿色经济：能否消除发展中国家的顾虑？

此次里约+20 峰会的一个主题为：关于在消除贫困和可持续发展背景下的绿色经济。“在这个问题上，各国立场也大相径庭。”夏堃堡说。

“一些发展中国家认为绿色经济的概念不明确，甚至对这一提法表示怀疑。他们怀疑这是发达国家为限制发展中国家发展、实行贸易保护等制造新的借口。”夏堃堡说，“发达国家强调绿色经济是大家共同的责任，但发展中国家认为，绿色经济必须纳入可持续发展的框架，必须以向发展中国家提供支持为前提。”

“绿色经济能否达成共识，关键在于能否消除一些发展中国家的顾虑。”夏堃堡补充说。

机制：是否需要建立新的国际环境组织？

可持续发展机制框架是里约+20 峰会的另一主题。据夏堃堡介绍，在这个问题上，各国分歧较大。以机构设置为例，在最近的非正式磋商会议上，发达国家之间，以及“77 国集团和中国”内部迄今未能达成一致意见。

欧盟和非洲集团主张建立一个联合国专门机构，即联合国环境组织，这一提议遭到了美国、俄罗斯和一些发展中国家的反对，他们主张加强联合国环境规划署，而非另起炉灶。

另外，在是否要成立一个政府间高级别政治论坛，以及在可持续发展目标等问题上，各国也还存在着很大的分歧。

夏堃堡说，他对会议的前景不是十分乐观，但他也说，现在离大会的召开只有几天了，各国还在进行紧锣密鼓的磋商，大会前还有一次正式的筹备委员会会议，只要各国以全球可持续发展的目标为重，强化政治意愿，落实各项承诺，制定出一个切实可行的行动纲领，以全面推进全球可持续发展进程，那么这次大会成功的机会还是有的。

航线已确定　前路其修远

——访首任联合国环境规划署驻华代表夏堃堡*

《环境保护》杂志记者　孙 钰　杨雪杰

20 年前，各国首脑共聚里约热内卢，共同做出承诺，许给地球一个可持续发展的未来；20 年风雨兼程后，带着没有完成的承诺，峰会故地重开。如今，里约+20 峰会已经逐步淡出我们的视野，对于这次大会的成果有着不同的声音，带着对峰会成果及后峰会时代各国履约路线的疑问，本刊记者对前国家环境保护局国际合作司司长、首任联合国环境规划署驻华代表夏堃堡做了专访。

参与最为广泛，达成预期目标

《环境保护》：对于里约+20 峰会，有人认为这是政治的成功，可持续发展的失败，也有人认为此次大会取得了重要进展，您怎么评价此次大会？

夏堃堡：联合国可持续发展大会（里约+20）峰会于 2012 年 6 月 20—22 日在巴西首都里约热内卢举行，191 个联合国会员国派代表和观察员出席，79 位国家元首或政府首脑在会上做了发言，大约 5 万人参加了正式的峰会及相关边会和活动，主会场举办了 300 场边会，在整个里约举行了大约 3 000 个与峰会相关的非正式活动。出席大会和各类活动的除了政府、联合国和国际组织的代表外，还有民间组织、企业、青少年和妇女组织、新闻媒体的代表。可以说，这是历史上参与最为广泛的一次大会。

本次峰会上，各国围绕可持续发展和消除贫困的背景下发展绿色经济和建立可持续发展的体制框架两大主题展开讨论，评估 20 年来可持续发展领域的进展和差距，重申政治承诺，分析应对可持续发展的新问题和新挑战。各国代表在闭幕式上通过了大会最终成果文件——《我们憧憬的未来》。大会结束时，共收到 700 个为实现大会达成的目标而采取行动的自愿承诺。一些国家的政府、私人部门、民间组织和其他团体做出了总额为 5 130 亿美元的自愿捐款承诺，其中包括中国和巴西等新兴发展中国家的承诺。国

* 本文原载 2012 年第 14 期《环境保护》杂志、2012 年第 8 期《中华环境》杂志。

际社会对可持续发展有了更为深刻和理性的认识，提高了各国实现可持续发展的政治意愿，促进了各国在可持续发展领域的合作。

联合国秘书长潘基文说，联合国可持续发展大会无疑是一次成功的大会，代表着多边主义的重大胜利，大会通过的文件为实现可持续发展奠定了坚实基础。温家宝总理携数位部长出席，并发表了《共同谱写人类可持续发展的新篇章》的演讲，为大会的成功做出了贡献。中国和许多国家对此次大会做出了积极的评价，认为它是一次成功的大会。

然而，不容忽视的是，《我们憧憬的未来》是谈判各方达成的一个妥协文件，不少国家和民间环保组织对此表示失望。古巴国家领导人劳尔·卡斯特罗认为此次峰会是“一次失败的谈判”。国际环保组织绿色和平也对此次峰会的结果表示失望，认为地球公民所期待的新的可持续发展模式并没有通过此次大会建立起来。

总体而言，此次大会基本是成功的，取得了一些成果，达成了一个平衡的比较积极的文件，但是，各国在若干重大问题上并没有达成一致，不少国家尤其是发展中国家认为此次大会并没有取得预期的成果，尤其是文件中没有推动实现可持续发展目标所需要的发达国家向发展中国家提供资金和技术转让的承诺，没有令人鼓舞的进展。

成果令人欣慰，多方达成共识

《环境保护》：您认为此次大会取得的主要成果有哪些？

夏堃堡：尽管对此次大会褒贬不一，但是不容否认的是，此次大会取得了令人欣慰的成果，主要表现在以下几个方面。

重申原则，坚持共同但有区别责任

成果文件指出：“我们重申《关于环境与发展的里约宣言》的原则，包括该宣言原则7提出的共同但有区别的责任原则等”；“我们再次承诺全面实施《关于环境与发展的里约宣言》《21世纪议程》《进一步执行〈21世纪议程〉方案》、《可持续发展问题世界首脑大会执行计划》和《约翰内斯堡执行计划》。”

20年前在里约举行的联合国环境与发展大会通过了《关于环境与发展的里约宣言》，提出了一系列涉及可持续发展的核心原则，其中包括对发展中国家来说至关重要的“共同但有区别的责任”原则。在本次大会召开之前的谈判阶段，这些原则是否仍然适用于当今世界的现实是发达国家与发展中国家争论的一个焦点。

达成共识，制定可持续发展目标

各国同意制订可持续发展目标，这是这次大会重要的成果之一。大会决定启动可持续发展目标讨论进程，就加强可持续发展国际合作发出重要和积极信号，为制定2015年后全球可持续发展议程提供了重要指导。

会员国决定建立一个有关可持续发展目标的包容各方的、透明的政府间进程，以期制定全球可持续发展目标，供联合国大会审议通过。这是我们首次就制定可持续发展目标达成共识。千年发展目标有固定的期限，但可持续发展目标永远都不会过期。现在这个进程已经启动。

统一认识，发展绿色经济

成果文件认可绿色经济是实现可持续发展的重要手段之一，并敦促发达国家履行官方发展援助承诺，并以优惠和减让性条件向发展中国家转让实现绿色经济的技术，成果文件要求尊重各国主权、国情及发展阶段，重视消除贫困问题。在这个问题上，文件基本满足了发展中国家的核心关切。

加强沟通，完善机制框架

一是决定建立政府间高级别政治论坛，最终取代现有的联合国可持续发展委员会。各国对该委员会的功能做了详细的定位，其主要功能是为各国实施可持续发展，统筹经济、社会发展和环境保护提供政治领导，指导和建议。成果文件对其形式没有做具体的规定，决定由联合国大会领导下的一个公开、透明、具有包容性的政府间谈判机制来确定高级别论坛的形式和组织架构，以期在联合国大会第 68 届会议开始时举办首次高级别论坛。

二是决定加强联合国环境规划署。成果文件重申联合国环境规划署是全球环境领导机构，负责制定全球环境议程，促进在联合国系统内统筹落实可持续发展的环境层面的工作，并担当全球环境的权威倡导者。主要采取两项措施：建立联合国环境规划署理事会普遍会员制；由联合国经常预算和自愿捐款为其提供可靠、稳定、充足和更多的财政资源，以便履行其任务。

三是资金和技术方面取得一定成果。文件重申要求发达国家履行承诺，向发展中国家提供占其国民生产总值 0.7%的官方发展援助，以优惠条件向发展中国家转让环境友好型技术，加强发展中国家能力建设。大会决定在联合国大会下建立一个政府间过程，以提出一个有效的融资方案。

障碍依旧存在，前途充满挑战

《环境保护》：在取得成果的同时，您觉得此次大会还存在哪些问题，未来还面临哪些挑战？

夏堃堡：1972 年联合国环境与发展大会以来，国际社会在推动可持续发展方面取得了一些进展，主要表现在各国提高了可持续发展的认识，强化了环境保护和可持续发展方面的机构建设，缔结和实施了多个多边环境协议。但是，近几年来，全球经济形势普遍低迷，金融危机、欧债危机持续蔓延，地区性政治动荡此起彼伏，许多发展中国家面临着严重财政和其他方面的困难，全球环境状况继续恶化。在这种形势下，可持续发展对世界大多数人来说还只是一种美好的憧憬。这次大会通过了《我们憧憬的未来》的不具法律约束力的文件。要将憧憬变为现实，这仍然是一个严峻的挑战。

此次大会虽然重申了“共同但有区别的责任”的原则。自 1972 年以来，在每次关于环境与发展的外交谈判中，这一直是个争论不休的问题。发展中国家要求坚持该原则，发达国家经常是置之不理。因此，该原则真正实施起来还会有许多困难。

在资金和技术的问题上，虽然各国达成协议，发达国家向发展中国家提供的官方发展援助要达到国民生产总值的 0.7%，但迄今为止，只有少数发达国家做到了这一点。在两年多的里约+20 峰会的筹备过程中，发达国家在此问题上一直没有松口，最后在正式大会召开前夕，在发展中国家坚持下，作为双方达成妥协的一个筹码才勉强同意。成果文件说，许多发达国家承诺到 2015 年其官方发展援助达到 0.7%的目标。这意味着还有一些国家，而且主要是大的发达国家没有做此承诺。这实际上是从联合国环境与发展大会立场的倒退。关于向发展中国家提供新的和额外的资金问题，发展中国家原来期望较高。他们提议在成果文件中明确，发达国家承诺，在 2013—2017 年，每年向发展中国家提供 300 亿美元的资金，从 2018 年起，将这一数字提高到 1 000 亿美元，并提出建立一个资金机制，可称之为可持续发展基金。虽然有些发达国家自愿做了一些承诺，但并没有列入最终文件，其数量离发展中国家的期望也甚远，建立资金机制一事更是没有同意。美国代表在会上明确说他们没有新的资金。

关于以优惠和减让性条件向发展中国家提供技术的问题，20 年来一直没有实质性的进展。这次大会通过的文件，对此也没有提出什么可操作的措施和方案，形势估计还是继续维持现状。

另外，在筹备里约+20 峰会的谈判过程中，一些发展中国家认为绿色经济的概念不明确，甚至对这一提法表示怀疑。他们怀疑这是发达国家为限制发展中国家发展、实行贸易保护等制造新的借口。发达国家强调绿色经济是所有国家共同的责任，但发展中国家认为，绿色经济必须纳入可持续发展的框架，必须以向发展中国家提供支持为前提。成果文件满足了发展中国家的部分关切，但对发展中国家来说，实行绿色经济还将仍然十分困难，原因之一是这次大会对绿色经济的定义没有做出明确的界定，原因之二是在资金和技术方面没有得到保证。

在可持续发展机制框架问题上，各国原有的分歧并没有消除。欧盟和一些非洲国家说，他们对于这次大会没有就建立联合国环境组织一事达成协议感到十分遗憾。建立高级别政治论坛和加强联合国环境规划署两大措施能否真正大力推动全球的环境保护和可持续发展仍然是一个大大的问号。

加强协调合作，推进广泛参与

《环境保护》：针对此次大会中存在的一些问题，您认为各国应如何应对？中国又该怎么应对？

夏堃堡：67 届联合国大会将是一次十分重要的大会，它将进一步落实里约+20 峰会做出的决定，主要将做以下几件事情：一是就高级别政治论坛的形式和组织方面通过一个决定；二是就如何加强联合国环境规划署的作用做出一个决定；三是成立一个制订可持续发展目标的工作组；四是提出可持续发展的融资方案；五是研究联合国秘书长关于清洁和有益于环境技术的开发、转让和推广机制的建议。对于我国来说，应当在充分听取各部门意见的基础上制订出有利于我国和发展中国家的方针和政策，积极参与上述决定的讨论。基础四国的立场比较一致，我国要进一步团结新兴国家，维护发展中国家的共同利益，使发展中国家在今后的可持续发展中起到核心作用和带头作用。要积极参加高级别政治论坛的筹建和可持续发展目标的制订，吸收各相关部门，特别是发展和环保部门的官员和专家参与，对外要积极参与国际谈判，对内各个部门之间要加强协调，听取民间团体、企业和其他利益相关者的意见，从而保证可持续发展的三大支柱，即经济发展、社会发展和环境保护的利益都得到充分反映。

成果文件特别强调了三个里约公约的重要性，要求各方按照《联合国气候变化框架公约》《生物多样性公约》和《荒漠化公约》的原则和规定，充分履行其在这些文书中所做出的承诺，在各级采取有效的具体行动和措施，并加强国际合作。我国要主动承担我们应当承担的义务，同时要抵制发达国家强加给我们的额外的发展中国家不应承担的义务的企图，加强与新兴大国的合作，加强南南合作和多边合作，推进各国共同履行这三项公约和其他多边环境协议。在我国，里约公约等多边环境协议是由不同部门牵头实施的。在国际谈判和国内履约过程中，要加强各部门之间的协调，牵头部门要充分听取其他相关部门的意见，保证他们的充分参与，也要充分发挥民间团体、企业和其他利益相关者的作用。

要大力发展绿色经济，推动可持续发展。关键是要控制高碳产业发展速度，加快经济结构调整，提高发展质量。要加大淘汰污染工艺、设备和企业的力度；提高各类企业的排放标准；提高钢铁、有色、建材、化工、电力和轻工等行业的准入条件，新建项目必须符合国家规定的准入条件和排放标准；制定必要的经济政策和惩罚措施，限制高碳经济模式下的产品的生产和出口，大力发展低碳产品的生产和出口。采取有力措施，实行可持续的生产和消费模式。

附篇　中国环境保护

经济手段在中国环境保护中的运用*

1972年斯德哥尔摩联合国人类环境会议以后，中国从中央到地方建立了一整套环境保护机构和颁布了一系列环保法律、法规和标准，并采取了许多保护环境的措施。环保财政投入总体来说还是较低，但正在逐年增加。我们也强调科学技术在环保中的作用，从中央到地方建立了一系列环保科研机构和环境监测机构。环境宣传和教育也得到了重视，公众的环境意识正在逐步提高。

在环境保护中我们还采取了一些经济手段，也取得了一定的成效。但是，我国环境经济的研究和应用尚处于初始阶段，需要进一步发展。中国正在向市场经济体制转变，开始更加强调经济手段在环保中的运用，以实现可持续的经济发展。

一、中国采取的环境管理经济手段

1. 排污收费制度

自1979年以来，中国实行了排污收费制度。排污费有两种，一种是以环境质量为依据，凡向环境排放污染者，都要缴纳排污费。这类收费现在只用来征收污水排放费，按照污水的排放量收费；另一种是以环境标准为依据，对超过国家（地方）规定的标准排放污染物，按排放污染物的数量和浓度，征收排污费。对反复超标者要征收罚款，对隐瞒排污真相者要加倍罚款。这类罚款现在适用于废水、废气、噪声和固体废物的排放。

在过去几年中，收得的排污费累计达20亿元，今年可达到22亿元。

1988年以前，收得的排污费80%以赠款的形式用来治理主要的污染源，大多数返回给了交纳排污费的企业，其余20%的排污费用于环保部门的机构建设和其他用途。1988年9月以来，我们对这一制度进行了一些改革，将收到的排污费用于建立环保基金，以低息贷款的形式支持污染防治项目。

这一经过改革的制度成功地将收集到的资金用于污染治理，已成为我国污染防治经费的重要来源之一。利用这个资金已经开展了许多环境治理项目。它也已成为地方环保部门开展工作的主要资金来源之一。

这一制度也存在着一些弱点。首先，收费低于企业采取治理措施达标排放的边际成本，因此，许多企业宁愿缴纳排污费而不愿采取治理措施。其次，大部分排污费是超标排污费，是根据一种超标量最大的污染物来计算的。这样，就促使企业将所有污染物排

* 本文是作者1992年12月8—10日在泰国曼谷召开的联合国亚太经社会“有益于环境和可持续发展模式协商会议”上的发言，原稿是英文。

放量达到那个超标量最大的污染物的量。

因此，我们现在正在对排污收费制度作进一步的改革，主要采取下列措施：提高收费标准；对多种污染物收费；逐步推行真正的排污收费制度，即无论是否超标，一律根据污染物排放量收费。

2．环境保护目标责任制

根据这一制度，各级政府和企业的领导必须对他们负责的地区或企业的环境质量负责。他们必须制定任职期间的环境保护目标，实现这些目标的情况要纳入他们考核内容中。他们就职时要和其上级领导签署一个《环境保护目标责任书》，责任书中要明确环保目标和责任，以及奖惩措施，包括经济激励措施，如奖金、罚款等。

3．排污权交易

最近几年，我国开始进行排污权交易的试验。在保证一个地区环境质量的前提下，对每个企业规定了一定的排污量，并对其发放排污许可证。如果一个企业不能将其排放的污染物降低到规定的水平，它可以从减排能力超过其规定的排放量的企业购买排污权。换句话说，排污权交易是指在一定区域内，在污染物排放总量不超过允许排放量的前提下，内部各污染源之间通过货币交换的方式相互调剂排污量，从而达到减少污染物排放，保护环境的目的。这一制度在我国目前还仅在少数地区和企业试行。

二、中国将采取的环境管理经济手段

1．SO_2排污费

由于燃煤造成的SO_2排放，我国受到酸雨危害的地区正在逐渐扩大。为了控制SO_2污染，并筹措治理其污染的资金，有必要征收SO_2排污费。国务院已经决定在二省九市试行征收燃煤造成的 SO_2 排污费，以积累经验后在全国推广。排污费数额根据排放的SO_2量计算，或按燃煤量乘以媒的含硫量再乘以换算系数（约为 0.85）计算。一般来说，一千克 SO_2的排污费不超过 0.2 元。省（市）政府可以根据当地的具体情况决定征收的数额。大部分收得的排污费将以贷款的形式用于主要 SO_2污染源的治理。

2．环境补偿金

国务院已经批准在内蒙古自治区和一些省实行环境补偿金制度。根据这个制度，对出售给其他省、市或出口的煤炭、钢铁、原油和电力等商品征收环境补偿金。补偿金将加入到原料或商品的价格中。将用收集的资金建立一个环境补偿基金。80%的收得的资金将用以该省或自治区的污染防治，其余 20%用于资源的综合利用，包括资源的回收和利用。这一制度将在福建省、广西壮族自治区和内蒙古自治区实行。这一制度如在那些原材料生产和重工业基地有效实行，它将使那些将产品出口而污染留下的地区的环境形势得到一定程度的缓解。

3．价格改革

多年来，中国对煤炭、天然气和水等资源一直实行低价政策。这一政策造成了不利的环境影响。这种价格政策鼓励了那些高能耗高物耗技术的发展。中国现在已经开始改革价格政策，第一步是逐渐取消价格补贴，提高一些原材料的价格。最近，煤、天然气和水价提高了一倍。随着市场经济的发展，价格将逐渐放开。自然资源和环境影响要纳入国家资源核算体系，价格要真实反映经济活动的环境代价。

此外，我国也在研究实行其他一些经济手段，如在税收、信贷和价格等方面为污染防治项目提供优惠。

联合国里约环境与发展大会以后，外交部和国家环境保护局联合向国务院递交了一份关于实施联合国环境与发展大会决定的报告。这个报告已经国务院批准。该报告提出了 10 项措施，其中一项是加强经济手段在环境保护中的运用。随着我国经济改革的深入，市场机制在调节我国经济活动中将发挥越来越重要的作用，企业的运行机制也将发生变革。在这种情况下，经济手段将得到越来越广泛的应用，以实现我国的可持续发展。

中国西部的可持续发展*

中国政府提出的实施西部大开发战略，是面向 21 世纪国民经济发展的重大决策，是使中国在 2020 年国民生产总值翻两番，实现全面小康社会的重大举措。西部大开发，应当是西部的可持续发展。可持续发展是既满足当代人的要求，又不对后代人满足其需求的能力构成危害的发展。换句话说，就是在发展过程中，要保护生态环境，保护自然资源，不但我们这一代有一个健康地生存和发展的物质基础，而且我们的子孙后代仍然有这种基础。

一、联合国为可持续发展采取的行动

1992 年联合国在巴西召开了联合国环境与发展大会。这次会议是根据当时的环境与发展形势需要，同时为了纪念联合国人类环境会议 20 周年而召开的。这次会议将环境与发展相联系，通过了在全球实现可持续发展的《21 世纪议程》等重要文件。根据形势需要，联合国在这次会议之后成立了联合国可持续发展委员会。

可持续发展世界首脑会议于 2002 年在南非召开。这次会议的主要目的是回顾《21 世纪议程》的执行情况、取得的进展和存在的问题，并制定一项新的可持续发展行动计划，同时也是为了纪念联合国环境与发展大会召开 10 周年。会议通过了《可持续发展世界首脑会议实施计划》这一重要文件。

（一）联合国千年发展目标

2000 年，在联合国千年高峰会议上，190 个国家的首脑通过了联合国千年发展目标，包括如下八个方面：

（1）消除极端贫穷和饥饿；

（2）普及小学教育；

（3）促进两性平等并赋予妇女权利；

（4）降低儿童死亡率；

（5）改善产妇保健；

（6）与艾滋病病毒或艾滋病、疟疾和其他疾病做斗争；

（7）确保环境的可持续能力；

* 本文是作者 2004 年 8 月 18 日在呼和浩特市举行的“2004 中国西部发展论坛”上代表联合国环境规划署作的讲话。

（8）全球合作促进发展。

在上述每个目标下还有具体的子目标。譬如第 7 条“确保环境的可持续能力”大目标下，有 3 个子目标：①将可持续发展原则纳入国家政策和方案；扭转环境资源的流失；②将无法持续获得安全饮用水的人口比例减半；③到 2020 年使至少 1 亿贫民窟居民的生活有明显改善。

联合国驻华机构国家工作组与去年对中国实施联合国千年发展目标进行了评估，并写出了评估报告。2004 年 3 月 25—27 日，联合国和中国政府在北京联合举行千年发展目标大会，总结中国在实施千年发展目标中取得的进展，及提出进一步实施千年发展目标的方案。

（二）联合国环境规划署可持续生产与消费项目

促进可持续生产和消费模式是联合国环境规划署的重点领域。联合国环境规划署在法国巴黎设有技术、工业和经济司，在日本设有国际环境技术中心。他们为促进可持续生产和消费做了大量工作。为促进可持续生产，联合国环境规划署主要目标是推广清洁生产。清洁生产是从资源开发和产品消费的整个过程中，采用先进的和有益于环境的技术，最大限度地提高资源的效率，减少资源的消耗，减少人类生产活动对环境的危害。清洁生产可应用于任何产业和工艺中，适用于产品本身和社会服务中。1998 年 10 月，联合国环境规划署组织通过了《国际清洁生产宣言》，这是一个承诺实施清洁生产战略和方法的自愿的公开宣言。中国国家环保总局和部分中国企业已经在此宣言上签字。联合国工发组织和联合国环境规划署一起合作，帮助中国发展清洁生产，建立了由国家环境保护总局管理的国家清洁生产中心。

联合国环境规划署还制定了《全球可持续消费和生产的 10 年方案》。最近联合国环境规划署正在实施一个项目，帮助亚洲人数日益增加的中产阶级实行可持续消费。该项目的第一阶段到 2005 年完成，主要目的是帮助亚洲国家提高人们可持续消费的认识并增强政府促进可持续消费的能力，推动从欧洲向亚洲的知识和经验的推广。

二、关于西部可持续发展战略的建议

要在中国西部实现可持续发展，我认为最重要的是做到下面几点。

（一）把消除贫困作为西部可持续发展的首要目标

按照联合国《联合国千年发展目标》，至 2015 年全球贫困人口将减少一半。中国已将 1990 年 8 500 万的贫困人口减少了一半以上。按照中国的标准，目前贫困人口为 2 800 多万，已实现了联合国千年发展目标。但按联合国标准每天收入 1 美元以下的人口有 1 亿左右。这些人口大部分集中在西部。中国改革开放取得了巨大的成就，但也出现了新形式的贫困。新的贫困人口包括生活在贫困线以下的农村人口、尚未就业的流动人口、尚未再就业的国有企业下岗工人以及尚未被现有社会保障系统覆盖的妇女、儿童、老人和残疾人。中、西部地区贫困人口在全国贫困人口中的比例从 1992 年的 77%增长到 20 世纪末 1999 年的 85%。所以要实现联合国千年发展目标，对中国西部来说仍是巨大的挑战。

中国的西部大开发战略本身就是一项重大的扶贫举措。西部大开发战略重点是解决基础设施不足、生态环境恶化和人才短缺等问题。中国政府在这些方面已经采取了许多的措施，取得了良好的效果。中国政府扶贫政策的核心是帮助贫困人口发展经济，从而使扶贫成果具有可持续性。在城市地区改善社会保障体系，确保下岗工人的最低生活标准，给他们创造就业机会。发展中小城镇，将农村剩余劳动力吸纳到城市中去。在改善贫困地区的基本生产和生活条件的同时，发展经济价值更高的作物品种。在农业生产中运用科学技术，向农民发放小额贷款，帮助农民创办乡镇企业；动员全社会的力量，包括企业界和各种社会团体，共同参与扶贫开发工作。联合国认为，中国政府已经实行的这些政策和措施是正确的。在推动中国西部的脱贫工作，促进西部大开发中已经发挥了重大的作用。同时，联合国认为，中国的扶贫工作与联合国千年发展目标的要求相比尚存在以下差距：

（1）需要更好地确定扶贫对象。以前中国以县为扶贫单位，现下放到了村，比以前优越。但仍存在着扶贫资金流向扶贫村非贫困户，而漏掉大量扶贫村以外的贫困人口的问题。联合国建议，中国的扶贫政策应突破以村为单位的做法，直达所有贫困家庭和没有家庭支持的老年贫困人口。

（2）由乡村向城市的迁移也许是推动中国进一步脱贫的最强大的力量。应进一步放宽农村向城市移民的政策，应将移民视为城市居民。改进土地承包制度，使进城农民可以出售土地使用权，或将土地作为间接担保，为其迁往城市筹集资金。

（3）目前扶贫战略是通过具体项目定向援助贫困人口。现在有必要对财政、外来投资、土地权以及医疗经费等相关政策对贫困问题的影响进行分门别类的分析。没有这样的分析，宏观政策便可能在无意中引发贫困，或错失扶贫的机会。

（4）环境恶化导致的自然灾害日益增加，引入关切。自然灾害给受灾人口造成财产损失并使他们失去生产手段，因此每次自然灾害都有产生新的贫困人口。从这个意义上讲灾害预防和扶贫之间有着密切的联系。

（5）艾滋病病毒或艾滋病的传播速度可能破坏扶贫的成果，令人担忧。

（6）城市失业人数增长很快，其中一部分加入到了贫困人口的行列。

（7）贫富差距也是中国目前发展中的一个突出问题，因此缩小贫富差距应是中国西部发展中要注意的一个问题。

（二）推行可持续生产和消费模式

中国政府目前正在大力推行循环经济。这是一项非常正确的政策。循环经济是可持续的经济发展模式。它们永续地采用发展与环境相协调的战略，最大限度地提高资源的利用效率，并减少废物的产生，防止污染和生态退化。它适用于社会的各行各业，适用于从资源的开发、生产、流通、商品的消费和废弃物处置的整个过程中。清洁生产是推行循环经济的有效手段。在西部开发中，要大力开发、引进和推广清洁生产技术；大力开发和推广新的可再生的清洁能源，包括风能、太阳能、生物能和氢能等。目前，我国包括西部的能源都主要依赖于煤炭。煤炭在世界和中国的工业化过程中发挥了巨大的作用，但是，它是一种不可再生的能源。它除了可用作燃料以外，还是一种重要的化工原料。我们这一代不应将它消耗殆尽。煤炭等矿物燃料的燃烧造成严重的环境污染，不但严重影响人类的身体健康，而且影响经济的发展和人类的生存。酸沉降和气候变化等环境问题将给人类带来毁灭性的灾难。这不是危言耸听。我国西部有丰富的风能和太阳能资源，应大力开发和利用。著名学者布朗（Lesley Brown）提出要在中国大力发展风能。对此建议应予高度重视。通过开发和利用可再生能源，既可满足能源的需求，又可解决环境的问题，应对其技术进行大力开发和研究。水电是一种清洁能源，但是在水电开发中要注意环境影响评价，不能由于水电开发而造成生态破坏和其他的环境问题。总之，推行循环经济，发展清洁生产，发展可再生能源，这是唯一的出路。

随着中国富裕阶层人口的增加，引导可持续消费也应引起我们足够的重视。私人汽车越来越多，汽车工业的发展促进了 GDP 的增加，是一件好事。但在西部开发中我们更应注意发展公共交通，限制过多的消费。西部地区面临着一个避免发达国家和中国东部部分发达地区先污染后治理，先破坏后恢复的历史机遇。

（三）加强生态保护

中国政府在生态保护方面出了巨大的努力，取得了明显的成效。但我国环境资源退化的趋势尚未得到逆转。森林破坏、草原退化、土地荒漠化和生物物种破坏现象在中国西部地区格外突出。生态环境的恶化威胁着中国西部地区可持续发展的潜力。因此加强生态保护，推进生态功能保护的建设非常重要。最近，由联合国环境规划署实施、国家环境保护总局负责执行的“长江流域自然保护与洪水控制项目”已得到全球环境基金的批准，主要目的是推动长江中上游地区生态功能的保护与建设。该项目即将启动。联合国、其他国际组织和发达国家援助机构对中国西部地区的生态保护可以发挥一定的作用，但真正要解决中国西部生态问题，主要依靠中国政府和人民自己的努力。我认为，西部地区生态保护主要应加强以下几方面的工作：

（1）加强机构建设和各部门之间的协调和合作。政府各部门之间，政府、企业和各社会团体之间应结成强有力的伙伴关系。环境和生态管理有关部门的职能和相互关系应进一步明确和理顺。

（2）加强生态监测。我国已经建立了一个非常完善的环境污染监测系统，但尚未建立一个完善的生态监测系统。要有效地加强生态保护工作，必须要有这样的一个系统。上述“长江流域自然保护与洪水控制项目”的目的之一是在长江上游建立这样的一个系统。内蒙古自治区已经建立了生态监测站。环保、林业、农业和水利等部门都有生态监测的工作。现在的任务是要在这些工作的基础上，建立一个自下而上的覆盖全国的完善的生态监测系统。

（3）加强环境执法力度。我国已经有了一整套非常完善的环境法规体系。现在的主要任务是使它们真正得到实施。一方面要加强环境宣传教育，提高公众的环境意识，提高执法的自觉性，另一方面要充分利用市场机制和经济手段，开展环境执法。另一个重要问题是实施多边环境协议。我国是大多数多边环境协议的成员国。实施多边环境协议不应仅是中央政府的事。地方政府、企业和广大公众都应承担责任。对生态保护来说，实施《生物多样性公约》和《联合国防治荒漠化公约》尤为重要。多边环境协议的实施，不但对保护全球环境有重大意义，而且也保护了我们自己的家园。

（四）大力发展教育事业

在西部地区实施可持续发展，首先要提高当地人民的文化知识水平。因此增加教育投入，培养和引进人才应作为重要的措施来抓。按照联合国千年发展目标，到 2015 年，要普及初等教育。中国早在 2002 年净入学率为 98.6%，基本达到了这一目标。中国政府正在实施一系列强化教育的政策，将重点放在贫困和少数民族地区，进一步强化实施九年制义务教育；提高中学入学率；提高教育质量，改革课程和教材，用以学生为中心的素质教育代替传统的以教师为中心和死记硬背的教育方式。西部地区应进一步实施这些政策。但要完全达到《联合国千年发展目标》，还要解决以下几个问题：

（1）在农村和贫困地区辍学率较高，毕业率远远低于入学率。一方面要建立一个追踪小学和中学教育完成率的制度；另一方面采取措施，解决辍学问题。最有效的措施之一是采取不同于主流教育的教育方式，特别是要加强职业教育。

（2）贫困地区的初等教育经费是一个突出的问题。解决办法是向贫困农村家庭提供教育补助。另一个思路是建立新的财政体制，向农村教育提供更多的经费。

（3）在中国，东部和西部、贫困地区和富裕地区、城市和农村的教育质量相差很大。提高西部农村贫困地区的教育质量是当务之急。

（4）在中国西部要大力发展高等教育。采取多种形式办学，除政府增加对西部高校的投入外，特别要鼓励民间办学。在保证教育质量的前提下，承认民办大学学生的学历。采取有效激励政策，吸引高校毕业生留在西部工作。

旱地商业大造林，果利国利民乎*

从 2003 年 7 月回国担任联合国环境规划署驻华代表以后，我应邀参加了在桂林和呼和浩特举行的两次关于西部开发和生态保护的会议，在会上听了一些专家的发言和看了一些材料后，不禁对我国生态环境恶化的状况十分担忧。去年，我先后参加了《联合国防治荒漠化公约》履约审议委员会第三次和第四次会议以及《荒漠化公约》第七次缔约方大会，对防治荒漠化的重要性更有了进一步的认识。

我认为，中国最大的生态环境问题就是自然生态的恶化，其中突出的是土地系统的退化。由于植被严重遭到破坏，水土流失加剧，荒漠化在不断发展。这是我国目前存在的最为重大的环境问题之一。它不但破坏了土地资源，使其失去生产力，也造成了农村和城市的大气污染，严重危害人体的健康和社会的发展，甚至影响我国现代化目标的实现。

我国的荒漠化主要是由于草地退化造成的。20 世纪 70 年代我国草地退化面积占 10%，80 年代中期占 20%，90 年代中期占 30%，目前已上升到 50%以上，而且仍以每年 200 万公顷的速度在发展。所以，遏制草原退化应成为我国荒漠化防治的首要任务。

以前人为因素造成的草原生态系统破坏主要是在以粮为纲的错误政策指导下的盲目垦殖造成的。现在造成草原生态系统破坏的主要原因是过度放牧、樵采和乱搂滥挖。这一点已被许多领导人和群众所认识。中央和地方政府采取了许多措施，比如退耕还草等。对过度放牧也采取了一些政策和措施，如规定了单位面积的载畜量、退牧还草等。但这些政策和措施的实施中尚存在着不少问题。我听说，有的地方退耕还草后，土地又退回去了。限制过度放牧的政策和措施的实施有一定的困难。

更令人担忧的是，一些开发商正在以前所未有的规模，向我国的草原发起进攻。

据《北京青年报》报道，仅去年，北京就有 20 多家造林公司及其分支机构在从事“造林”业务。有一个叫“万里集团”，计划在内蒙古等地种植速生高产林 100 万公顷。还有一个公司的名叫“亿霖”（大概是想造林一亿公顷吧！）这些公司在宣传中说，“造林”是一项既保护生态环境，又能给投资者带来巨额回报的利国利民的大好事。

表面上听起来，确乎是好事，但事实真是这样吗？不！

这种以赢利为目的的在干旱和半干旱地区营造速生高产林的活动，不仅无法利国利民，还将给我们的国家和人民带来巨大的危害。

第一，它将引起一定的社会不稳定因素。原内蒙古自治区环境保护局的一位官员、长期主管自然保护的朋友最近对我说，在内蒙古干旱的草原上种树，树木根本长不起来，受骗上当的只能是投资者。我在一个造林公司发的小广告看到如此说法：2006 年投资他

* 本文原载《中华环保联合会会刊》2006 年第 6 期。

们公司 6.6 万元，6 年后将收益 8.8 万元。看来他们想用这么一连串的所谓“吉利”数字来吸引投资。明眼人一看就知道，这是欺骗。但还是有许多人上当，因为一般的概念以为，种树就是保护生态，这是好事呀。草原上既然可以长草，那也就一定可以长树。其实这是一种错误观点。事实上，而且现在已经有人发现上当受骗了。近日《北京青年报》有一篇报道了相关内容，题目是《亿霖只收钱无回报被诉法院》。

据媒体报道，许多公司正在到处圈地，仅亿霖公司一家，便在某地镇属 15 个村以每亩 150～300 元的价格征用土地约 2 万亩，占全镇总面积的 1/15。而这些被征用土地绝大部分涉及草牧场。被圈土地上的千百万牧民将失去生计，造成更大面积的贫困和社会的不稳定。

第二，在水资源短缺的干旱、半干旱地区，在已经退化、开始退化或尚未退化的土地上为了商业目的而大面积地种植速生高产林，不但不能保护生态环境，而且将给生态环境带来不可逆转的巨大破坏。这里有两种情况：①在已经退化的，水资源十分短缺的土地上种树，树木在长成大树以前就枯萎死亡了，投资者将颗粒无收，但草原生态环境已被破坏，土地将进一步退化；②在尚未退化的干旱土地上种树，可能会长一、二茬树。但当这些树木将地下有限的水分吸收完毕以后，这片土地将肯定退化，如不采取紧急措施，那里的土地将变成一片荒漠。

这种在干旱和半干旱地区圈地造林运动的后果不堪设想。少数人可能会因此而发财，但我国千百万公顷的土地将在这种开发活动中变为荒漠，千百万牧民将失去生计，沙尘暴将愈演愈烈，想来令人不寒而栗。

最近发布的《国务院关于落实科学发展观，加强环境保护的决定》中说：我国目前“生态破坏严重，水土流失量大面广，石漠化，草原退化加剧，生物多样性减少，生态系统功能退化。”该文件提出的解决我国环境问题的方案之一是：“以促进人和自然和谐为重点，强化生态保护。坚持生态保护与治理并重，重点控制不合理的资源开发活动”。该文件确定的环境目标是：到 2010 年，重点地区和城市的环境质量得到改善，生态环境恶化趋势基本遏制。到 2020 年，环境质量和生态状况明显改善。在干旱、半干旱土地上商业造林是完全违反这个文件精神的。如果现在我们不抓这个问题，我国生态保护目标将难以实现。

我国的荒漠化防治工作，应针对不同地区采取不同战略。已经完全沙化和深度沙化了的土地是不可逆转的。主要应当采取措施，防止沙尘的流动和转移，在有条件的地区发展沙产业；对部分退化和正在退化的土地，可采取措施，恢复其生态功能，包括退耕还林，退耕还草。将来可能还要提出退林还草。对轻度退化或没有退化的土地，应重点加以保护，首先是解决上面提到的过度放牧和破坏性开发的问题。更为重要的是要进行畜牧制度的改革，这一点不是本文讨论的内容，因此不作进一步分析。

我强烈呼吁：我国有关政府部门应采取坚决措施，制止这种绝非“利国利民”的不合理的土地开发活动。

莫使旱地荒漠化*

《北京青年报》记者 杨 晓

6月5日是世界环境日。2006年的主题是“荒漠和荒漠化——莫使旱地成荒漠”。联合国秘书长科菲·安南指出，地球陆地表面的40%属于旱地，由于气候和人为等因素，旱地正在退化成荒漠，这影响着超过10亿人的生活。昨天记者采访到前联合国环境规划署驻华代表、现中华环保联合会理事夏堃堡，请他谈谈现在讨论荒漠化的意义以及中国面临的问题。

土地荒漠化有三大危害

问：土地荒漠化对人类有哪些具体影响？

答：在干旱、半干旱和干燥的次湿润地区，由于各种因素，包括气候变化和人类活动造成了土地退化，这意味着该地区生物多样性和经济价值的丧失。现在土地荒漠化造成每年420亿美元的损失，每年2 000万公顷农田主要因为土地荒漠化而失去了生产力。土地荒漠化主要发生在发展中国家，以非洲撒哈拉地区、中亚及我国西北部地区比较严重。

土地荒漠化危害惊人。第一，威胁粮食供给。目前粮食供求基本平衡，但如果土地荒漠化速度太快，这将极大影响粮食安全。第二，造成更多的贫困人口，土地荒漠化让生活在那里的人们失去经济来源，许多人被迫迁移，造成当地政治、经济、社会的动荡，这一现象在撒哈拉地区最为突出。如果这种趋势继续下去，全世界将会产生数百万的生态难民。第三，造成洪水、沙尘暴等自然灾害，威胁人们的生命、财产安全，影响人们的健康。联合国统计表明，干旱地区婴儿死亡率达到千分之五十四，是非干旱地区的两倍，是发达国家的10倍。

争论最多的是资金问题

问：面对土地荒漠化国际社会采取了哪些措施？各国对待土地荒漠化问题有何异同？

* 本文原载2006年6月6日《北京青年报》。

答：国际社会很早就重视土地荒漠化问题。在联合国的发起下，1994 年 6 月 7 日通过了《联合国防治荒漠化公约》。《联合国防治荒漠化公约》于 1996 年 12 月 26 日生效。我国在 1997 年成为缔约国。

《联合国防治荒漠化公约》的目的是通过国际合作，开展项目，促进有效的行动，保护土地资源。我在 2005 年以来参加过《联合国防治荒漠化公约》审议履约委员会第 3 次和第 4 次会议以及第 7 次缔约方大会。我发现各国对于如何处理土地荒漠化问题看法并不完全一致。

争论最多的是资金问题。在撒哈拉地区的国家以及中亚地区的发展中国家，他们对于土地荒漠化的威胁认识很深，他们希望获得发达国家的资金技术援助。但是有的发达国家认为土地荒漠化不直接影响自己国家的利益，因此对此重视不够，也不愿意给发展中国家充足的财政支持。《联合国防治荒漠化公约》实施中最大的问题是资金短缺。

但情况正在改变，越来越多的国家意识到环境保护是全球性的问题。例如，东亚国家正在开展合作，治理荒漠化造成的沙尘暴。

中国土地荒漠化既有历史原因，也有现实问题

问：据最新报告，中国荒漠化和沙化土地面积共 438 万平方千米，占我国总面积的 45%。中国土地荒漠化的原因是什么？

答：以前人为因素造成的草原生态系统破坏主要是在以粮为纲的错误政策指导下的盲目垦殖造成的。现在造成草原生态系统破坏的主要原因是过度放牧、樵采和乱搂滥挖。这一点已被许多领导人和群众所认识。中央和地方政府采取了许多措施，包括退耕还草等，对过度放牧也采取了一些政策和措施，如规定了单位面积的载畜量等。但这些政策和措施的实施中尚存在着不少问题。我听说，有的地方退耕还草后的土地又退回去了。限制过度放牧的政策和措施很难加以实施。

令人担忧的是，一些开发商正在以前所未有的规模，为商业目的在干旱和半干旱地区大量种植速生高产林。在传统观念里植树造林是环保。但这指的是像“三北防护林”那样为了生态目的的造林工程。在干旱和半干旱的草原上以赢利为目的的种植速生高产林，势必破坏生态。当这些树木将地下有限的水分吸收完毕以后，这片土地将会慢慢退化，最后将变成一片荒漠。这应引起我们的充分重视。

“多还旧账，不欠新账”

问：我国面对土地荒漠化该采取哪些措施？

答：最近召开的全国环保大会有个精神，就是对我国的环境问题要“多还旧账，不欠新账”。因此我觉得工作重点应放在预防上。

由于已经退化的土地很难再恢复，因此我们应该保护好现有的好的土地。这些土地包括山地、平原、森林、草原等，保护好这些土地上已有的生态系统，防止它们退化。

对于已经退化但没有成为荒漠的土地，我们要积极采取措施恢复。这包括退耕还草、退牧还草等。国家有关部门应禁止在干旱地区，特别是在草原上，以商业为目的大量种植速生高产林。所有商业性的造林工程，都应进行环境影响评价。

对于完全沙化的土地，首先应该保护好那里仍然存在的耐干旱的动植物物种；同时采取措施，加强防沙固沙，防止沙漠移动侵蚀更多土地，减少沙尘暴的发生；并且要大力发展沙产业。

让草原生态系统休养生息*

——在2007年国家环境咨询委员会和国家环境保护总局科技委员会暑期座谈会上的发言*

国家环境保护总局提出了松花江流域节能减排休养生息十年的口号，这是十分正确的。我认为，这一口号应当推广到整个生态系统的休养生息。

从一般意义上讲，休养生息是指在国家大动荡或大变革以后，减轻人民负担，安定生活，发展生产，恢复元气。我们这里说的休养生息，则是指生态系统的休养生息。在过去的20年中，我国国内生产总值以平均每年9%的速度发展。这种发展，一方面极大地提高了我国的综合国力，改善了人民的生活水平，但另一方面，对生态环境造成了极大的压力，造成了严重的环境污染和生态系统的退化。我国目前的环境形势相当严峻。我们一直在说，我们不能走发达国家先污染后治理，先破坏后恢复的老路。但事实上，我们现在已经在走这条老路。这一趋势仍在继续发展。我们必须承认这个现实，并采取果断有力的休养生息政策和措施，控制这一趋势的发展。本文主要讨论草原破坏造成的土地退化问题和草原生态系统的休养生息问题。

2003年7月回国担任联合国环境规划署驻华代表以后，应邀参加了在桂林和呼和浩特举行的两次关于西部开发和生态保护的会议，听了一些专家的发言，还看了一些材料，对我国生态环境恶化的状况有所了解。2004年8月退休后几天，在北戴河，曲格平教授送给我一本他的新著，题目是《关注中国生态安全》。我认真地阅读了这本著作。曲教授在书中说：“中国最大的生态环境问题是土地系统的退化。由于植被（森林和草原）的严重破坏，水土流失在加剧，土地荒漠化在发展。我曾多次到西北地区考察。那里的多少城池被漫没，多少绿洲在消失，多少河流湖泊在干涸，漫漫黄沙，一望无际，真可谓‘平沙莽莽黄入天’。令人寒栗，令人悲怆。”从而得出结论：“生态环境问题已经成为影响国家安全的一大隐患。”读了这本书，我对土地退化问题有了进一步的认识。

退休后，我参加了国际可持续发展研究院《地球谈判报告》写作组，先后参加了《联合国防治荒漠化公约》第7次缔约方大会和履约审议委员会第3次、第4次和第5次会议。2007年9月还将参加在西班牙马德里召开的《联合国防治荒漠化公约》第8次缔约方大会。我对土地退化和由此引起的荒漠化问题有了更进一步的认识。

---

* 本发言稿载咨询委和科技委2007年总第4期《工作简报》、2007年10月30日《中国环境报》和2008年2月《环境教育》杂志。

*国家环境咨询委员会和国家环境保护总局科技委员会，简称两委。国家环境保护总局科技委员会2009年10月改名为环境保护部科技委员会。

曲格平教授说："中国最大的生态环境问题是土地系统的退化"。这是完全正确的。

这里我想主要对我国草原生态恶化问题谈一些看法。我国的荒漠化主要是由于草地退化造成的。我国 20 世纪 70 年代草地退化面积占 10%，80 年代中期占 20%，90 年代中期占 30%。根据 2004 年我看到的资料，那时草地退化面积占 50%以上，而且仍以每年 200 万公顷的速度发展。《2005 年中国环境状况公报》指出："目前，全国 90%的可利用天然草原不同程度地退化，全国草原生态环境局部改善、总体恶化的趋势还未得到有效遏制"。

以前人为因素造成的草原生态系统破坏主要是在以粮为纲的错误政策指导下的盲目垦殖造成的。《2005 年中国环境状况公报》指出："现在造成草原生态系统破坏的主要原因：一是草原过牧的趋势没有根本改变；二是不合理开垦、工业污染、鼠害和虫害等对草原的破坏；三是乱采滥挖等破坏草原的现象时有发生。"

中国天然草原面积 3.93 亿公顷，约占国土总面积的 41.7%，全国天然草原均存在不同程度的家畜超载。17 个重点监测省区的天然草原家畜平均超载率为 35%，其中内蒙古、新疆、甘肃和四川等省区超载达 40%以上。过度放牧的危害，已被许多领导人和群众所认识。中央和地方政府采取了许多措施，如规定了单位面积的载畜量、退牧还草等。但这些政策和措施的实施中尚存在着不少问题。我听说，有的地方退耕还草后的土地又退回去了。限制过度放牧的政策和措施很难加以实施。

还有一个破坏生态环境，特别是破坏草原的活动，就是在干旱和半干旱地区商业造林。"亿霖"和"万里大造林"等公司以造林为名非法集资，正受到追究。而那些危害更大的真正在干旱和半干旱地区商业造林的公司，正在"植树造林，利国利民"的幌子下大肆破坏生态环境而不受追究。对此类活动的情况现在还不是很清楚，有关部门应组织进行调查。

由于草原的退化和破坏，我国荒漠化在发展。这是我国目前存在的最为重大的环境问题。它不但破坏了土地资源，使其失去生产力，也造成了农村和城市的大气污染，严重危害人体的健康和社会的发展和我国现代化目标的实现。

遏制草原退化应为我国荒漠化防治的首要任务。与控制 COD 和二氧化硫排放一样，保护草原应放到我国环保工作重中之重的位置。针对这个问题，我提出如下建议：

（一）改革我国现行环境管理体制。现在，我国荒漠化治理是由林业主管部门牵头管理的。《联合国防治荒漠化公约》的实施也是由国家林业主管部门牵头实施的。草原退化是造成我国荒漠化的一个主要原因，而草原和畜牧业主要是由农业部门管理的。荒漠化是一个严重的环境问题，而我国环境保护主管部门在荒漠化治理中迄今未能发挥其应当发挥的作用。管理体制的改革是根本的解决办法。中国环境与发展国际合作委员会和一些权威性的国际组织提出了将国家环境保护总局升格为环境保护部的意见。一些有识之士还提出，除环境保护部外，还应恢复国务院环境保护委员会。我认为，这是非常正确的。这是加强我国环境管理体制的根本办法，也是控制我国土地退化，防治荒漠化的体制保证。只有建立这样的环境管理体制，我国才有望走上真正可持续发展的道路。

（二）对商业造林等生态工程应进行环境影响评价。目前我国还没有这样的制度，应尽早建立这种制度。

（三）我国荒漠化防治，应针对不同地区采取不同战略。已经完全沙化和深度沙化了的土地是不可逆转的。主要应当采取措施，防止沙尘的流动和转移，在有条件的地区发展沙产业；对部分退化和正在退化的土地，可采取措施，恢复其生态功能，包括退耕还林，退耕还草，现在可能还要提出退林还草；对轻度退化或没有退化的土地，应重点加以保护，首先是解决上面提到的过度放牧和破坏性开发的问题。

（四）进行畜牧制度的改革。过度放牧是造成我国现在草原生态系统破坏的重要原因。解决这个问题，目前的一些政策的切实实施可以发挥作用。但更重要的是要对我国畜牧制度进行根本的改革。将放养改为圈养，是解决过度放牧的根本出路。根据《2006年中国环境状况公报》，我国在这方面已有一定的进展。但是，力度还是不够。在部分具有生产力的土地上，用现代化的科学手段发展草产业。这些土地上的牧草产量将是现有天然草场产量的几倍，甚至几十倍。用这种牧草喂养现代化的养畜场的牲畜，却生产出比现在产量更高，质量更好的畜产品。而其他的草地，特别是已经退化和正在退化的草地，则应加以保护，禁止放牧，实行休养生息，让它们发挥生态功能。

（五）针对上述问题，两委可组织若干有关课题的研究，例如，商业造林的现状及其对生态环境的影响；荒漠化对我国北方城市大气环境的影响和对策；我国荒漠化的现状、原因和对策等。在这些研究的基础上，向中央提出政策建议。

发展低碳经济，实现城市可持续发展*

当今世界，全球化是一种不可逆转的趋势，信息和通信技术的迅速发展正在缩短地域间的距离和政治界限，这种趋势的积极方面是在全球经济和文化交流的推动下，它给人们带来了更多的物质和服务，给地球上的人们带来了新的机遇，但是我们也应该看到这种全球化趋势的负面影响。气候变化、生物多样性消失、臭氧层耗竭、污染、水资源耗竭以及为了争夺公有资源引起的冲突等是面临人类的最紧迫的问题。要解决这些问题，唯一的选择是走可持续发展的道路，也就是低碳经济的道路。

中国正在按照科学发展观，建立生态文明和和谐社会，走可持续发展的道路，在经济发展和环境保护方面都取得了可喜的成就。但我们也应当清醒地看到，我国环境形势仍然相当严峻。

城市是人类经济活动的中心，是社会发展的心脏。我国城市总数已达 656 个，城镇人口 5.4 亿。专家预测，到 2020 年，中国的城市化率将达到 58%～60%，在这一期间，中国的城市人口将达到 8 亿～9 亿。城市的环境状况，关系到我国大多数人的福利和健康。目前我国城市环境问题相当严重。从全国来说，“十五”环境保护计划指标没有全部实现，二氧化硫排放量比 2000 年增加了 27.8%，化学耗氧量仅减少 2.1%，未完成削减 10%的目标。主要污染物排放量远远超过环境容量，环境污染严重。水污染、大气污染、固体废弃物污染等环境问题不但没有控制，而且仍在进一步发展。这些环境问题严重地影响了我国经济发展目标的实现，人民的身体健康和生活的改善。

要解决城市环境问题，必须走可持续发展的道路。可持续发展是既满足当代人的需要，又不对后代人满足其需要的能力构成危害的发展，也就是说，在发展的过程中，要保护环境，保护自然资源，不但我们这一代有良好的环境和充足的资源来发展，而且以后的千秋万代都有同样美好的环境和充足的资源来发展。

低碳经济是实现城市可持续发展的必由之路。低碳经济，就是最大限度地减少煤炭和石油等高碳能源消耗的经济，也就是以低能耗低污染为基础的经济。在应对全球气候变化的大背景下，低碳经济和低碳技术日益受到世界各国的关注。低碳技术涉及电力、交通、建筑、冶金、化工、石化等部门以及在可再生能源及新能源、煤的清洁高效利用、油气资源和煤层气的勘探开发、二氧化碳捕获与埋存等领域开发的有效控制温室气体排放的新技术。

低碳城市，就是在城市实行低碳经济，包括低碳生产和低碳消费，建立资源节约型、

* 本文系作者 2008 年 1 月在全国和谐城市论坛的演讲，原载《环境保护》杂志 2008 年 2A，并收张坤民、潘家华、崔大鹏编著《低碳经济论》一书（2008 年 5 月中国环境科学出版社出版）。

环境友好型社会，建设一个良性的可持续的能源生态体系。城市低碳经济可以通过提高能源效率、节约能源、发展和利用可再生能源、减少煤炭的使用，增加天然气的使用以及发展和使用氢能等新能源来实现。

建设低碳城市，必须推行以下政策措施：

一、低碳生产，实行可持续的生产模式

低碳生产是一种可持续的生产模式。要实现低碳生产，就必须实行循环经济和清洁生产。循环经济是一种与环境和谐的经济发展模式，它要求把经济活动组织成一个“资源—产品—再生资源”的反馈式流程，其特征是低开采，高利用，低排放。所有的物质和能源在经济和社会活动的全过程中不断进行循环，并得到合理和持久的利用，以把经济活动对环境的影响降到最低程度。清洁生产是从资源的开采，产品的生产，产品的使用和废弃物的处置的全过程中，最大限度地提高资源和能源的利用率，最大限度地减少它们的消耗和污染物的产生。循环经济和清洁生产的共同的一个目的是最大限度地减少高碳能源的使用和二氧化碳的排放，最重要的操作模式是“减量化、再利用和再循环”。两者不同之处是范畴的不同，即前者是一种经济模式，包括了生产和消费，而后者只是一种生产模式，是循环经济的一个组成部分。我国在电力、钢铁、化工和轻工等许多行业，已开展了循环经济和清洁生产工作。

要完善发展循环经济的相关法律法规，制定和实行有利于循环经济发展的经济政策；完善评价指标体系，建立促进循环经济发展的技术体系，推进重点行业、产业园区和省市循环经济试点工作，推广循环经济先进适用技术和典型经验，建设循环经济试点示范工程。

按照低投入、低消耗、高产出、高效率、低排放、可循环和可持续的原则发展低碳经济。节能、节水、节地与削减污染物总量有机结合起来，实行统筹规划、同步实施。

大力发展风能、太阳能、地热、生物质能、氢能等可再生能源；在经过最严格的环境影响评价，采用最安全最先进的技术和最严格的环境监测的前提下，积极发展核电；在保护生态环境的基础上有序开发水能，主要是小水电；大力推广清洁煤技术。推动能源结构的低碳化。

要充分发挥中国国家清洁生产中心的作用。该中心是一个推进中国清洁生产的研究和咨询实体，是国家清洁生产战略引进和推广的技术领头机构，1994 年 12 月由国家环境保护局批准成立。国家清洁生产中心重点从事清洁生产、生态工业和循环经济领域前沿性理论和应用理论与技术方法的研究，清洁生产技术的引进、开发和推广以及企业清洁生产审核人员的培训工作。

二、低碳消费，实行可持续的消费模式

我们要提倡可持续的消费模式。目前，发达国家中占世界人口 20%的人消耗了全球 50%的能源，而世界上有 13 亿人每天的生活费不到 1 美元，有 10 亿人没有安全的饮用水。美国人均排放二氧化碳比中国多达 5 倍。按照“共同但有区别的责任”原则，发达国家要对造成的全球环境问题负主要责任。他们首先应当带头实行低碳消费模式，带头采取行动，减少温室气体的排放。

与此同时，在消除贫困，发展经济的同时，发展中国家也应当实行低碳消费这种可持续的消费模式。中国在未来可能成为世界上最大的二氧化碳排放国。我们应当尽最大的努力，在实行低碳生产的同时，实行低碳消费，为保护世界气候和全球环境做出贡献。

随着我国经济的发展和人民生活水平的提高，过度消费现象越来越严重。根据2008年4月末统计数据，北京私人汽车达187.8万辆。前联合国环境规划署执行主任特普费尔说，如果中国人均汽车拥有量达到美国的水平，这个世界将会出现环境灾难。我想这不是耸人听闻。中国水资源十分短缺，但浪费水的现象十分严重，例如用普通自来水浇绿地，到处建温泉、汤泉和水城；饭馆中大量的剩饭剩菜被丢弃；城市中各种装饰灯、霓虹灯彻夜通明。

现在该是实行低碳消费的时候了。低碳消费应当从我们的日常生活做起。去年年末，英国驻华使馆联合《北京青年报》和搜狐网等多家媒体在中国公众中开展了“体验小变化，持续好生活”的环保活动。活动提出了10种绿色生活方式，号召公众参与体验这些生活方式，并在北青网上建立体验博客。推荐的绿色生活方式包括尽量不用塑料袋、做个回收专家、购物先算碳排放、提倡一水多用、电器关闭不待机、拒绝一次性用品、不必要时不开车等。这里说的在购物时要计算碳排放，是要求大家不购买或少购买会过分增加碳排放或减少碳吸收量的商品，例如购物用的塑料袋、一次性筷子和其他一次性用品、一次林木材制造的家具，以及过度包装的食品和其他物品等。制造塑料袋需要能源，造成碳排放，有造成污染。森林是吸收CO_2的汇，还有许多其他生态功能，所以要少用木材制品，特别是一次性木材制造的家具等用品。

笔者应邀担任这次活动的评委。2007年12月23日在北京希尔顿酒店举行了颁奖典礼，三人获得大奖。他们于同年12月与本次活动首位志愿者影星夏雨一同前往英国进行为期一周的绿色生活体验。颁奖过程中穿插了环保知识问答。笔者进行了现场点评。有些事情，看起来很小，但如果大家都这么做，意义却非常重大。例如电器设备待机问题，电器设备在待机状态下耗电一般为其开机状态下耗电量的百分之十左右。一般家庭里的电视、空调、电脑、饮水机和电热水器等常用家电的待机能耗加在一起，相当于开着一只30～60瓦的长明灯，一般一天待机16小时左右，1—3天即浪费1度电，平均每个家庭一年多交电费100多元。电器关机没拔插头全国每年待机浪费电量高达180亿度，相当于三个大亚湾核电站年发电量。又例如，在同等条件下，节能灯发光效率大约是普通白炽灯的3.5～4倍。如果每个家庭都使用节能灯，就能节省大量电力。

让我们从我做起，从日常生活做起，节省含碳产品的使用，实行可持续的消费模式，为实现低碳经济，建设低碳城市做出贡献。

三、控制高碳产业发展速度，加快经济结构调整，提高发展质量

我国的环境问题，在很大程度上是由于经济结构不合理造成的。钢铁、有色、建材、

化工、电力和轻工等行业的高速过热发展，造成了严重的环境污染。这些行业中，存在着许多设备陈旧、技术落后、污染严重的企业；不少新建项目，污染治理设备建成后放在那里，只有当环保监管人员去检查时才使用；由于我国排放标准普遍低于先进国家的标准，即使达标企业也排出了大量的污染物；由于我国工业能源效率普遍低下，使二氧化碳和其他污染物的排放十分严重。

我国 2003—2006 年国内生产总值（GDP）年平均增长 10.4%。全国有 200 多个地级市平均 GDP 是 17%，有的达到了 30%以上。这种增长在很大程度上是以牺牲我国环境和资源为代价取得的。要扭转我国环境形势日益恶化的趋势，必须降低发展速度，就是降低高碳产业发展速度，提高发展质量。要加快经济结构调整，加大淘汰污染工艺、设备和企业的力度；提高各类企业的排放标准；提高钢铁、有色、建材、化工、电力和轻工等行业的准入条件，新建项目必须符合国家规定的准入条件和排放标准；制定必要的经济政策和惩罚措施。排污收费制度要改进，罚款只有超过采取防治措施的代价的情况下，这一措施才会有效。

2007 年，国家环境保护总局首次启动“区域限批”措施，对几个行政区域和若干电力集团实行了“限批”。所谓“区域限批”，是指如果一家企业或一个地区出现违反《环境影响评价法》的事件，环保部门有权暂停这一企业或这一地区所有新建项目的审批，直至该企业或该地区完成整改为止。这是一种新的创造，是一种控制环境污染的有效措施。但是，要使我国环境形势发生根本的变化，必须将这一措施的范围扩大，即在没有环境容量的区域，停止批准新建增加污染排放量的项目，包括能达标排放的污染项目，直到这一地区有了环境容量为止。如果这些措施而降低 GDP 的发展速度，也在所不惜。

据中国科学院《2006 年中国可持续发展战略报告》，该报告选取一次能源、淡水、水泥、钢材和常用有色金属的消耗量来计算节约系数，对世界 59 个主要国家的资源绩效水平进行了排序，结果表明丹麦是资源绩效最好的国家，中国仅排在第 54 位，属于资源绩效最差的国家之列。在这样一种形势下，降低我国单位 GDP 能源、资源消耗，节能降耗，缓解当前我国经济发展与资源环境约束之间日益突出的矛盾，成为当前我国经济发展中面临的重大而紧迫的任务。我国政府已制订了从 2006—2010 年单位 GDP 能耗降低 20%的指标。我们一定要花大力气，确保这一指标的实现。

在调整经济结构的过程中，要对我国现行的外向型的经济发展战略做出必要的调整。我国目前每年出口大量高碳经济模式下生产出的产品，例如数千万吨的钢铁。生产这些产品过程中消耗了大量的资源和能源，产生了大量的污染。据统计，我国大约 23%的污染是由出口产品的生产过程中产生的。产品卖给了外国人，污染和环境破坏留给了我们自己。这是高碳经济，是不可持续的发展模式。要对我国外向型经济发展战略做出必要的调整，限制高碳经济模式下生产出的产品的生产和出口，大力发展低碳产品的生产和出口。

四、大力开展国际合作，引进低碳技术

国际上已经有许多成熟的低碳技术。我们在努力发展和应用自己的低碳技术的同时，要大力从国外引进这些先进技术。最近在印度尼西亚巴厘岛举行的联合国气候变化大会通过了“巴厘岛路线图”，其中包括一个加速向发展中国家减缓和适应气候变化方面的技术转让的战略性方案。我们要充分利用这一机制，以及《联合国气候变化框架公约》和《京都议定书》下的“清洁发展机制”和其他机制，引进资金和先进的低碳技术，促进我国低碳经济的发展和低碳城市的建设，促进我国应对气候变化的工作，减缓温室气体排放增加的速度，实现经济发展和气候变化应对之间的平衡。

关于中国环境宏观战略研究汇报材料的建议

——在2008年8月两委全体会议上的发言

（一）环境宏观战略研究，不是研究环境保护部一个部门的战略，而是整个中国的环境保护战略，因此，《中国环境宏观战略研究向国务院汇报材料》（以下简称《汇报》）中的《战略任务》部分不应只讲环境污染防治，而应体现污染防治和生态保护并重的思想。环境污染和生态破坏是密切联系的，例如内蒙古、甘肃等地区的荒漠化对我国许多北方城市的大气污染都有影响。环境保护部职责范围内的生物多样性保护，只有保护好自然生态系统才能实现。因此不应将两者分割开来。污染防治，就是为了保护城市和农村生态系统。若将两者分割开来，那一件事也搞不好。

饮用水安全的确非常重要，但不要用“重中之重”的“首要任务”（21页）来表述。而且，各个城市和地区的情况不完全一样，例如北京的空气污染可能比饮用水问题更为严重。应将水污染、大气污染和荒漠化防治三件事列为我国环保工作最重要的任务。建议不用“重中之重”这个词。

（二）《汇报》第22页中《转变发展方式，推动工业污染防治与减排》一节非常重要。建议在该节中增加“总量控制”和“区域限批”的内容。要使我国环境形势发生根本的变化，必须将“区域限批”措施的范围扩大，即在没有环境容量的区域，停止批准新建增加污染排放量的项目，包括能达标排放的污染项目，直到这一地区有了环境容量为止。如果这些措施而降低GDP的发展速度，也在所不惜。同时，提高我国的排放标准。

（三）荒漠化问题。第2页和第38页中提到“荒漠化和沙化扩展趋势得到初步遏制”，而在第47页说：“全国退化、沙化和碱化草地面积1.35亿公顷，约占草地总面积的1/3，且每年还在以200万公顷的速度增加”。两种说法相互矛盾。建议前面说明成就的那句话改为“荒漠化治理取得一定进展”。

草原生态环境的退化，是造成我国土地荒漠化的主要原因。荒漠化导致土地生产力的丧失，大气污染加剧，是我国目前急需解决的最重大的环境问题之一。要遏制草原退化，除要实行休养生息政策以外，必须实行畜牧制度的根本改革，即发展人工草场，将放养改为圈养。

建议将荒漠化问题写入《汇报》的各个部分。这个问题，公开发表的资料已有很多，完全可以说清楚。当然，如有条件，环境宏观战略研究项目可对此作进一步深入研究。

（四）清洁生产、循环经济和低碳经济。《汇报》仅在《对策和措施》部分的《休养生息》一节中用不到半句话提到了循环经济和清洁生产。循环经济和清洁生产不是休养生息。循环经济和清洁生产，还有低碳经济，是从源头解决环境污染，实现可持续发展的根本对策。应在《对策和措施》部分单独列为一节。

中国发展低碳经济的政策和措施*

通过实行科学发展观、促进生态文明、建立和谐社会和走可持续发展的道路，中国在经济建设和环境保护方面取得了引人瞩目的成就。

但是，中国的环境问题，譬如水污染、空气污染和固体废弃物污染还非常严重。这些环境问题影响了中国经济建设目标的实现和人民健康和生活的改善。要解决城市环境问题，我们必须走可持续发展的道路。可持续发展是既满足当代人的需要，也不对后代人满足其需要构成危害的发展。这意味着在整个发展过程中，我们必须保护环境和自然资源，不但我们这一代有一个清洁的环境和充足的资源来发展和生存，我们的子孙后代也同样有清洁的环境和丰富的资源继续繁衍生息。

低碳经济是实现可持续发展的唯一途径。低碳经济是这样的一种经济模式，它最大限度地减少石油和煤等高碳资源和能源的消耗，最大限度地减少对环境的污染。面对着气候变化等全球环境挑战，国际社会现在越来越重视低碳经济和低碳技术。低碳技术是这样的一些新的技术，它们可以有效地控制温室气体的排放，特别是在电力、交通、建筑、冶金、化工、石化等产业。发展低碳技术，就是要大力发展可再生能源和新能源，清洁和有效地利用煤炭和石油等矿物燃料，合理地开采和使用天然气和煤层气。低碳技术也包括二氧化碳的捕捉和储藏。

低碳经济可以通过提高能源效率、节约能源和利用可再生能源，减少煤和其他高碳能源的使用，增加天然气的使用，合理开发和使用水电等这样一些措施来实现。

中国政府高度重视低碳经济的发展，并采取了下列一些措施：

一、实行低碳生产——一种可持续的生产模式

低碳生产是一种可持续的生产模式。为实现低碳生产，必须要实行循环经济和清洁生产。循环经济是同环境相协调的一种发展模式。就是从资源开发、产品的生产和消费到废物的处置过程中，都是在一个闭路系统中进行的。这种经济是低资源消耗，高资源利用效率和低废物排放。在整个的经济和社会活动过程中，所有的资源和能源都是不断地循环、合理持续地加以利用。这种经济活动对环境的影响是最小的。清洁生产是一种生产模式，它在从资源开发到产品的生产和使用，以及到废弃物的处理整个过程中，最大限度地提高资源和能源的利用效率，最大限度地减少资源和能源的使用以及废弃物的产生。循环经济和清洁生产的共同目标，就是减少高碳能源的使用和二氧化碳的排放，它们共同的运行模式是3R，也就是减量、回收和再利用（Reduction，Reuse，Recycling）。

* 本文是作者2009年6月27日代表中华环保联合会在日本举行的可持续的亚太国际论坛上的发言。

循环经济和清洁生产之间的区别是它们的范围不同，循环经济是经济发展的模式，包括了生产和消费；而清洁生产是一种生产模式，只包括生产过程，它是循环经济的一种手段，是其中的一部分。

中国在 2003 年 1 月和 2008 年 8 月分别颁布了《中华人民共和国清洁生产促进法》和《中华人民共和国循环经济促进法》。它们的实施取得了良好的效果，在诸如发电、钢铁、化工和轻工等行业，循环经济和清洁生产在中国已经得到了发展。

为了进一步发展低碳经济，必须进一步修改现有的法律和法规，制定和实施相关的有益于低碳经济发展的经济政策，改进对这些政策进行评估的指标体系，建立促进低碳经济发展的机制体系，在一些重点的公共领域开展示范项目，在一些重点的工业领域、园区、省（市）开展示范项目，推广先进的可应用的技术和最佳方法，以及发展示范项目等。

低碳经济应以下列原则为基础：低投入、低消耗、高产出、高效率、低排放、回收利用以及可持续性。节约能源、节约水和土地应当统一地有计划地同时加以实施。

应当大力发展可再生能源，比如风能、太阳能、地热能、生物能和水电。水电应当在保护环境的前提下加以开发，主要是发展中小水电站。清洁煤技术应当大力加以推广。整个能源结构应当加以调整，成为一个低碳的结构。

中国政府制定了一个计划，到 2010 年，在 2006 年的基础上，单位 GDP 能源消耗减少 20%，可再生能源占整个能源的结构比例中从 7%提高到 16%，森林覆盖率提高 20%。中国正在做出巨大的努力来发展低碳经济。

二、实行低碳消费——一种可持续的消费模式

我们应当宣传低碳消费模式。现在占世界人口 20%的发达国家的人口消耗了全世界 50%的能源，根据共同但又区别的责任的原则，发达国家应当率先实行低碳消费模式，并采取行动，减少温室气体的排放。

同时，发展中国家也应当在脱贫和经济发展的过程中做出努力，实行低碳的消费模式。

中国现在是世界上第二大二氧化碳排放国，很快可能成为世界上最大的排放国。中国应当尽最大努力来实施低碳的生产和消费模式，为保护全球环境和气候做出贡献。

但是，随着中国一个富裕阶层的出现，过度消费正在发展，且发展得非常快，比中国的经济发展还要快。很多食物在那些高级的餐馆被抛弃掉，人们拥有越来越多的汽车，造成了中国大城市的交通拥挤和污染。根据 2007 年的统计，中国现有 187.8 万辆私人汽车。前联合国环境规划署执行主任特普菲尔说："如果中国人均汽车拥有量达到了美国现在的水平，那么世界将会出现环境灾难。"中国是一个缺水的国家，但是浪费水的现象也是非常的严重，譬如用大量的自来水来浇草坪。

中国政府和环保民间组织组织了一些活动，宣传低碳的消费模式，譬如节电、节水、垃圾分类、垃圾回收利用等。

中华环保联合会同其他中国民间组织合作，开展了大量的宣传可持续消费的活动，譬如宣传夏天空调温度不低于20℃、每周停开一天汽车、使用骑自行车等绿色出行方式。

三、控制高碳产业发展，加速经济结构调整，提高发展质量

中国的环境问题在很大程度上是由不合理的经济结构造成的，钢铁、有色金属冶炼、建筑材料、化工、电力和轻工业等产业的高速发展造成了严重的环境问题。在这些产业当中，许多企业设备陈旧、技术落后、污染严重。有的企业的污水处理厂等污染防治设施，只有当环保监察人员去检查时才开启使用。中国的环境标准普遍低于发达国家，即使那些达到排放标准的企业，也在排放大量的污染物。由于能源效率低，二氧化碳和其他污染物的排放十分严重。

2003—2006年，中国的GDP的平均增长速度是10.4%，其中有300个城市的GDP增长速度达到了17%，有的已经超过了30%。

这种增长在很大程度上是以牺牲环境和自然资源而取得的。要扭转中国环境退化的趋势，必须降低发展速度，就是降低高碳产业的发展速度，提高发展质量。

中国正在采取措施，淘汰污染工艺、污染设备和污染企业，加快经济结构调整，提高各种工业产业的排放标准，提高钢铁、有色金属、建筑材料、化工、电力和轻工行业准入门槛，制定和实施必要的经济政策和惩罚措施。排污收费制度正在进行改进。对污染者来说，只有当污染防治措施的费用比排污费低的时候才会采用。

2007年国家环境保护总局采取了一项新的措施，叫作区域限批。所谓区域限批，就是一个地区或者一个企业违反了环境影响评价法，国家就有权停止对这个地区或者企业批准新的建设项目直至它们改正错误为止。这是一项新的创造，是一个控制环境污染的有效措施。然而，要逆转中国的环境形势，区域限批的范围必须扩大。也就是说，任何地区如果已经没有环境容量了，那么就不应当批准它建立任何有污染的企业，包括达标排放的企业。必须这样做才能有效地控制污染，当然首先要确定每个地区的环境容量。每个地区的环境容量应当根据它现在的排污情况和环境状况来确定。必须这样做，即使造成国内生产总值增长速度下降也在所不惜。

在经济结构调整的过程中还要对中国外向型经济发展战略做出调整。中国出口了大量高碳模式下生产出的产品，比如大量的钢铁和机械产品。为了生产这些产品，消耗了大量的资源和能源，产生了大量的污染。据统计，大概中国23%的污染是由于生产出口产品造成的。产品卖给了外国人，环境污染和生态破坏留给了我们自己。这是一种高碳经济模式，是不可持续的。必须对这种外向型发展战略做出调整。必须制定有关的战略政策和措施，限制高碳模式下的产品的生产和出口，并要做出巨大的努力，生产和出口低碳生产模式下的产品。

四、开展国际合作，引进低碳技术

世界上现在存在着许多低碳的可运用的实用技术。在开发和运用自己的低碳技术的同时，中国也应当在引进国外的先进技术方面做出巨大的努力。做这件事有两个途径，第一是吸引那些有低碳技术和低碳设备的外国公司来中国投资建厂；第二是可以利用现有的多边环境协议下的国际机制来做这件事，譬如《京都议定书》下的清洁生产机制（CDM），引进先进、适用的低碳技术，促进低碳经济的发展。这样做也将促进中国应对气候变化的工作，减少温室气体的排放，实现经济发展和应对气候变化之间的平衡。

关于在我国发展低碳经济的若干建议*

——在2009年两委专题座谈会上的书面发言

低碳经济就是绿色经济，是实现可持续发展的必由之路。低碳经济，就是最大限度地减少煤炭和石油等高碳能源消耗的经济，也就是以低能耗低污染为基础的经济。在应对全球气候变化的大背景下，低碳经济和低碳技术日益受到世界各国的关注。低碳技术涉及电力、交通、建筑、冶金、化工、石化等部门以及在可再生能源及新能源、煤的清洁高效利用、油气资源和煤层气的勘探开发、二氧化碳捕获与埋存等领域开发的有效控制温室气体排放的新技术。

低碳经济包括低碳生产和低碳消费，就是要建立资源节约型、环境友好型社会，建设一个良性的可持续的能源生态体系。低碳经济可以通过提高能源效率、节约能源、发展和利用可再生能源、减少煤炭的使用，增加天然气的使用以及发展和使用氢能等新能源来实现，还要通过大力推广可持续的生活方式来实现。

为促进我国低碳经济的发展，特提出下列政策建议：

一、大力发展低碳生产，实行可持续的生产模式

低碳生产是一种可持续的生产模式。要实现低碳生产，就必须实行循环经济和清洁生产。我国已经发布了《循环经济促进法》和《清洁生产促进法》，在电力、钢铁、化工和轻工等许多行业，已开展了循环经济和清洁生产工作。

现在重要的是要切实落实两个法律的实施。为此，建议采取下列措施：完善发展循环经济和清洁生产的规章制度；制定和实行有利于循环经济发展的经济政策；完善评价指标体系；建立促进循环经济发展的技术体系；推进重点行业、产业园区和省市循环经济试点工作，建设循环经济试点示范工程；推广循环经济先进适用技术和典型经验。

要按照低投入、低消耗、高产出、高效率、低排放、可循环和可持续的原则发展低碳经济。节能、节水、节地与削减污染物总量有机结合起来，实行统筹规划、同步实施。

要制订政策和措施，大力发展风能、太阳能、地热、生物质能、氢能等可再生能源；在经过最严格的环境影响评价，采用最安全最先进的技术和最严格的环境监测的前提下，积极发展核电；在保护生态环境的基础上有序开发水能，主要是小水电；大力推广清洁煤技术。推动能源结构的低碳化。

---

* 本发言稿全文载2009年第10期《中华环保联合会会刊》。

二、大力提倡低碳消费，实行可持续的消费模式

我们要大力提倡低碳消费，实行可持续的消费模式。低碳消费也是绿色消费，是绿色经济的重要部分。

随着我国经济的发展和人民生活水平的提高，过度消费现象越来越严重。据报道，截至 2009 年年底，北京私人汽车达 248 万辆。中国水资源十分短缺，但浪费水的现象十分严重，例如用普通自来水浇绿地，到处建温泉、汤泉、和水城；饭馆中大量的剩饭剩菜被丢弃；城市中各种装饰灯、霓虹灯彻夜通明。

政府应采取必要的经济政策和行政手段，推进绿色生活方式，例如尽量不用塑料袋、废物回收、购物先算碳排放、提倡一水多用、电器关闭不待机、拒绝一次性用品、不必要时不开车等。北京所采取的汽车限行和超市不免费发放塑料袋等措施是促进绿色消费的有效措施，应大力推广。也要考虑制订相关的规章制度，促进绿色消费。

三、控制高碳产业发展速度，加快经济结构调整，提高发展质量

我国的环境问题，在很大程度上是由于经济结构不合理造成的。钢铁、有色、建材、化工、电力和轻工等行业的高速过热发展，造成了严重的环境污染。这些行业中，存在着许多设备陈旧、技术落后、污染严重的企业；由于我国排放标准普遍低于先进国家的标准，即使达标企业也排出了大量的污染物；由于我国工业能源效率普遍低下，使二氧化碳和其他污染物的排放十分严重；由于环境影响评价机构的人员素质和腐败现象等原因，环评没能发挥其应当发挥的作用。

我国一些地区经济的高速增长在很大程度上是以牺牲我国环境和资源为代价取得的。要扭转我国环境形势日益恶化的趋势，必须降低发展速度，就是降低高碳产业发展速度，提高发展质量。

为此，建议采取下列措施：

（1）加快经济结构调整，加大淘汰污染工艺、设备和企业的力度。

（2）对我国现行的外向型的经济发展战略做出必要的调整，限制高碳经济模式下生产出的产品的生产和出口，大力发展低碳产品的生产和出口。

（3）提高各类企业的排放标准，提高钢铁、有色、建材、化工、电力和轻工等行业的准入条件，新建项目必须符合国家规定的准入条件和排放标准。

（4）加强对环境影响评价机构的资质审查和管理，坚决打击环评中的腐败现象，保证环境影响评价的质量。

（5）制定必要的经济政策和惩罚措施。排污收费制度要改进，罚款只有超过采取防治措施的代价的情况下，这一措施才会有效。

（6）扩大“区域限批” 措施的范围，即在没有环境容量的区域，停止批准新建增加污染排放量的项目，包括能达标排放的污染项目，直到这一地区有了环境容量为止。如果这些措施而降低 GDP 的发展速度，也在所不惜。

四、大力开展国际合作，引进低碳技术

国际上已经有许多成熟的低碳技术。我们在努力发展和应用自己的低碳技术的同时，要大力从国外引进这些先进技术。2007年在印度尼西亚巴厘岛举行的联合国气候变化大会通过了所谓的“巴厘岛路线图”，其中包括一个加速向发展中国家减缓和适应气候变化方面的技术转让的战略性方案。我们要充分利用这一机制，和《京都议定书》下的“清洁发展机制”和其他机制，引进资金和先进的低碳技术，促进我国低碳经济的发展，促进我国应对气候变化的工作，减缓温室气体排放增加的速度，实现经济发展和气候变化应对之间的平衡。

最后，建议两委秘书处组织有关专家开展一项关于如何在我国推行低碳经济的研究。

关于将控制三种污染物排放列入环保“十二五”规划的建议*

——在2010年两委第五次全体会议的书面发言

《国家环境保护“十一五”规划》确定了主要污染物，包括二氧化硫、化学需氧量排放总量下降10%的约束性指标。环境保护部最近宣布，从当前形势分析，全国“十一五”二氧化硫减排任务有望提前一年完成，化学需氧量减排目标有望实现。事实表明，将污染物减排目标作为约束性指标列入我国经济和社会发展的中长期规划，并采取有力措施是减少污染物排放的关键措施。

周生贤部长2009年4月22日向全国人大常委会报告当前大气污染防治工作的进展情况时指出，大气环境形势非常严峻，以煤为主的能源结构导致大气污染物排放总量居高不下，我国长三角、珠三角和京津冀三大城市群大气污染物排放集中，区域性大气污染问题日趋明显。

二氧化硫是一种重要的大气污染物，“十二五”环保规划应继续确定其约束性减排指标，但是，要使我国大气质量有根本的改善，仅仅控制二氧化硫是远远不够的，必须同时控制其他大气污染物，特别是氮氧化物、可吸入颗粒物和二氧化碳。

一、氮氧化物

氮氧化物是污染大气的主要有害物质之一。我国能源以煤炭为主，燃煤所产生的大气污染物占污染物排放总量的比例较大，其中氮氧化物占 67%。据统计，2000—2005年我国氮氧化物排放从1 100万吨增加到1 900万吨，年均增长10%；2005年后，空气中氮氧化物浓度仍在不断上升。研究显示，如果不进一步采取有效的措施控制氮氧化物排放，未来15年中国氮氧化物的排放量将继续增长，到2020年可能达到3 000万吨以上。氮氧化物如此巨大的排放量将使大气中硝酸量上升，抵消二氧化硫减排的成果，势必对公众健康、生态环境和社会经济造成严重影响。

因此，“十二五”环保规划应将氮氧化物列为重点控制的污染物，确定其约束性控制指标，至少要实现氮氧化物的零增长。与此同时，要制订和完善有关控制氮氧化物排放的法律、法规和标准，引进和开发控制氮氧化物排放的技术，并采取强有力的措施，

* 国家环境咨询委员会和环保部科技委员会2010年第1期《工作简报》摘要报道了本发言。

控制氮氧化物的排放。

二、可吸入颗粒物

颗粒物包括烟尘、粉尘和沙尘。颗粒物污染是老百姓最能看得到的一种污染，是他们最为关心的，其中可吸入颗粒物对人体健康危害十分巨大，细小的微粒随呼吸进入人体，引起支气管炎、哮喘、肺气肿、矽肺等疾病。有的粉尘中含有毒物质，危害更大。

《2006年中国环境状况公报》指出："重点城市空气的首要污染物是可吸入颗粒物，以可吸入颗粒物为首要污染物的混合型污染仍较严重。兰州、北京、包头、临汾等重点城市的可吸入颗粒物浓度水平较高。"2007年和2008年《中国环境状况公报》中没有类似的陈述。但是，根据环境保护部数据中心公布的2009年12月29日《重点城市空气质量预报》，在69个预报的城市中，60个城市的首要污染物是可吸入颗粒物。经过2008年北京奥运会前后的努力，北京等城市的大气质量有了很大的改善，但即使在空气质量是良的情况下，首要污染物仍然是可吸入颗粒物。

"十一五"规划纲要确定了主要污染物的约束性指标。"十二五"规划应扩大控制的主要污染物的范围。不将首要污染物可吸入颗粒物列入主要污染物范围是说不通的。建议"十二五"环保规划将可吸入颗粒物列为要控制的主要污染物之一，并确定其约束性减排指标。

可吸入颗粒物来源多样，其中一些是来自工厂烟囱与机动车辆等污染源的直接排放，也有一些是建筑工地和裸露土地被风扬起的尘土，还有一些则是由环境空气中硫氧化物、氮氧化物、挥发性有机化合物及其他化合物互相作用形成的细小颗粒物。这些污染源人们比较了解。但是它的另一个来源，即从荒漠化地区传输到我国城乡地区的颗粒物，尚没有引起人们足够的重视。即使在没有沙尘暴的情况下，在一定气象条件下，沙尘也会远距离传输。

应组织专家对可吸入颗粒物的污染现状、来源和控制技术进行深入的研究，提出现实的控制指标，将其列入我国经济和社会发展的中长期规划，并采取切实的措施，控制和减少它的排放。只有这样，而且要经过长期的努力，我国的大气质量才有望彻底的改善。

三、二氧化碳

气候变化是一个不争的事实，是人类面临的共同挑战。气候变化对人类环境以及人类的生存和发展已经产生了严重的影响，如不采取行动，将产生更为严重的后果。因此，人类必须联合起来，采取共同行动，保护地球气候，保护我们赖以生存的环境。

二氧化碳是最重要的温室气体，是造成气候变化的元凶。应对气候变化，就要控制温室气体，特别是二氧化碳的排放。我国已经制定了《应对气候变化国家方案》和其他一系列的方针政策，采取了许多行动，为应对气候变化做出了不懈努力和积极贡献。

温家宝总理在最近召开的哥本哈根气候变化领导人会议上已经做出承诺，到 2020 年，我国单位国内生产总值二氧化碳排放比 2005 年将下降 40%～45%，并将此减排目标作为约束性指标纳入中长期规划。因此，二氧化碳的控制指标自然也应纳入“十二五”环保规划。

关于在“十二五”期间加强对可吸入颗粒物控制的建议

——在 2011 年两委暑期座谈会上的书面发言

我在 2010 年年初召开的两委第五次全体会议上交了一份书面发言，建议确定“十二五”期间氮氧化物、可吸入颗粒物和二氧化碳的约束性减排指标，并列入我国“十二五”环保规划。现在氮氧化物下降 10%这一指标已列入“十二五”环保规划，单位国内生产总值二氧化碳下降 17%这一指标也已列入我国国民经济和社会发展“十二五”规划纲要，但可吸入颗粒物没有列入。我建议，虽然没有对可吸入颗粒物确定约束性减排指标，在“十二五”期间，国家应采取有力措施，减少总悬浮颗粒物和可吸入颗粒物的排放，以保护人民健康，促进我国的可持续发展。

总悬浮颗粒物包括烟尘、粉尘和沙尘等。颗粒物污染是老百姓最能看得到的一种污染，是他们最为关心的，其中可吸入颗粒物对人体健康危害十分巨大，细小的微粒随呼吸进入人体，引起支气管炎、哮喘、肺气肿、矽肺等疾病。有的粉尘中含有毒物质，危害更大。

1996—2003 年我在肯尼亚首都内罗毕工作。那里空气质量很好。此前我在北京，每年得数次感冒，还有慢性支气管炎，在内罗毕 7 年中，除第一年得了二次感冒，以后看了几次牙病外，再没有得过其他疾病。回北京后，又恢复了每年得数次感冒的情况，慢性支气管炎也复发了。这说明空气质量与人体健康有很大关系。

《2006 年中国环境状况公报》指出：“重点城市空气的首要污染物是可吸入颗粒物，以可吸入颗粒物为首要污染物的混合型污染仍较严重。兰州、北京、包头、临汾等重点城市的可吸入颗粒物浓度水平较高。”近几年《中国环境状况公报》中没有类似的陈述。我查了一下环境保护部数据中心公布的最近几天的《重点城市空气质量预报》，在 120 个预报的城市中，大部分城市在空气质量为二级或以下级别时，这些城市的首要污染物基本都是可吸入颗粒物。

根据《2011 年中国环境状况公报》，2011 年可吸入颗粒物年均浓度达到或优于二级标准的城市占 85.0%，劣于三级标准的占 1.2%。二氧化硫年均浓度达到或优于二级标准的城市占 94.9%，无劣于三级标准的城市。从这两组数字的比较中，我们可以看到，可吸入颗粒物的污染比二氧化硫的问题要严重些，既然我们如此重视二氧化硫的控制，就没有理由不重视对可吸入颗粒物的控制。

人们可能认为，我国城市颗粒物污染问题已不严重，我认为这种看法是不正确的。

经过 2008 年北京奥运会前后的努力，北京等城市的大气质量有了很大的改善，但即使在空气质量是良的情况下，首要污染物仍然是可吸入颗粒物。我去过世界很多城市，包括发达国家和发展中国家的城市，像北京那样常有的阴霾天气是很少见的。我国城市空气质量预报绝大部分是“良”。我对这个“良”是有疑问的，因为在空气质量预报是“良”的情况下，还经常可以看到灰蒙蒙的情况，较少看到一些外国城市经常可以看到的碧空万里或蓝天白云。我觉得标准可能定低了。也有人说这是水气。北京等北方城市是比较干燥的地区，我们看到的阴霾现象，大多是颗粒物污染造成的。

颗粒物来源多样，其中一些是来自工厂烟囱与机动车辆等污染源的直接排放，也有一些是建筑工地和裸露土地被风扬起的尘土，还有一些则是由环境空气中硫氧化物、氮氧化物、挥发性有机化合物及其他化合物互相作用形成的细小颗粒物。这些污染源人们比较了解。但是它的另一个来源，即从荒漠化地区传输到我国城乡地区的颗粒物，尚没有引起人们足够的重视。即使在没有沙尘暴的情况下，在一定气象条件下，沙尘也会远距离传输。

据此，建议在“十二五”时期加强对总悬浮颗粒物和可吸入颗粒物的控制力度。环境保护部应组织专家对可吸入颗粒物的污染现状、来源和控制技术进行深入的研究，并采取切实的措施，控制和减少它的排放。最近公布的《北京市“十二五”时期环境保护和建设规划》确定了九种大气污染物控制指标，包括总悬浮颗粒物和可吸入颗粒物年均浓度比 2010 年下降 10%左右。这是令百姓高兴的事情。建议环境保护部在有颗粒物污染的城市和地区推广北京市的做法。

还应提出总悬浮颗粒物和可吸入颗粒物的现实的控制指标，将其列入我国经济和社会发展的中长期规划，列入“十二五”规划是不可能了，能否列入“十三五”规划？只有这样，而且要经过长期的努力，我国的大气质量才有望彻底的改善。

关于控制细颗粒物污染的若干战略措施*

——2013年两委第七次全体会议发言稿

最近一个月持续的大面积的雾霾天气，给我们敲响了警钟。我国的环境问题已经到了非常严重的地步。我国的环境状况，不是日益改善，而是日益恶化，如不采取更果断和严厉的措施，后果将不堪设想。

要把控制细颗粒物的排放置于我国整个国民经济发展战略和环境保护战略的高度来研究。改革开放以来，我国的经济建设取得了巨大的成就，但是，我们应当清醒地看到，这种成就，在很大程度上是以牺牲环境为代价取得的。我们以前一直说，我们不能走发达国家先污染后治理的老路，但实际上，我们一直在走这条路，现在还继续在走这条老路。中国环境宏观战略研究做出的关于我国目前环境形势的结论是非常正确的，即“局部有所改善，总体尚未遏制，形势依然严峻，压力继续加大”。20年前，我们就说“局部有所改善，总体仍在恶化”。20年后还是这样的形势，但环境问题比以前更为严重了。应该指出，我们在过去的20年中，为保护环境，采取了许多措施，付出了巨大的努力，也取得了一定的成绩，不然，我国的环境问题比现在会更加严重。但是如果按常规采取措施和行动，20年以后再来评价我国环境形势，将会得出同样的结论，那么后果将不堪设想。我们必须使全国人民，特别是各级领导干部认识到我国环境问题的严重性和解决这些问题的紧迫性，我们再也不能按常规行动了。

我认为，要减少细颗粒物的排放，必须根本改变我国的环境状况，使我国走上可持续发展的道路，应采取下面的一些战略措施。

一、制定细颗粒物约束性减排指标，列入我国环境保护中长期规划

在2010年两委第五次全体会议上，我递交了一个书面发言稿，内容之一是建议制定可吸入颗粒物的减排指标，将其列入国家“十二五”环保规划。“十二五”环保规划制定了四项限控指标，即二氧化硫、氮氧化物、化学需氧量和氨氮，可吸入颗粒物没有列入；在2011年两委暑期座谈会上，我再次递交书面发言，建议在“十二五”期间加强对总悬浮颗粒物和可吸入颗粒物的控制，制定约束性减排指标，并列入我国经济社会发展和环境保护中长期规划。

---

* 本发言稿全文载2013年3月6日《中国环境报》。

“十一五”规划纲要确定了主要污染物，包括二氧化硫、化学需氧量排放总量下降10%的约束性指标。这两个指标，通过努力，已超额完成。事实证明，制定约束性减排指标，列入国家规划，并采取强有力措施组织落实，是减少污染物排放的有效措施。

在以往的《中国环境状况公报》中，往往可以看到这样的话：“重点城市空气的首要污染物是可吸入颗粒物”，每天公布的空气质量预报的首要污染物，也大多是可吸入颗粒物。颗粒物是老百姓看得见的最为关心的一种污染物。最近持续的大面积的雾霾天气，更说明了加强对细颗粒物控制的重要性和必要性。

2012 年 12 月，环境保护部公布了我国第一部综合性大气污染防治规划《重点区域大气污染防治“十二五”规划》，提出到 2015 年，京津冀、长三角、珠三角等大气污染严重的地区，细颗粒物 $PM_{2.5}$ 年均浓度要比 2010 年下降 6%，全国其他重点区域 $PM_{2.5}$ 年均浓度要比 2010 年下降 5%。对于这个约束性指标，我曾多次听到有人说做不到。我认为，这是必要的措施，现在关键是落实。一定要采取强有力的措施，使这两个控制指标实现。

建议组织专家对可吸入颗粒物的污染现状、来源和控制技术进行更为深入的研究，提出现实的经过努力可以达到的控制指标，将其列入我国经济社会发展和环境保护中长期规划，若“十二五”规划不能列入，“十三五”规划一定要列入，并采取切实的措施，加以落实，控制和减少细颗粒物的排放。只有这样，而且要经过长期的努力，我国的大气质量才有望彻底的改善。

二、降低发展速度，提高发展质量

我国“十一五”期间国内生产总值实际平均增长 11.2%，“十一五”规划确定的增长目标是 7.5%，超额完成 3.7%，这一成就，大家都十分高兴。这种超额增长，使我国成为世界第二大经济体，但与此同时，我国成了世界上第一大二氧化碳排放国，世界上第一污染大国。有人说，因为有了这个增长，所以许多人脱贫了，人民生活改善了。从物质生活的角度来说，这可能是事实。与此同时，有了更多的癌症，更多的支气管炎、哮喘、肺气肿、矽肺等由污染引起的疾病和病人。在那些污染严重的地区，人民生活质量提高了吗？没有。这种发展，不是可持续的发展。

要实现可持续发展，必须降低发展速度，提高发展质量。

我国《国民经济和社会发展“十二五”规划纲要》所确定的“十二五”期间国内生产总值平均增长指标 7%是适宜的。定这个指标，是为了保护环境，实现科学发展和可持续发展。现在关键是落实。规划是有了，但大家往往都努力去超额完成，这是不对的。“十五”和“十一五”规划的指标都大大超过了。我国 2003—2006 年国内生产总值（GDP）年平均增长 10.4%。全国有 200 多个地级市平均 GDP 是 17%，有的达到了 30%以上。所以现在关键是要采取强有力的措施。省、市、县各级制定的发展指标，应以“十二五”

规划确定的指标为基准。国家规定的计划指标，全国平均不能超过，但应区别对待。在那些欠发达的地区和尚有环境容量的地区，可以定得高一点，在那些发达地区，尤其是污染严重的地区，一定要定得低一些。同时采取强有力的措施，使国家确定的 GDP 增长目标得以实现，而不是超过。

仅降低发展速度当然并不一定能改变我国目前环境状况恶化的趋势，还要采取其他战略和措施。

三、正确处理经济增长的三要素

拉动经济增长的三个重要因素是投资、出口和消费。我这里不讨论如何拉动这三个要素的增长，而是正确处理经济增长的三要素，即在推动三要素增长的同时，如何防止它们的增长对环境的负面影响。

先说投资，过去 30 年中，我国一直把此作为推动经济增长的主要动力。投资主要放到了钢铁、有色、建材、化工、电力和轻工等行业，自己建设了许多这样的工厂，同时引进了许多这样的工厂。这些行业的高速过热发展，造成了严重的环境污染。这些行业中，存在着许多设备陈旧、技术落后、污染严重的企业；由于我国排放标准普遍低于先进国家的标准，即使达标企业也排出了大量的污染物；由于我国工业能源效率普遍低下，使污染物的排放十分严重；由于环境影响评价机构的人员素质和腐败现象等原因，一些环评没能发挥其应当发挥的作用。

要扭转我国环境形势日益恶化的趋势，必须减少投资在国民经济增长中的比例，但减少的应是高碳产业方面的投资，而低碳产业的投资，如环保产业、服务业、生态旅游业等，应大力增加，也就是减少黑色投资，增加绿色投资。

第二是出口。这也是我国近 30 年来推动经济增长的一个重要因素。我国出口的产品，如钢铁、机械和化工产品，大多是高能耗高污染行业的产品，我们出口这些产品，把产品卖给了外国人，把污染留给了自己。这样的出口，是造成目前环境污染的一个重要因素。

我们必须对我国现行的外向型的经济发展战略做出必要的调整。一是减少出口，扩大内需；二是限制高能耗高污染经济模式下生产出的产品的生产和出口，扩大清洁生产模式下生产出的产品的生产和出口。

第三是消费，指国内消费，即内需。一些专家建议增加消费在国民经济增长中的比重，这是正确的。但消费不一定对环境没有负面影响，不可持续的消费模式也是环境破坏的重要原因。造成我国大气严重污染的一个重要原因是汽车数量的急剧增加。前联合国副秘书长、联合国环境规划署执行主任特普菲尔曾说：“如果中国人均汽车拥有量赶上美国，全球将发生环境灾难。”有人会说，中国人均汽车拥有量比美国低得多，不可能赶上美国。但我认为，如果照现在这样的速度发展下去，早晚会赶上的，那时灾难就会降临了。目前汽车人均拥有量大大低于美国，不也已对我国空气质量造成了严重影响吗？

我们要提倡可持续的消费模式。要大力发展公共交通。在提高汽车和油品质量的同时，要减少私人小汽车的使用，不必要时不开车，北京市采用的限行等措施是正确的。另外，要反对浪费，提倡节约，节能，节水，节约一切资源。实行绿色生活方式，购物尽量不用塑料袋、废品要回收利用、提倡一水多用、电器关闭不待机、拒绝一次性用品等。

四、加快经济结构调整，实行总量控制、区域防治和联防联控，推行循环经济

要遏制我国环境状况继续恶化的趋势，还必须加快经济结构调整，加大淘汰污染工艺、设备和企业的力度，提高各类企业的排放标准，提高钢铁、有色、建材、化工、电力和轻工等行业的准入条件，新建项目必须符合国家规定的准入条件和排放标准；加强对环境影响评价机构的资质审查和管理，坚决打击环评中的腐败现象，保证环境影响评价的质量；制定必要的经济政策和惩罚措施。排污收费制度要改进，罚款只有超过采取防治措施代价的情况下，这一措施才会有效；实行总量控制，扩大“区域限批”措施的范围，即在没有环境容量的区域，停止批准新建增加污染排放量的项目，包括能达标排放的污染项目，直到这一地区有了环境容量为止。如果这些措施而降低 GDP 的发展速度，也在所不惜；大力推广循环经济和清洁生产；实行区域防治，通过区域联防联控，控制污染。

关于将可吸入颗粒物减排指标纳入“十三五”环保规划的建议*

——在2014年两委第八次全体会议上的发言

我今天的发言基本上是重申我在2010年两委第五次全会、2011年暑期座谈会和2013年第七次全会上递交的书面发言中阐述的看法。

2013年发布《大气污染防治行动计划》以来，我国大气污染防治，特别是可吸入颗粒物防治的力度有了很大的加强。我建议“十三五”环保规划将可吸入颗粒物列为要控制的主要污染物之一，并确定其约束性减排指标。

颗粒物包括烟尘、粉尘和沙尘，是造成雾霾的元凶。颗粒物污染是老百姓最能看得到的一种污染，是他们最为关心的，其中把粒径在10微米以下的颗粒物称为可吸入颗粒物，又称为PM_{10}。PM_{10}对人体健康危害十分巨大，细小的微粒随呼吸进入人体，引起支气管炎、哮喘、肺气肿、矽肺等疾病。有的PM_{10}中含有毒物质，危害更大。

现在人们谈论得最多的是$PM_{2.5}$，又称细颗粒物，它是危害最大的可吸入颗粒物，无疑要加以控制的。但PM_{10}已经涵盖了$PM_{2.5}$，控制了PM_{10}也同时控制了$PM_{2.5}$。我们不能仅控制$PM_{2.5}$而不控制粒径大于2.5微米的可吸入颗粒物。实际上，$PM_{2.5}$是很难单独控制的。

《大气污染防治行动计划》中列入的全国性指标是：“到2017年，全国地级及以上城市可吸入颗粒物浓度比2012年下降10%以上，优良天数逐年提高。”建议在2015年对这一指标的执行情况做个中期评估，然后制定一个切实可行的可吸入颗粒物减排指标，纳入“十三五”环保规划。我也赞成同时制定可吸入颗粒物和细颗粒物的减排指标，纳入“十三五”环保规划。

可吸入颗粒物来源多样，其中一些是来自工厂烟囱与机动车辆等污染源的直接排放，也有一些是建筑工地和裸露土地被风扬起的尘土，还有一些则是由环境空气中硫氧化物、氮氧化物、挥发性有机化合物及其他化合物互相作用形成的细小颗粒物。这些污染源人们比较了解，《大气污染防治行动计划》已制定了相应的治理措施。但是它的另一个来源，即从荒漠化地区传输到我国城乡地区的颗粒物，尚没有引起人们足够的重视。即使在没有沙尘暴的情况下，在一定气象条件下，沙尘也会远距离传输。

我参加了2005—2011年召开的几乎所有《联合国防治荒漠化公约》缔约方大会和该公约其他重要会议，对荒漠化的危害比较了解。

---

* 2014年9月4日《中国环境报》和2014年第18期《环境保护》杂志摘要报道了此发言。

有人会说，荒漠化治理不是环保部门的职责，因此很难列入环保规划。但是“十三五”规划是一个全国性规划，不是一个部门规划。荒漠化影响城乡空气质量，是大气污染的一个污染源，环保部门应有权管一管这个污染源。应组织专家对这个污染源的现状和对大气污染的贡献量进行研究，并和有关部门一起提出控制措施，列入“十三五”规划和相应的行动计划。

总之，我们应提出现实的可吸入颗粒物约束性减排指标，并制定针对各种污染源的减排措施，列入“十三五”环保规划，并采取切实有效的行动，控制和减少可吸入颗粒物的排放。同时，还要制定其他主要大气污染物的减排指标，并采取相应措施。只有这样，而且要经过长期的努力，我国大气质量才有望彻底改善。

关于我国环境保护行政管理体制改革的建议*

——在2015年两委暑期座谈会上的发言

我国环境保护行政管理体制经过四次改革，不断发展和进步，对我国环境保护工作发挥了积极的作用。但现行环保行政管理体制也存在着比较严重的问题。这个发言仅对国家一级环保管理体制做一些分析，并提出一些建议。

环境保护包括生态保护和污染防治。我国现在的环境管理实行的是统一管理与分级、分部门管理相结合的体制。在国家层面，国务院组成部门以及相关直属机构和部委管理的国家局中，有10多个部门承担着生态保护和污染防治的相关职责，存在着多头管理、职能交叉的情况，也存在着管理盲区和内耗的情况。国家层面53项主要生态保护职能中，有40%在环保部门，有60%分散在其他9个部门，环保部门承担的21项主要职责中，与其他部门交叉的占48%。不合理的环保行政管理体制影响了我国环境保护的效率和效果，是造成我国生态系统继续退化、环境污染继续加剧的主要原因之一，是全面深化改革加快生态文明制度建设的一个重要障碍。

环境保护部是国务院下设的环境保护主管部门，被赋予了生态保护和污染控制的职能。从这几年的实践来看，在污染控制方面虽然也存在着体制造成的问题，但总的来说，环境保护部在这方面还是发挥了比较重要的作用。但在生态保护方面，问题比较严重。环境保护部负有“指导、协调、监督生态保护工作”的职能，但实际上履行这一职能十分困难。生态保护的职能按资源门类分散在林业、海洋、国土、水利等部门，环保部很难真正指导、协调和监督他们的工作。这种安排也与生态系统的完整性发生冲突，生态系统很难得到有效保护。

要改变上述情况，必须对我国环境保护行政管理体制做出重大的改革。为此，特提出如下两点建议。

（一）组建中华人民共和国环境部。可以参考国际经验，特别是德国和印度的经验。建议组建的环境部除承担原环境保护部的职能外，还将承担森林资源保护、荒漠化防治、湿地保护、自然保护区监督管理、濒危野生动植物保护等生态保护职能。在国际环境合作方面，除负责原来承担的《生物多样性公约》《保护臭氧层维也纳公约》和《蒙特利尔议定书》，以及关于化学品和危险废物的《巴塞尔公约》《鹿特丹公约》《斯德哥尔摩公约》和《水俣公约》等多边环境协议的谈判和履约外，还将承担《联合国防治荒漠

---

* 2015年7月24日《中国环境报》以《理顺职能避免交叉管理》为题摘要报道了此发言。

化公约》《濒危野生动植物国际贸易公约》和《国际湿地公约》等多边环境法律协议的谈判和履约的职责。

（二）重组国务院环境保护委员会。1984 年成立了国务院环境保护委员会，1998 年在建立国家环境保护总局的同时，该委员会被撤销。在 14 年中，它在制定国家环境保护的方针、政策和措施，以及组织和协调全国的环境保护工作中发挥了重要的作用，使我国环境恶化速度没有随着经济发展相应地增加。

国务院环保委员会撤销以后，无论是以前的国家环境保护总局，还是现在的环境保护部，都不可能具有原国务院环保委员会的功能。他们很难真正有效地指导、协调和监督其他国家职能部门的环保工作。按上面建议组建的环境部，可以解决与林业部门的矛盾和冲突，但尚不能解决与其他有关部、委、局和直属机构的矛盾和冲突。为解决这个问题，建议恢复国务院环境保护委员会。该委员会的任务是研究、审定、组织贯彻国家环境保护的方针、政策和措施，组织、协调、检查和推动全国的环境保护工作。委员会由国务院分管环保工作的副总理担任主任，副主任和委员由委员会成员单位的部长、副部长或主要领导成员兼任，环境部部长兼任委员会副主任和秘书长。环境部是委员会的秘书处，即办事机构。

相信上述建议如被采纳，将有利于推动我国环境保护历史性转变，有利于我国新时期环境保护目标的实现。

参考文献

中文著作部分

[1] 世界环境与发展委员会. 我们共同的未来[M]. 世界知识出版社，1989.

[2] 曲格平. 适应形势发展　搞好环境外交——在国家环境保护局外事工作会议上的讲话[M]. 中国环境年鉴 1991. 中国环境科学出版社，1991.

[3] 李鹏总理在联合国环境与发展大会首脑会议上的重要讲话. 中国环境年鉴 1993[M]. 中国环境科学出版社，1992.

[4] 曲格平. 我们需要一场变革[M]. 吉林人民出版社，1997.

[5] 朱镕基. 坚定不移地走可持续发展之路——在可持续发展世界首脑会议上的讲话. 360doc 网（http：//www.360doc.com），2002 年 9 月 3 日.

[6] 国家发展和改革委员会. 中国应对气候变化国家方案. 中国应对气候变化信息网（http：//www.ccchina.gov.cn），2007 年 6 月.

[7] 环境保护部环境保护对外合作中心. 中国保护臭氧层政策法规体系. 中国保护臭氧层行动网（http：//www.ozone.org.cn），2007 年 12 月.

[8] 解振华. 在联合国气候变化公约第 14 次缔约方大会暨京都议定书第 4 次缔约方会议上的讲话. 中国应对气候变化信息网（http：//www.ccchina.gov.cn），2008 年 12 月 11 日.

[9] 温家宝. 共同谱写人类可持续发展新篇章（在联合国可持续发展大会上的讲话），新华网（http：//www.news.cn），2012 年 6 月 20 日.

[10] 李克强. 在中国生物多样性保护国家委员会第一次会议上的讲话. 环境保护部网站（http：//www.zhb.gov.cn），2012 年 6 月 27 日.

[11]《经济日报》记者. 遏制荒漠化　实现中国梦——我国防治荒漠化综述. 中国经济网（http：//www.ce.cn），2013 年 6 月 17 日.

[12] 国家发展和改革委员会. 中国应对气候变化的政策与行动 2014 年度报告. 中国应对气候变化信息网（http：//www.ccchina.gov.cn），2014 年 11 月.

[13] 习近平. 携手构建合作共赢、公平合理的气候变化治理机制（在巴黎气候变化大会开幕式上的讲话），新华网（http：//news.xinhuanet.com），2015 年 12 月 1 日.

英文著作部分

[1] International Institute for Sustainable Development Reporting Services，Earth Negotiation Bulletin（website：http：//www.iisd.ca），1992-2015.

[2] Theodore Panayotou，Instruments of Change – Motivating and Financing Sustainable Development，Earthscan，1998.

[3] Chasek，Pamela S.，Earth Negotiations：Analysing Thirty Years of Environmental Diplomacy，United Nations University Press，2001.

[4] Kanie，Norichika and Haas，Peter M.（Editors），Emerging Forces in Environmental Governance，United Nations University Press，2004.

[5] Berglund，Marko（Editor），International Environmental Law-making and Diplomacy Review，University of Joensuu，Finland，2005.

[6] Chasek，Pamela S. etc. Global Environmental Politics，Fourth Edition，Westview Press，2006.

[7] Chasek，Pamela S. and Wagner，Lynn M.（Editors），The Roads from Rio，RFF Press，2012.